程 杰 曹辛华 王 强 主编
中国花卉审美文化研究丛书
11
花卉植物的实用情景与文学书写

胥树婷 王存恒 钟晓璐 著

北京燕山出版社

图书在版编目（CIP）数据

花卉植物的实用情景与文学书写 / 胥树婷，王存恒，钟晓璐著. -- 北京：北京燕山出版社，2018.3
　　ISBN 978-7-5402-5110-9

Ⅰ. ①花… Ⅱ. ①胥… ②王… ③钟… Ⅲ. ①花卉—审美文化—研究—中国②植物—审美文化—研究—中国③中国文学—文学研究 Ⅳ. ① S68 ② B83-092 ③ I206

中国版本图书馆 CIP 数据核字（2018）第 087829 号

花卉植物的实用情景与文学书写

| 责 任 编 辑：李涛 |
| 封 面 设 计：王尧 |
| 出 版 发 行：北京燕山出版社 |
| 社　　　 址：北京市丰台区东铁营苇子坑路 138 号 |
| 邮　　　 编：100079 |
| 电 话 传 真：86-10-63587071（总编室） |
| 印　　　 刷：北京虎彩文化传播有限公司 |
| 开　　　 本：787×1092　1/16 |
| 字　　　 数：305 千字 |
| 印　　　 张：26.5 |
| 版　　　 次：2018 年 12 月第 1 版 |
| 印　　　 次：2018 年 12 月第 1 次印刷 |
| ISBN 978-7-5402-5110-9 |
| 定　　　 价：800.00 元 |

版权所有　　侵权必究

内容简介

本论著为《中国花卉审美文化研究丛书》之第 11 种。由钟晓璐硕士学位论文《中国古代餐花行为及其文学书写研究》、王存恒硕士学位论文《先唐诗歌蔬菜意象研究》以及胥树婷《论梅花纸帐及其他》组成。

《中国古代餐花行为及其文学书写研究》以古代文学中的餐花书写为主要研究对象，按照时间线索梳理了从上古至明清人们以花为食的历史及其特点，分析了历代文学作品中文人对于餐花之事的记录和反映，并对屈原、陶渊明等代表作家的相关情况进行了专题研究。《先唐诗歌蔬菜意象研究》按时间线索，分析上中古时期诗歌中蔬菜描写的具体情况，并对一些重要蔬菜意象进行专题阐发。《论梅花纸帐及其他》对唐宋以来以梅花纸帐为代表的纸帐、纸衣、纸被等纸制品的生活应用和文化演绎进行了系统的考述和阐析。

作者简介

胥树婷，女，1989年7月生，安徽滁州人。2016年毕业于南京师范大学文学院中国古代文学专业，获文学硕士学位，现为南京师范大学附属中学仙林学校教师。主要从事唐宋文学与文化研究。曾参与地方文献合集《泰州文献》的整理编纂及文献研究工作。

王存恒，男，1989年12月生，山东聊城人。2015年毕业于南京师范大学文学院中国古代文学专业，获文学硕士学位，研究生期间主要从事诗歌中蔬菜意象的研究。现于聊城黄河河务局工作。

钟晓璐，女，1992年5月生，江苏南京人。2014年毕业于南京师范大学文学院，获文学学士学位，现为南京师范大学文学院中国古代文学专业硕士研究生。研究方向为中国古代文学与植物审美文化。

《中国花卉审美文化研究丛书》前言

所谓"花卉",在园艺学界有广义、狭义之分。狭义只指具有观赏价值的草本植物;广义则是草本、木本兼而言之,指所有观赏植物。其实所谓狭义只在特殊情况下存在,通行的都应为广义概念。我国植物观赏资源以木本居多,这一广义概念古人多称"花木",明清以来由于绘画中花卉册页流行,"花卉"一词出现渐多,逐步成为观赏植物的通称。

我们这里的"花卉"概念较之广义更有拓展。一般所谓广义的花卉实际仍属观赏园艺的范畴,主要指具有观赏价值,用于各类园林及室内室外各种生活场合配置和装饰,以改善或美化环境的植物。而更为广义的概念是指所有植物,无论自然生长或人类种植,低等或高等,有花或无花,陆生或海产,也无论人们实际喜爱与否,但凡引起人们观看,引发情感反应,即有史以来一切与人类精神活动有关的植物都在其列。从外延上说,包括人类社会感受到的所有植物,但又非指植物世界的全部内容。我们称其为"花卉"或"花卉植物",意在对其内涵有所限定,表明我们所关注的主要是植物的形状、色彩、气味、姿态、习性等方面的形象资源或审美价值,而不是其经济资源或实用价值。当然,两者之间又不是截然无关的,植物的经济价值及其社会应用又经常对人们相应的形象感受产生影响。

"审美文化"是现代新兴的概念,相关的定义有着不同领域的偏倚和形形色色理论主张的不同价值定位。我们这里所说的"审美文化"不具有这些现代色彩，而是泛指人类精神现象中一切具有审美性的内容，或者是具有审美性的所有人类文化活动及其成果。文化是外延，至大无外，而审美是内涵，表明性质有限。美是人的本质力量的感性显现，性质上是感性的、体验的，相对于理性、科学的"真"而言；价值上则是理想的、超功利的，相对于各种物质利益和社会功利的"善"而言。正是这一内涵规定，使"审美文化"与一般的"文化"概念不同，对植物的经济价值和人类对植物的科学认识、技术作用及其相关的社会应用等"物质文明"方面的内容并不着意，主要关注的是植物形象引发的情绪感受、心灵体验和精神想象等"精神文明"内容。

将两者结合起来，所谓"花卉审美文化"的指称就比较明确。从"审美文化"的立场看"花卉"，花卉植物的食用、药用、材用以及其他经济资源价值都不必关注，而主要考虑的是以下三个层面的形象资源：

一是"植物"，即整个植物层面，包括所有植物的形象，无论是天然野生的还是人类栽培的。植物是地球重要的生命形态，是人类所依赖的最主要的生物资源。其再生性、多样性、独特的光能转换性与自养性，带给人类安全、亲切、轻松和美好的感受。不同品种的植物与人类的关系或直接或间接，或悠久或短暂，或亲切或疏远，或互益或相害，从而引起人们或重视或鄙视，或敬仰或畏惧，或喜爱或厌恶的情感反应。所谓花卉植物的审美文化关注的正是这些植物形象所引起的心理感受、精神体验和人文意义。

二是"花卉"，即前言园艺界所谓的观赏植物。由于人类与植物尤其是高等植物之间与生俱来的生态联系，人类对植物形象的审美意识可以说是自然的或本能的。随着人类社会生产力的不断提高和社会财富的不断积累，人类对植物有了更多优越的、超功利的感觉，对其物色形象的欣赏需求越来越明确，相应的感受、认识和想象越来越丰富。世界各民族对于植物尤其是花卉的欣赏爱好是普遍的、共同的，都有悠久、深厚的历史文化传统，并且逐步形成了各具特色、不断繁荣发展的观赏园艺体系和欣赏文化体系。这是花卉审美文化现象中最主要的部分。

三是"花"，即观花植物，包括可资观赏的各类植物花朵。这其实只是上述"花卉"世界中的一部分，但在整个生物和人类生活史上，却是最为生动、闪亮的环节。开花植物、种子植物的出现是生物进化史的一大盛事，使植物与动物间建立起一种全新的关系。花的一切都是以诱惑为目的的，花的气味、色彩和形状及其对果实的预示，都是为动物而设置的，包括人类在内的动物对于植物的花朵有着各种各样本能的喜爱。正如达尔文所说："花是自然界最美丽的产物，它们与绿叶相映而惹起注目，同时也使它们显得美观，因此它们就可以容易地被昆虫看到。"可以说，花是人类关于美最原始、最简明、最强烈、最经典的感受和定义，几乎在世界所有语言中，花都代表着美丽、精华、春天、青春和快乐。相应的感受和情趣是人类精神文明发展中一个本能的精神元素、共同的文化基因；相应的社会现象和文化意义是极为普遍和永恒的，也是繁盛和深厚的。这是花卉审美文化中最典型、最神奇、最优美的天然资源和生活景观，值得特别重视。

再从"花卉"角度看"审美文化"，与"花卉"相关的"审美文化"则又可以分为三个形态或层面：

一是"自然物色"，指自然生长和人类种植形成的各类植物形象、风景及其人们的观赏认识。既包括植物生长的各类单株、丛群，也包括大面积的草原、森林和农田庄稼；既包括天然生长的奇花异草，也包括园艺培植的各类植物景观。它们都是由植物实体组成的自然和人工景观，无论是天然资源的发现和认识，还是人类相应的种植活动、观赏情趣，都体现着人类社会生活和人的本质力量不断进步、发展的步伐，是"花卉审美文化"中最为鲜明集中、直观生动的部分。因其侧重于植物实体，我们称作"花卉审美文化"中的"自然美"内容。

二是"社会生活"，指人类社会的园林环境、政治宗教、民俗习惯等各类生活中对花卉实物资源的实际应用，包含着对生物形象资源的环境利用、观赏装饰、仪式应用、符号象征、情感表达等多种生活需求、社会功能和文化情结，是"花卉"形象资源无处不在的审美渗透和社会反应，是"花卉审美文化"中最为实际、普遍和复杂的现象。它们可以说是"花卉审美文化"中的"社会美"或"生活美"内容。

三是"艺术创作"，指以花卉植物为题材和主题的各类文艺创作和所有话语活动，包括文学、音乐、绘画、摄影、雕塑等语言、图像和符号话语乃至于日常语言中对花卉植物及其相应人类情感的各类描写与诉说。这是脱离具体植物实体，指用虚拟的、想象的、象征的、符号化植物形象，包含着更多心理想象、艺术创造和话语符号的活动及成果，统称"花卉审美文化"中的"艺术美"内容。

我们所说的"花卉审美文化"是上述人类主体、生物客体六个层面的有机构成，是一种立体有机、丰富复杂的社会历史文化体系，包含着自然资源、生物机体与人类社会生活、精神活动等广泛方面有机交融的历史文化图景。因此，相关研究无疑是一个跨学科、综合性的工作，需要生物学、园艺学、地理学、历史学、社会学、经济学、美学、文学、艺术学、文化学等众多学科的积极参与。遗憾的是，近数十年相关的正面研究多只局限在园艺、园林等科技专业，着力的主要是园艺园林技术的研发，视角是较为单一和孤立的。相对而言，来自社会、人文学科的专业关注不多，虽然也有偶然的、零星的个案或专题涉及，但远没有足够的重视，更没有专门的、用心的投入，也就缺乏全面、系统、深入的研究成果，相关的认识不免零散和薄弱。这种多科技少人文的研究格局，海内海外大致相同。

我国幅员辽阔、气候多样、地貌复杂，花卉植物资源极为丰富，有"世界园林之母"的美誉，也有着悠久、深厚的观赏园艺传统。我国又是一个文明古国和世界人口、传统农业大国，有着辉煌的历史文化。这些都决定我国的花卉审美文化有着无比辉煌的历史和深厚博大的传统。植物资源较之其他生物资源有更强烈的地域性，我国花卉资源具有温带季风气候主导的东亚大陆鲜明的地域特色。我国传统农耕社会和宗法伦理为核心的历史文化形态引发人们对花卉植物有着独特的审美倾向和文化情趣，形成花卉审美文化鲜明的民族特色。我国花卉审美文化是我国历史文化的有机组成部分，是我国文化传统最为优美、生动的载体，是深入解读我国传统文化的独特视角。而花卉植物又是丰富、生动的生物资源，带给人们生生不息、与时俱新的感官体验和精神享受，相应的社会文化活动是永恒的"现在进行时"，其丰富的历史经验、人文情趣有着直接的现实借鉴和融入意义。正是基于这些历史信念、学术经验和现实感受，我们认为，对中国花卉审美文化的研究不仅是一项十分重要的文化任务，而且是一个前景广阔的学术课题，需要众多学科尤其是社会、人文学科的积极参与和大力投入。

我们团队从事这项工作是从1998年开始的。最初是我本人对宋代咏梅文学的探讨，后来发现这远不是一个咏物题材的问题，也不是一个时代文化符号的问题，而是一个关乎民族经典文化象征酝酿、发展历程的大课题。于是由文学而绘画、音乐等逐步展开，陆续完成了《宋代咏梅文学研究》《梅文化论丛》《中国梅花审美文化研究》《中国梅花名胜考》《梅谱》（校注）等论著，对我国深厚的梅文化进行了较为全面、系统的阐发。从 1999 年开始，我指导研究生从事类似的花卉审美文化专题研究，俞香顺、石志鸟、渠红岩、张荣东、王三毛、王颖等相继完成了荷、杨柳、桃、菊、竹、松柏等专题的博士学位论文，丁小兵、董丽娜、朱明明、张俊峰、雷铭等 20 多位学生相继完成了杏花、桂花、水仙、蘋、梨花、海棠、蓬蒿、山茶、芍药、牡丹、芭蕉、荔枝、石榴、芦苇、花朝、落花、蔬菜等专题的硕士学位论文。他们都以此获得相应的学位，在学位论文完成前后，也都发表了不少相关的单篇论文。与此同时，博士生纪永贵从民俗文化的角度，任群从宋代文学的角度参与和支持这项工作，也发表了一些花卉植物文学和文化方面的论文。俞香顺在博士论文之外，发表了不少梧桐和唐代文学、《红楼梦》花卉意象方面的论著。我与王三毛合作点校了古代大型花卉专题类书《全芳备祖》，并正继续从事该书的全面校正工作。目前在读的博士生张晓蕾及硕士生高尚杰、王珏等也都选择花卉植物作为学位论文选题。

　　以往我们所做的主要是花卉个案的专题研究，这方面的工作仍有许多空白等待填补。而如宗教用花、花事民俗、民间花市，不同品类植物景观的欣赏认识、各时期各地区花卉植物审美文化的不同历史情景，以及我国花卉审美文化的自然基础、历史背景、形态结构、发展规律、民族特色、人文意义、国际交流等中观、宏观问题的研究，花卉植物文献的调查整理等更是涉及无多，这些都有待今后逐步展开，不断深入。

　　"阴阴曲径人稀到，一一名花手自栽"（陆游诗），我们在这一领域寂寞耕耘已近20年了。也许我们每一个人的实际工作及所获都十分有限，但如此络绎走来，随心点检，也踏出一路足迹，种得半畦芬芳。2005年，四川巴蜀书社为我们专辟《中国花卉审美文化研究书系》，陆续出版了我们的荷花、梅花、杨柳、菊花和杏花审美文化研究五种，引起了一定的社会关注。此番由同事曹辛华教授热情倡议、积极联系，北京采薇阁文化公司王强先生鼎力相助，继续操作这一主题学术成果的出版工作。除已经出版的五种和另行单独出版的桃花专题外，我们将其余所有花卉植物主题的学位论文和散见的各类论著一并汇集整理，编为20种，统称《中国花卉审美文化研究丛书》，分别是：

1.《中国牡丹审美文化研究》（付梅）；

2.《梅文化论集》（程杰、程宇静、胥树婷）；

3.《梅文学论集》（程杰）；

4.《杏花文学与文化研究》（纪永贵、丁小兵）；

5.《桃文化论集》（渠红岩）；

6.《水仙、梨花、茉莉文学与文化研究》（朱明明、雷铭、程杰、程宇静、任群、王珏）；

7.《芍药、海棠、茶花文学与文化研究》（王功绢、赵云双、孙培华、付振华）；

8.《芭蕉、石榴文学与文化研究》（徐波、郭慧珍）；

9.《兰、桂、菊的文化研究》（张晓蕾、张荣东、董丽娜）；

10.《花朝节与落花意象的文学研究》（凌帆、周正悦）；

11.《花卉植物的实用情景与文学书写》（胥树婷、王存恒、钟晓璐）；

12.《〈红楼梦〉花卉文化及其他》（俞香顺）；

13.《古代竹文化研究》（王三毛）；

14. 《古代文学竹意象研究》（王三毛）；

15. 《蘋、蓬蒿、芦苇等草类文学意象研究》（张俊峰、张余、李倩、高尚杰、姚梅）；

16. 《槐桑樟枫民俗与文化研究》（纪永贵）；

17. 《松柏、杨柳文学与文化论丛》（石志鸟、王颖）；

18. 《中国梧桐审美文化研究》（俞香顺）；

19. 《唐宋植物文学与文化研究》（石润宏、陈星）；

20. 《岭南植物文学与文化研究》（陈灿彬、赵军伟）。

我们如此刈禾聚把，集中摊晒，敛物自是快心，乱花或能迷眼，想必读者诸君总能从中发现自己喜欢的一枝一叶。希望我们的系列成果能为花卉植物文化的学术研究事业增薪助火，为全社会的花卉文化活动加油添彩。

程 杰

2018 年 5 月 10 日

于南京师范大学随园

总 目

中国古代餐花行为及其文学书写研究 …………… 钟晓璐　1

先唐诗歌蔬菜意象研究 …………………………… 王存恒　159

论梅花纸帐及其他 ………………………………… 胥树婷　257

中国古代餐花行为及其文学书写研究

钟晓璐 著

目 录

绪 论 ·· 5

第一章 中国古代花朵饮食发展 ·· 17
第一节 中国古代花朵饮食的发展状况 ································ 17
第二节 中国古代花朵饮食的特点 ······································ 28

第二章 餐花行为文学书写的发展历程 ·· 35
第一节 先秦至唐前——餐花书写的起源和早期发展 ············· 35
第二节 唐宋时期——餐花书写的迸发与繁荣 ······················ 42
第三节 元明清时期——餐花书写的进一步发展 ··················· 54

第三章 屈原的餐花书写兼论餐花与巫风 ···································· 62
第一节 餐花书写起源与楚地巫风 ······································ 62
第二节 屈作中的餐花书写 ··· 65
第三节 屈原餐花书写的影响 ·· 76

第四章 陶渊明的餐菊书写兼论餐花与服食 ································· 78
第一节 陶渊明与菊花 ·· 78
第二节 陶渊明的餐菊与服食 ·· 80
第三节 陶渊明的餐花书写及其影响 ··································· 89

第五章 苏轼、杨万里的餐花书写兼论餐花与文人日常生活 ·········· 95
第一节 餐花书写与文人日常生活 ······································ 95

第二节　苏轼餐花书写与舒适…………………………………102

　　第三节　杨万里餐花书写与清高………………………………107

第六章　《金瓶梅》《红楼梦》中的餐花书写………………………**111**

　　第一节　《金瓶梅》中的餐花书写………………………………111

　　第二节　《红楼梦》中的餐花书写………………………………116

　　第三节　餐花书写与人物形象塑造……………………………120

第七章　餐花书写的特点及其价值与意义……………………………**128**

　　第一节　餐花书写的特点………………………………………128

　　第二节　餐花书写的文学价值…………………………………131

　　第三节　餐花书写的文化意蕴…………………………………137

征引文献目录……………………………………………………………**147**

绪　论

一、论文选题的理由或意义

花朵是古代文学中常见的审美对象，它不仅具有文学和美学的价值，还有非常重要的实用价值。文人们细细描绘的、用以寄托情思的花朵，最初是用来食用的。《吕氏春秋·本味篇》中，商大臣伊尹就把"寿木之华""具区之菁"列为"菜之美者"；在对花朵有着最早文学表达的《诗经》中出现的如舜华、萱草等花朵也都是能够食用的。随着人类文明的演进，古代文学作品中更是出现了许多关于"餐花"的风流雅事。从屈原的"夕餐秋菊之落英"到李峤的"御筵陈桂醑，天酒酌榴花"，再到苏轼的"未忍污泥沙，牛酥煎落蕊"……食用花朵的行为在历史的长河中得以延续，花卉饮食的方式也不断得到发展。

古代文学作品和相关典籍中存在着丰富的材料，保障着餐花研究的可行性。同时，这个选题也具有很高的研究价值。

首先，对餐花书写进行研究是对花卉文化研究这一课题的重要补充。近年来，花卉文化研究日趋兴盛，研究者们对不同种类的花卉书写在某一文学题材或文学史上所具有的价值做了详尽的解读。然而，周武忠先生曾在他的《花与中国文化》中指出"中国花卉文化的发生、发达史经历了一个从实用到寄意到观赏的过程"[①]。我国的花卉文化

---

① 周武忠主编，周武忠、陈筱燕著《花与中国文化》，中国农业出版社1999年版，第4页。

并非仅有超越的、精神文化层面的意义，相反它深深地扎根于日常生活之中，是从花朵的实用功能生发开去的。因此，对花朵的实用功能进行研究是花卉文化研究中不可缺少的一部分。而在花朵的实用功能中，花朵的可食性与人类关系最密切，直接影响着人类的生存和延续。从情理上考虑，能够食用的属性无疑增加了人与特定花朵发生关系的可能性。如果能吃且好吃，人们对此类花朵的好感也必然从某种程度上得到提升。事实上，我国曾两次举办群众性名花评选活动，在票选出的中国传统十大名花中，包括梅、牡丹、菊、兰、荷花、桂花等花卉品种的花朵都在文学作品或史料典籍中有明确的可食用记录，而剩下的山茶、杜鹃、月季等花朵现今也被证明是可以食用的。花卉的食用价值或多或少地影响了人们对它的评价和态度，这种影响也在文人的花朵书写中反映出来。这也许能够解释为什么梅、兰、莲、菊最终能成为文学作品的常客，而一些同样娇艳美丽、芳香动人的花朵却没能享受这一待遇。因此，对餐花书写进行研究不仅是对花卉文化的追本溯源，并且对客观正确地认识花卉所具有的文化意义也有良好的补缺作用。

  其次，餐花书写这个选题也是对中国饮食文化的一个补充。食物作为人类生活必不可少的一部分，既承载着关于生存和生活质量的意义，也是食客自身社会身份和价值取向的彰显。下层百姓囿于社会地位、经济条件，对于饮食的态度往往是"日图三餐，但求温饱"，上层阶级则是"食日万钱，犹曰无下箸处"，两者在饮食选择方面存在着极大的差异。但某些花朵食物却得到了全民的青睐，如九月九日饮菊酒，不仅"四民并籍野饮宴"，皇宫之中也保持着这样的传统。花朵并不是中国传统饮食中的常用食材，却能被存在着明显阶级分野的各个阶层普遍接受。古人抛弃传统的米、面、蔬菜、肉类，选择花朵作为食材，其中必然蕴藏着一些特殊的理由，而答案正隐藏在古代文人的餐花书写中。除此以外，一般认为饮食文化的发展分为两个阶段，首先饮食要为身体的生存服务，即吃饭是为了谋生。而当高级生物感官发达之余，饮食又有了游戏活动、审美活动的价值[①]。以花为食的发展史正是饮食文化发展的一个缩影。从最初的神农尝百草到清朝末期慈禧太后食用花馔，从食用花朵的角度切入，既能以小见大，梳理出中国饮食文化的发展历程，花朵本身具有的审美意蕴又方便了我们对传统饮食美学进行阐释。

总而言之，古代文人对于餐花行为的书写为我们提供了一个窗口，从中我们得以回溯花朵被人类认识、接受、喜爱的过程，窥探古人独特的饮食观念和文化生活观念，还原他们真实的生活心态、审美取向。

二、国内外关于该课题的研究现状及趋势

餐花书写既有文学属性又和花文化、饮食文化相关。考虑到选题的跨学科属性和综合性，相关研究可分为以下三个方面：

（一）与餐花（花朵饮食）直接相关的专著、论文和期刊

1990年，李亿坤在其发表的《植物花馔漫话》[②]一文中概述了我国历史上的花卉菜肴和各地区的花馔名菜，这是较早关注到花卉食用价值的文章。其后劳伯勋的《食俗新风吃鲜花》、杨星荧的《广东花馔》等文章从民俗、地域风俗等角度对食用花卉的方式方法进行了介绍。在这之后，对花卉饮食食谱的收集和整理一度兴盛。专著方面，出现了徐怀德编著的《花卉食品》、马凤琴等编著的《中国花馔500种》

---

① 高成鸢《饮食与文化》，复旦大学出版社2013年版，第172页。
② 李亿坤《植物花馔漫话》，《植物杂志》1990年第6期。

等著作。期刊方面更涌现出一大批相关作品，其中最有代表性的是潘胜利的《百花食谱》，这个系列博引古典文学作品和史书笔记上关于食用花卉的文献记载，以文学性和实用性兼顾的姿态介绍了包括桃花、梅花、菊花在内的四十多种常见花卉的食用方法。

学界研究花朵饮食并未停留于介绍层面，对于食花文化的开掘也在同时进行着。这类研究分为两部分：一方面，部分学者从食花的悠久传统入手，研究中国历史上某一朝代花馔文化或古代某种特殊的花卉饮食情况。如范迎春在《唐代花卉饮食探微》[①]中通过分析唐人喜爱食用花卉的原因和影响，得出了唐朝是我国古代花卉饮食史上重要的转折阶段的结论。郭幼为、王微的《更煎土茗浮甘菊——宋代花茶述论》[②]通过对花茶加工、饮用方式、所具功用的总结，梳理出唐宋之际饮用花茶的历史。另一方面，一些学者着眼现代，试图对我国当前的鲜花资源进行开发利用。如杨世诚、郑兆芳在《食花文化与鲜花资源开发利用》[③]中指出了食花行为在我国所具有的悠久历史和花朵的神奇功效，并提出了将鲜花资源加以开发利用的方案。其中少数民族的食花文化更是学界关注的重点，刘怡涛的《云南少数民族食花文化》、李秀的《云南思茅民族食花植物》、陈家龙、朱建军的《温州山区食花文化的民族植物学研究》等论文从少数民族社会中的食用花卉现象入手，分析探讨地理位、保健、文化、原住民等多方面因素对于特定地区人民花卉食用文化形成的影响。

除单篇论文外，花卉饮食领域还出现了两篇硕士论文——郑州大

[①] 范迎春《唐代花卉饮食探微》，《四川烹饪高等专科学校学报》2008年第1期。
[②] 郭幼为、王微《更煎土茗浮甘菊：宋代花茶述论》，《农业考古》2014年第5期。
[③] 杨世诚、郑兆芳《食花文化与鲜花资源开发利用》，《中国食物与营养》2006年第3期。

学高歌的《中国古代花卉饮食研究》①和华中师范大学张红伟的《清代北京的花卉饮食综论》②，前者从历史学的角度入手梳理了花卉饮食的历史演进情况，将其分为食品、饮品两部分，列举各种花卉食品的制作工艺，归纳出花卉饮食的现实意义；后者则从区域史的角度出发，以清代北京地区的花卉饮食为主要研究对象，对自然环境、食用人群以及带有特殊地缘性的首都文化对花卉食用的影响进行了分析。

现有的研究成果或是从历史角度梳理古代花馔的类型和制作工艺，或是从植物加工角度分析花卉食品所具有的现代价值，都为本文进行中国古代餐花行为梳理奠定了坚实的基础，而其研究中文学及人文视角关注的缺失则是本文着力挖掘的重点。

（二）从花文化角度直接或间接涉及餐花现象的专著、论文和期刊

1992年，周武忠先生在《中国花文化》一书中率先提出"花文化"的概念。后来，他在《花与中国文化》③中，分花卉食品、香花疗法、花卉文学、花卉画几个方面，从物质、精神两方面论述了花卉文化的不同形态。他提出花文化的深层实质是以人为中心的具有多功能性和泛人文观的闲情文化。其后，何小颜先生的《花与中国文化》④以花的人格化为中心，对花卉美学、花卉文学、花卉饮食等诸多方面做了高度概括性的介绍，其中把花卉饮食分为花酒、花茶、花馔、花药四个部分进行了专章梳理。这两本书从人格和花格相互交融的视角，叙述了各种品种的花卉与人文相互影响、相互生发的情与事，并对餐花

---

① 高歌《中国古代花卉饮食研究》，郑州大学硕士论文，2006年。
② 张红伟《清代北京的花卉饮食综论》，华中师范大学硕士论文，2012年。
③ 周武忠主编，周武忠、陈筱燕著《花与中国文化》，北京农业出版社1999年版，第5页。
④ 何小颜《花与中国文化》，人民出版社1999年版，第2页。

行为的风俗意趣作了简要概括，为本文的写作提供了有益的借鉴。

花文化研究的相关期刊、论文主要有两种类型：一是将"花"作为一个整体，分析人和广义上的花之间的相互作用。例如陕西师范大学范迎春的《唐代文人与花》[①]，通过对唐人赏花爱花行为的分析，追溯唐代文人与花的内在情感关联，认为唐人爱花不仅是因为花自然属性的美艳，还是特定社会环境下的选择；另一种常见的研究类型是从特定的花卉品类入手，分析该种花卉在一段或者整个历史时期中的文学、文化价值和影响。如南京师范大学王功绢的《中国古代文学芍药题材和意象研究》[②]一文，对一种特定的花卉——芍药在中国古代文学中的形象流变过程进行梳理，试图阐明芍药的审美价值和文化价值。

在此类研究中，研究者将花卉作为落脚点，侧重从精神层面上阐述"比德"思想在中国古代花事与人事交融过程中的巨大影响，没有或者较少提及文人日常生活中花卉起到的实用作用。有的论文也注意到了花卉的可食性对古代文人认识、评价花卉的影响，设置了类似于"花与民俗""芍药的生活价值"等小节进行说明，它们为本文对餐花文学书写意义的进一步生发提供了研究的基础和借鉴。

（三）从饮食文化的角度间接涉及餐花现象的专著、论文和期刊

1980年，《烹饪杂志》创刊，至此中国出现了第一本具有广泛影响力的介绍饮食文化、技艺的专业性期刊。受此影响，学界涌现出一大批饮食文化著作。这类著作主要分为两种类型：一是从专题史的角度，依照朝代的分隔断代介绍历朝历代饮食的特征及其整体的历史变

---

① 范迎春《唐代文人与花》，陕西师范大学硕士论文，2008年。
② 王功绢《中国古代文学芍药题材和意象研究》，南京师范大学硕士论文，2011年。

迁，如徐海荣先生主编的《中国饮食史》等；另一类则从文化史的角度入手，选取饮食与文化最相关的部分如食礼、茶文化、酒文化等方面进行分析说明，如赵荣光先生的《中国饮食文化史》等。这些书籍勾勒出中国古代饮食生活的大致样貌，阐述了与饮食相关的文化内容，为对餐花这种特殊饮食行为进行研究提供了相关背景知识。

相关的论文也可以大致分为两个部分：一类是以文体划分，论述特定文学体裁中的饮食描写及其作用。如江南大学童霏的《论宋代节序诗词中的饮食文化内涵》[1]，通过对宋人在特殊节日宴饮的诗词创作进行整理和分析，得出宋人在饮食生活中寄托了包括养生、审美、团圆、祈福在内的多重文化内涵。章国超的《饮食场面描写在〈金瓶梅〉中的作用》、吴斧平的《精美和谐典雅——论〈红楼梦〉的饮食文化特征》等研究则注重分析饮食书写在小说体裁中的作用和价值。另一类研究则是侧重从作家、作品入手专力分析某个特殊作家的饮食观念。如西北大学邱丽清的《苏轼诗歌与北宋饮食文化》[2]，通过对苏轼诗歌中出现的主要饮食进行考述，概括出北宋饮食文化和苏轼的饮食观，分析和阐明了苏轼饮食诗歌的审美追求及其影响。

这类研究所体现的从作家作品入手研究某一时期的饮食文化的思路对本文的研究和行文具有重要参考价值。

三、研究范畴和资料来源

饮食行为是人类日常生活中必不可少的组成部分，花卉也和人类的欣赏与审美相伴久矣，关于饮食和花卉的文学书写更是难以计数。若要对处于三者交叉地带的餐花行为书写进行研究，必然要面对浩如

---

[1] 童霏《论宋代节序诗词中的饮食文化内涵》，江南大学硕士论文，2010年。
[2] 邱丽清《苏轼诗歌与北宋饮食文化》，西北大学硕士论文，2010年。

烟海的文献资料和历史典籍。鉴于个人学力和有限时间，在做相关研究之前，先行对"餐花"一词做出限定。

由于本课题研究隶属古代文学范畴，分析重点是文人对餐花行为的书写，故暂且搁置餐花为"西餐桌上用餐巾折成的装饰品"这一现代意义，同时也排除文学作品中经常出现的"游蜂花上食""庭空鹤啄花"等动物餐花行为。追究文人餐花的始祖，早在战国时期，屈原就因对自身"夕餐秋菊之落英"行为的明确记载，成为历史上第一个餐花客。本文所论述的餐花就是在这个意义上的生发。餐花，顾名思义是指人以花为食的行为，这个概念看似明确，但依然存在着两个值得商榷的问题，即"花是什么"和"怎样算吃花"。

花在植物学意义上有两种解释：一是指花朵，即种子植物的有性繁殖器官，包括花瓣、花托、花蕊、子房等部分，具有各种形状和颜色，一般都很美丽，有香味，能吸引昆虫，供人观赏，凋谢后一般都结成果实；二是指用于观赏的植物。在餐花研究中我们所选取的是花的第一个意象——花即花朵。明确了这一点，古代文学作品和其他典籍中出现的"烹羊宰牛""豆粥菜羹"这类食品就自然而然地被排除在了研究范畴之外。但由于花朵美艳芬芳，人类在认识自然和进行自我创造的时候，不自觉地加以比附，使很多非花食物享有了花朵的美名。如清人倪象占在《象山杂咏》中就有"好趁天寒沽酒去，满房风味嚼梅花"之句。单看此句似乎是说诗人在寒冷的天气里借酒驱寒，一边畅饮美酒一边咀嚼梅花，别具风味。但透过注释，我们可以发现诗人所食用的并非冬日里凌霜傲雪的寒梅，而是奉化特产的梅花蛎。所以，食用自然界形似花朵而不是花朵的食物不能算在餐花之列。同理，人工加工成花朵形状的食物也不在餐花之属（参见图01、图02）。如《山家清供》中提到的梅花汤饼,就是通过模具将面片压制成五瓣梅花的形状而制成,这体现了文人的巧思和雅趣,却并非本文所说的餐花。

图 01　模拟梅花花形的梅花酥。图片来自网络(本书所引图片很多来自网络。因本书属于学术研究著作,所有引征图片皆是为了学术研究,不用于营利,故相关图片之引用均不向有关作者支付酬金,祈请相关图片拍摄者和作者海涵。谨在此向图片的拍摄者、作者、上传图片的网友表示诚挚的谢意。本书其他章节也存在类似引用网络图片的情况,不再详细说明)。

图 02　模拟荷花花形的荷花酥。图片来自网络。

13

尽管做了严格的限定,"花"这一概念仍有不少可供论说的外延。根据界定,弃花而以叶、茎、根为食或在植物开花之前取其嫩苗食用的"餐芳"行为都不在本文的研究范围内。但是,很多文学作品在表达上存在着指称不明的现象。一种情况是花朵局部和花朵全株之间指代不明确。某些植物除花朵之外其余部分也具有可食用性,如菊花。苏轼在《后杞菊赋》中称赞"以菊为粮,春食苗,夏食叶,秋食花实而冬食根"。菊花在各个阶段都有其可供食用的部分,这种特殊的属性使得文学书写中的关于餐菊行为的描述存在着模糊性,文人们"栽菊充岁粮"时所食用的究竟是菊花的花朵还是其他部分,除非有着细节明确的记录,否则后人不得而知。另一种情况是古代植物之间存在着很多同名异物的现象。《楚辞》记载了楚地祭祀时所用的兰肴桂酒。如果将其解读为兰花做成的菜、桂花酿成的酒,那么这一记载是文学作品中出现较早的关于餐花行为描写。但"桂浆""桂酒"中的"桂"既可能是木犀科的桂花也可能指的是樟科的肉桂,"蕙肴兰肴"中的兰蕙有可能指的是芳香主要来自花朵的兰科植物,也可能是指香气在于枝叶间的菊科植物。楚国在祭祀中奉献于上天的食物究竟是不是严格意义上的花馔就成了存疑待考的问题。对于上述情况,本文秉持无法证否即采信的态度,抓大放小,着力于解释餐花行为背后的文化意义。

明确了花的含义,那么餐花行为的主要食用对象是花朵这一点也不言自明。然而,许多花朵食品在加工过程中主要是利用花朵特有的香气对实际食用、饮用的食材进行熏制。例如明清时期盛行的熏香茶法,"当花盛开时,以纸糊竹笼两隔,上层置茶,下层置花,宜密封固,经宿开换旧花。如此数日,其茶自有香气可爱"[①]。花朵在加工过程

---

① 朱权《茶谱》,中华书局2012年版,第4页。

中充当了调味的香熏，实际饮用时冲泡的仍然是茶叶。对于这种情况，考虑到中国传统饮食讲究色香味俱全，此类加工方式对花朵香气的利用体现了古人在传统饮食观念对于"香味"的重视，同时还引发了关于"茶之真味"的大讨论，故将此类行为作为餐花的外延进行研究。

饮用花茶算是以花为食的一个擦边球，花药则是一种更为特殊的花朵饮食加工形式。花朵在花药中主要发挥的不再是其食用价值，而是其药用价值。但是，我国自古有医食同源的传统，人们食用花朵本来在很大程度上就和花朵的药性相关，古代后期还出现了将花朵的药性和食物结合起来的养生药膳。因此，服食花药也成了餐花行为可供一说的一个方面。

另一种特殊情况是食用想象中的花朵。在形象思维的广袤原野，文人墨客创造出了许多奇花异草，如伊尹称之为"菜之美者"的寿木之华，屈原幻游昆仑时所食用的玉英，这些并非真实存在的花朵，被作家以想象之口咀嚼品味。这类纯粹观念上的餐花行为既是餐花书写中重要的组成部分，同时也是现实生活中餐花行为的投射和反映，具有重要的研究价值和意义。

综合上述分析，本文所说的餐花是指古人直接或间接地食用植物的花朵部分，其可供论述的外延则包括某些难以界定的花和某些特殊的饮食加工方式。

在此基础上，本文将餐花书写界定为既包括对以食用为目的采集花朵、对花朵材料进行烹饪加工等情景的书写，也包括对花朵饮食成品的描写，具体食用时的观感书写等。

关于餐花的书写除了常见于诗词文集等一些文学性较强的作品中，也散见于花卉谱录、笔记方志和一些史书、类书之中。本文以前者为主要研究对象,而将后者作为背景和补充资料加以对待。由于文献资料在各个历史时期分布不平衡,本文将研究的重点放在唐宋及唐宋以后。唐宋时期以诗词为主要研究对象,明清时期则侧重分析小说中的餐花书写。

第一章　中国古代花朵饮食发展

以现今的眼光来看，娇艳美丽的花朵主要是供以观赏，但它们最初受到人们的重视却是由于其实用价值，尤其是其可食用的属性。由于文献的缺乏，我们无法断定古人以花为食的明确起点，但是透过上古传说中神农氏遍尝百花百草、赤将子舆不食五谷而啖百草花的记载，可以约略推想出在中国文明之初，农业尚未成型的原始阶段，上古之人还在以采集作为获得食物的主要途径的时候，野外自然生长的各种花朵是他们的食材来源之一。其后，随着生产力的发展和审美水平的提高，花朵的主要作用经历了一个由实用到寄意再到观赏的转变。尽管如此，古人并未停止对花朵食用价值的开发。在五千多年的历史中，我国先民尝试了煎、炸、蒸、煮、炒、渍、腌、熏等多种方式将包括梅、兰、莲、菊、桂花、牡丹在内的多种花朵以粥、羹、汤、酒、茶、点心、菜肴等各种形式端上餐桌。

第一节　中国古代花朵饮食的发展状况

先秦时期，食花行为主要是把花朵作为菜蔬食用。商大臣伊尹曾以庖中至味为喻向汤王阐述治国理政时调和的重要性。他在列举天下美味的时候就把寿木和具区两种植物的花朵认定为"菜之美者"，与"玄木之叶""阳华之芸、云梦之芹"①等食材相提并论。这两种植物是否真实存在有待考证,但这种言论足以证明在商人的观念中花朵也是一种蔬菜类型,可以供人食用。从另一个角度考虑,如果说能够享用"猩猩之唇、獾獾之炙"的奴隶主的餐桌上还能见到花朵食品的身影,那么当时无权享受豪奢宴饮的平民乃至于奴隶们的日常饮食中肯定更加离不开花朵。

花作菜吃这一传统一直延续到战国时期。楚大夫屈原在《招魂》之中详细描述了楚地诱人的美食,以此来吸引游荡的亡灵。"稻粢穱麦,挐黄粱些……肥牛之腱,臑若芳些……华酌既陈,

图03 萱花,常见的食用花卉,俗称金针菜。图片来自网络。

有琼浆些。"②从这段材料中我们可以看出楚人的饮食无论在食材的品种还是加工的形式上都得到了极大的丰富。然而,这毕竟是为国君招魂时列出的菜单,所展示的料理也非一般人能够享用的。诗人在《惜

---

① 吕不韦著,陈奇猷校释《吕氏春秋新校释》,上海古籍出版社2002年版,第745页。
② 屈原著,梅桐生译注《楚辞今译》,贵州人民出版社2000年版,第191页。

诵》中将自己的日常饮食描述为"捣木兰以矫蕙兮,鑿申椒以为粮;播江离与滋菊兮,愿春日以为糗芳"。直译过来就是"捣碎木兰再拌上蕙草,舂细申椒来做粮食,播种江离和菊花,把他们制成干粮在春天食用"。屈原不仅以花为菜,还"滋兰之九畹兮,又树蕙之百亩",自己种植花朵以供食用。这些表述中不乏艺术加工的成分,但从中我们可以看出作者对于花朵可食用性的认可和他对加工制作花馔方法的具体方法的精通。

在这一时期的祭祀活动中,花朵饮食也扮演着重要的角色。《九歌》之中记载楚地人民以"蕙肴、兰藉、桂酒、椒浆"来祭祀东皇太一,朱熹称之为"四者皆取其芬芳以飨神"。可见,花朵饮食在当时还因为拥有美好的香气而受到推崇,成为荐于神灵的供品。

随着园圃业的发展,蔬菜种植得到推广,到野外采集花朵的情况越来越少,种植花朵以供食用出于各种原因也未能形成规模。民间自发的以花为食逐渐没落,帝王家则依旧保持着餐花的传统。用以涤口的兰英之酒、用作配菜的芍药之酱都是由花朵制成的高档食品。除此以外,皇家园林中还种植着许多具有特殊食用价值的花朵。汉武帝在上林苑中广种东郭都尉于吉所献、花杂五色六出的蓬莱杏,相传这种花木曾经为仙人所食[1]。汉昭帝在"广千步"的淋池中种植一种"花叶难萎,芬馥之气,彻十余里"的低光荷。这种花"食之令人口气常香,益脉理病",故而"宫人贵之,每游宴出入,必皆含嚼"[2]。汉宣帝时异国贡紫菊一茎,也被广泛种植,绵延数亩。据说这种菊花不仅味道甘美,而且有食之者不饥渴的奇效。从以上材料可以看出,从汉代

---

[1] 葛洪撰,周天游校注《西京杂记》,三秦出版社2006年版,第53页。
[2] 王嘉撰,萧绮录,齐治平校注《拾遗记》,中华书局1981年版,第169页。

开始,单纯的食用价值已经不足构成人们选择花朵作为食材的全部理由,人们的注意力逐渐从花朵的充饥功能转移到花朵食材的其他附加价值上。

图04 菊花酒。图片来自网络。

汉代宫廷中的食花风气还催生出了后世最为广泛接受的餐花习俗——重阳节饮菊酒。《西京杂记》记载汉朝宫内有"九月,佩茱萸,食蓬饵,饮菊花酒"的风俗。"菊花舒时,并采茎叶,杂黍米酿之,至来年九月九日始熟,就饮焉",能"令人长命"。后来,这个说法经过传播附会,在民间形成了一则传奇故事。"汝南桓景随费长房游学累年,长房谓曰:'九月九日,汝家中当有灾。宜急去,令家人各作绛囊,盛茱萸,以系臂,登高饮菊花酒,此祸可除。'景如言,齐家登山。夕还,见鸡犬牛羊一时暴死。长房闻之曰:'此可代也。'"[1]皇家传统的显赫背景和辟邪延寿的神奇功效使得重阳登高、饮菊酒、佩茱萸的行为被百姓接受、奉行从而形成了一项节日民俗。

在传说之外,花朵实际具有的药用价值也在此期间被逐步认识。

---

[1] 吴均《续齐谐记》,《汉魏六朝笔记小说大观》,上海古籍出版社1999年版,第1007页。

成书于秦汉时期的《神农本草经》中就记载有包括芍药、牡丹在内的许多花朵的药用功效。菊花轻身耐老,百合补脾益气……①食用花朵与养生保健、延年益寿之间的联系得到了医药学的佐证。这些研究成果既是时人重视开发花朵食用、药用价值的表现,也从某种程度上推动了后来魏晋时期以食花求致仙的风潮。

得到永恒的生命是人类共同的追求。我国先民对长生的渴望真实地反映在被鲁迅称为上古巫书的《山海经》中。除了通过想象创造出没有死亡的国度、能死而复生的异民、可以缘梯而上的天界,先民们还通过赋予食物特殊的力量,以期通过服食"仙药"对抗可怕的死亡。在他们的想象中,植物尤其是植物的花朵部分往往具有超自然的神奇效力。《山海经》中记录有51种可食的草木植物②,这些生长在普通人难以企及的神山高处、荒野深处的奇花异草大多能够治病止饥或秉有特异功能。例如"状如韭而青华"的祝余,食之不饥;"黄华而赤柎"的嘉果,食之不老。就这样,在文明蒙昧的阶段,食花与成仙两者之间建立起了千丝万缕的联系。

东汉时期战乱连年,政局险恶,生命短促、人生无常的深沉悲哀感在社会中弥漫开来。在道教和神仙方士的鼓吹下,相信能够通过服食逃避现实的苦难、上登仙界的人越来越多。此时,花朵的养生保健功能已经得到了科学的确认,再经由诸如彭祖常食桂芝得寿八百,师门以桃花、李花为食而登仙;"文宾服菊花、地肤、桑上寄生、松子,因此长生不老"等神话传说的推波助澜,到了魏晋时期,朝野上下都开始有意识、有目的地食用花朵。

---

① 顾观光辑,杨鹏举校注《神农本草经》,学苑出版社2002年版,第28页。
② 赵建军《中国饮食美学史》,齐鲁书社2014年版,第52页。

此时最受追捧的花朵要数"服之者长生，食之者通神"的菊花。成公绥称赞"其茎可玩，其葩可服"。潘岳夸耀此花"既延期以永寿，又蠲疾而弭痾"的功效。连魏文帝也相信这种花朵有轻身延年的效用，在重九向钟繇赠送菊花，"以助彭祖之术"。这一时期的文献中也记载有很多道士因服食花朵得以长生或登仙的故事。《神仙传》中渔阳人凤纲"常采百草花以水渍泥封之，自正月始，尽九月末止，埋之百日，煎丸之"。这种由百草花炼成的药丸据说能使死者复生，生者长寿。"纲长服此药，得寿数百岁不老。后入地肺山中仙去。"①《名山记》中道士朱孺子吴末入玉笥山，因服菊花，乘云升天。无论这些事迹是否真实可信，都足以证明魏晋人服食花朵多是以飞升成仙为目的的。这也说明在此时花朵作为饮食对象，在人们心中已经超越其作为食材原有的果腹意义，有了更广泛的包蕴。

如果说魏晋人普遍将花朵看作是逃避现实、上登天界的灵丹妙药，隋唐时期花朵饮食则更加世俗化、生活化。在宫廷内，花馔成为帝王赏赐臣子、表现恩典的礼物。把赏赐可食用花朵作为联络君臣感情的方式，这种行为在前代就有例可循。太康二年（281年），交州进贡一筐豆蔻花，相传"此花食之破气、消痰、进酒增倍"②，晋武帝试验之后认定有效，将它赏赐给近臣。到了唐代，这一传统得到继承和发扬。凝露浆、桂花醑等花朵酿制的美酒成了皇上御赐汤物时的必备。为了显示皇恩浩荡，唐代的帝王还亲手制作花馔，分赏臣子。武则天曾在花朝日游园，令宫女遍采百花，和米捣碎，蒸成"百花糕"，以赐从臣。唐宪宗曾采凤李花，酿制换骨醪，用黄帕金瓶装好赏赐给平淮有功的

---

① 葛洪撰，胡守为校释《神仙传》，中华书局2010年版，第39页。
② 嵇含《南方草木状》，张智主编《风土志丛刊》，广陵书社2003年版，第4页。

晋国公。

皇室的这些行为无形之中抬高了花朵饮食的地位，使其在民间也受到追捧。《云仙散录》中载："唐世风俗，贵重葫芦酱、桃花醋、照水油。"[①]其中的桃花醋就是在果醋或米醋中加入桃花瓣酿制而成的花醋。广大人民还开动脑筋，结合实际开发了各种应时的花朵食品。初春寒食节正是杨花飘飞的时候，百姓们收集杨花用来煮粥；夏日荷花盛放，风雅之人"编香藤为俎，刳椰子为杯，捣莲花制碧芳酒"，用以消暑。唐代吃花风气之盛，就连释子沙弥也从善如流，在重阳佳节准备菊花酒，以供香客饮用。

在这一时期，餐花在单纯的饮食行为之外还带上了一层审美意蕴。"杨恂遇花时，就花下取蕊，粘缀于妇人衣上，微用蜜蜡，兼按花浸酒，以快一时之意。"此时的饮酒与其说是为了解渴，不如说是一种享受生活的行为艺术。孟蜀时，兵部尚书李昊每春时，将牡丹花数枝分遗朋友，以兴平酥同赠，且曰："俟花凋谢，即以酥煎食之，无弃浓艳也。"[②]这里的餐花与其说是为了填饱肚子，不如说是欣赏美、留恋美的性情之举。士大夫们的这些食花行为超越了生理基本需要，脱离了世俗功利因素，他们在花朵饮食中找到了不同于口腹之欲的快感，将花朵饮食推进到了审美的新境界。

在唐代，花朵饮食还成为商品进入了市场流通领域。武则天时期，长安城阊阖门外有一家张手美食店，专门依据年节时令供应不同的风味食品。他们家在腊日供应一种"萱草面"就是用黄花菜制作而成。据说非常受欢迎，购买者众，遍京辐辏。到了宋代，供应花朵饮食的

---

① 冯贽编，张立伟点校《云仙散录》，中华书局1998年版，第54页。
② 陈元龙《格致镜原》卷七一，江苏广陵古籍刻印社1987年版，第2页。

店家更多，花朵饮食的种类也更为丰富。根据吴自牧的《梦粱录》记载，宋朝都城的荤素从食店中应季供应"金银炙焦、牡丹饼、芙蓉饼……菊花饼、梅花饼"等各种以花朵为原料制作的点心。茶坊里除了四时贩卖奇茶异汤，到暑天还添卖雪泡梅花酒①。

宋人在享受美食的同时还有意识地对已有花馔的制作方法和加工工艺进行收集和整理。庞元英在《文昌杂录》里比较了酴醿渍酒和以楪榅花悬酒两种花酿的优劣，祝穆的《方舆纪胜》记录了石榴花酒的简易制作方法，范成大在《桂海虞衡志》里提及木槿花包裹黄梅，盐渍暴干后荐酒的饮酒方法。在这一时期出现的许多食谱类专书中也有关于如何制作花朵食品的内容。《北山酒经》为后世留下了菊花酒和酴醿酒的酿制方法，《本心斋蔬食谱》总结出"凡畦蔬根叶花实皆可羹"的经验之谈。其中林洪所编纂的《山家清供》可谓集宋前花馔之大成。梅粥、金饭、松黄饼、天香汤，芙蓉花与豆腐同煮制成雪霞羹，栀子花拖面油煎成蒼卜煎②，这些花馔不仅色香味俱全，作者还从中吃出了林下之风、山林之气，使花馔在人间烟火之外带上了脱俗的文人雅致。

辽金元时期，国家处于北方游牧民族的统治之下，中原的许多传统习俗受到了冲击。尽管如此，花朵饮食并未被剽悍尚武的辽金人所抛弃，一些源远流长且根深蒂固的餐花行为还是得以延续。据《辽志》记载："九月九日，国主……于地高处卓帐，与番汉臣登高，饮菊花酒。"可见重阳饮菊酒的风俗就被完整地保存下来。元代的皇家宴饮上也可以见到蔷薇露酒、杏花酸酪等花馔。统治阶层尚且被民族文化融合所影响，接纳了花朵食品，普通人的生活就更常常能见到花馔的身影了。

---

① 吴自牧撰，傅林祥注《梦粱录》，山东友谊出版社2001年版，第85页。
② 林洪撰，章原编著《山家清供》，中华书局2013年版，第52页。

在记录这一时期饮食风尚的饮食谱录《云林堂饮食制度集》中就收录了包括橘花茶、莲花茶、茉莉花茶在内的多种当时流行的花茶的制作方式。《居家必用事类全集》中也记载了天香汤、暗香汤、茉莉汤等以花点成的汤水的加工工艺。百姓在农事活动中还遵循着"六月收槐花，八月收韭花，九月采菊花"的规律。由此可见，花朵饮食已经彻底融入了普通百姓的日常生活，不为朝代的更迭所改变。

图 05　酥炸荷花。图片来自网络。

明清时期，花朵饮食可谓取往昔之精华，集前代之大成。在入馔花朵的品种中，从田间地头的野花野草到供人观赏的名贵花木无不被采入食品。《五杂俎》中记"凡花之奇香者皆可点汤"；《遵生八笺》中称"木樨、茉莉、玫瑰、蔷薇、兰蕙、橘花、栀子、木香、梅花皆可作茶"①，凡一切有香之花，皆可酿酒；《养小录》中总结"凡诸花及诸叶香者，俱可蒸露"②。这样不拘品种地应用花朵使得明人清人的餐桌上一年四季，芳旨盈席。

从花馔的种类上来说，各种制作方式无一不备。在传统花酿的基础上，以花蒸成的各种花露受到欢迎。顾仲盛赞其为"入汤代茶，种种益人，入酒增味，调汁制饵，无所不宜"。明清时期还流行饮用花茶。明代诗人钱希言曾在诗中这样描述当时窨制花茶的场面："斗茶时节买花忙，只选头多与干长。花价渐增茶渐减，南风十日满帘香。"时人对花茶的需求量之大，以至于抬高了花朵的价格，使得用来熏茶的陪衬物竟然比实际用来冲饮的茶叶价格更加昂贵了。除此以外，花朵还可以为馅作饼，焯水拌食，调羹煮粥，加入火锅。总之只要秉持着"采需洁净，制需得法"③的八字原则，一切花朵几乎都能在明清人的妙手点化之下变为美味珍馐。

从餐花的人群来说，上至王公大臣下至黎民百姓，花朵作为肴馔进入千家万户。帝王后妃的食单上有花馔的身影。《事物绀珠》中记载的明代御膳中米面品里就有菊花饼、葵花饼、芙蓉花饼、荷花饼等，汤品则载有牡丹头汤、木樨糕子汤等。明代崇祯皇帝的膳食中也有玫瑰蒸点、木樨蒸点等面食④。清末的慈禧太后更是花馔的忠实簇拥。她喜喝花茶，尤其喜欢野天冬花，常以此花泡茶。夏天喜食御膳房采莲花瓣油炸制成消暑小食，到了秋风送爽的时节则

---

① 高濂《遵生八笺》，巴蜀书社1988年版，第650页。
② 顾仲著，刘筑琴注译《养小录》，三秦出版社2005年版，第28页。
③ 朱彝尊著，张可辉编著《食宪鸿秘》，中华书局2013年版，第157页。
④ 张红伟《清代北京的花卉饮食综论》，华中师范大学硕士论文，2012年，第23页。

热衷于吃菊花火锅①。

民间,人们食用花馔也是常事。透过《帝京岁时纪胜》和《燕京岁时记》两本记叙清代北京社会生活的风俗志可以看出清人依据时令的食花习俗。四月,以玫瑰花、藤萝花为饼;六月,摘茉莉花、福建兰熏茶,采六月菊、白凤仙浸酒;八月中秋,桂花飘香,人们就收集桂花以制作桂饼、桂花东酒。

这一时期,记录餐花的文献数量更是达到了历史的顶峰。《养小录》《食宪鸿秘》等烹饪典籍中设专章对如何加工花朵饮食进行介绍;《草花谱》《群芳谱》等植物谱录在介绍花朵自然特性的同时也不忘提及其可食用性;《清稗类钞》《格致镜原》等类书中既收集、整理了多种花馔的制作工艺,也保存了许多前代的餐花逸事。其中尤其值得一提的是明周王朱橚的《救荒本草》。作为我国历史上最早的一部以救荒为宗旨的农学、植物学专著,该书记载了包括款冬花、萱草花、凤仙花在内的 14 种可供食用的植物花朵。这些仅需"煠熟水浸淘净,油盐调食"②的花馔说明花朵饮食在逐渐走上精致化、典雅化道路的同时,其作为菜蔬的本来面貌和最原初的充饥功能,一直没有被人们遗忘。

通过上述对于食花历史的梳理可以发现花朵饮食几乎与中华民族文明的进程相伴始终。随着时代的推移、文明的进步,可食用花朵的品种得到开发,花朵的加工方式日益多元化,食花的人群也呈现普及趋势。除了能够满足人们日益发展的物质需要外,以唐代为分野,花朵饮食在丰富人们精神生活中也做出了贡献。谢肇淛在《五杂俎》中指出:"古人于花卉似不着意,诗人所咏者,不过苤苢、卷耳、蘩之属,

---

① 德龄著,秦瘦鸥译《御香缥缈录》,辽沈书社 1994 年版,第 330 页。
② 朱橚《救荒本草》,《影印文渊阁四库全书》本,卷一。

其于桃李、棠棣、芍药、菡萏间一及之……自唐而后，稍稍为花神吐气矣。"①早期人们重口实，对花的关注点主要落在花朵充饥果腹、养生保健的实用价值上，用"不赏玩而徒以供餐"的态度对待花朵，"故梅被横差调羹，芍药、杏、桂屈作酱酪"。唐代以后，对于花朵美的欣赏被提到了首要的位置。人们在以花为食的时候带上了更多的情感性因素。不忍花瓣"零落成泥碾作尘"集落英而食，倾慕菊之凌霜、梅之傲雪，食之以明志。从对花朵自然美的欣赏到对其品德意趣的价值认同，花朵饮食给人带来的精神上的满足已经远大于其实际的食用价值。明清时期，出于不同目的的餐花行为各行其道。人们既注重对花朵原本的食用、药用价值的整理和开发，同时也挖空心思地将花朵本身的色香味之美运用到日常饮食生活中去，既促成了食花的繁荣，也使花朵饮食从此跃升到雅俗兼备的境界。

第二节 中国古代花朵饮食的特点

尽管餐花的历史几乎与人类文明进程同步，花朵终究未能成为人们日常饮食中的必需品。古代饮食讲究"五谷为养、五果为助、五畜为益、五菜为充"②，花朵饮食不过是一日三餐之外的点缀，有了它固然可喜，即便没有也不影响人们的正常生活。那么，花朵食品又是凭借什么得到世人的青睐而在中国悠久的历史中得以绵延呢？这就要提到花朵饮食所具有的独特属性了。

一、时间性

---

① 谢肇淛《五杂俎》，中华书局1959年版，第294页。
② 姚春鹏译注《黄帝内经》，中华书局2010年版，第107页。

我国古人很早就注意到花朵开放时间具有其特殊性和特定性。《礼记·月令》为我们留下了关于花期的第一手资料。"仲春之月，桃始华""季春之月，桐始华""仲夏之月，木堇荣""季秋之月，鞠有黄华"。食材应时而生，故而我国古代的花朵饮食也具有鲜明的时间性。一种花馔仅能在一段有限的时间内为人们所食用。春雨中可捡拾牡丹落英煎食，夏日里尚以莲花为酒、碧筒为杯，秋风起是采摘甘菊酿酒的信号，瑞雪飘则是移红梅而烹茶的好时候。四时之中所饮所食之花各不相同且过时不候。腊月摘半开梅花点茶，正二月采黄花儿熟食，三月以杖扣松枝收集松花酿酒，四月以藤萝花为饼，五月吃玫瑰饼，六月摘茉莉、福建兰熏茶，取六月菊、白凤仙浸酒，八月食桂饼、饮桂花东酒，九月对黄花饮菊酒，十月后则可收集梅蕊，上下蘸以蜡，投蜜罐中保存，留待夏日点汤[①]。人们应季食花的行为在历史的长河中逐渐演变为特殊的岁时饮食风俗，如腊日食萱草面、元日饮梅花酒、寒食煮杨花粥等，成为我国节日传统习俗的重要组成部分。

花朵饮食依从时令这一特点一方面归结于不同植物花期的差异，另一方面也体现着我国饮食体制中"食在时里""时以食计"的特征。孔子有言："不时，不食。"董仲舒也说："饮食臭味，每至一时亦有所胜有所不胜之礼……凡择味之大体，各因其时之所美，而违天时不远矣。"这些表述指的就是饮食应当顺应食物的自然生长规律，按时间、讲季节。古代中医也认为，食物只有顺应四时六气的规律，才能最大限度地发挥其作用，有益于人。

古人相信应季开放的花朵吸收了天地之灵气，具有更为突出药用功效。清代名医徐大椿在《神农本草经百种录》中就提出，"辛夷……

---

① 潘荣陛《帝京岁时纪胜》，北京古籍出版社2000年版，第28～38页。

图06 [清]恽冰《四时花卉》四条屏。自左至右依次为梅花、牡丹、菊花、荷花。

得春气之最先,故能疏达肝气""芍药花大而荣,得春气为盛……故能收拾肝气,使归根反本",百花之中"惟菊得天地秋金清肃之气,而不甚燥烈,故于头目风火之疾,尤宜焉"。因此,人们在特殊的时间食用花朵不仅仅是受自然条件所限,更是在认识自然规律基础上的主动选择。《随园琐记》中记食品一章就记述了随园花果因时入馔的情况:"春则藤花饼、玉兰饼,夏则溜枇杷、炙莲瓣,秋则灼菊叶、栗子糕,冬则竹叶粽、荠菜羹。"①随时入馔的花朵既体现了文人雅趣,也显示出作者充分认识到了四时之气,各有所宜的养生之道。

鲜明的时间性使得人们不能随心所欲地食用花朵,反而限制了花馔的普及。但是,季节的限定也使得特殊的花馔能在一段时间内独享人们全部的注意力,让人拥有充裕的时间体验花朵所带来的味蕾与精神上的双重愉悦。

二、多功能性

作为食物,最基本也最重要的功能是为人体提供所需的能量。墨子有言:"其为食也,足以增气充虚、强体适腹而已矣。"②就这一点而言,相比富含碳水化合物的米饭面食,高蛋白、高热量的禽畜类食材,花朵处于先天的劣势。只有在食物极为匮乏、人们饥不择食的灾荒时期,花朵才有可能挑大梁成为供给能量的主力选手。而在能量供给方面的短板并未使人们放弃花朵饮食,因为除了充饥,花朵饮食还具有许多附加功能。

首先,花朵饮餐具有一定的养生保健功能。花朵本身就具有极高的营养价值。经现代科学测定,鲜花内含有22种氨基酸、16种维生素、27种常量和微量元素以及多种类脂、核酸、生长素酶等生物活性成分,食之有益于人体③。不同的花朵还拥有各自的特殊药性。《本草纲目》中就记录了超过80种花朵的药效,如桃花能"令人好颜色",松花能"润心肺、益气延年",菊花"久服利血气"。故此,由花朵制作而成是食物也是养生保健的良品。《法天生意》记录"三月三日取桃花浸酒,

---

① 熊四智《中国人的饮食奥秘》,河南人民出版社1992年版,第125页。
② 孙诒让撰,孙启治点校《墨子闲诂》,中华书局2001年版,第35页。
③ 冯玉珠《食用花卉的应用途径》,《安徽农业科学》,2007年第21期。

饮之除百病,美颜色"。林洪在《山家清供》中称春末采松花作饼"不惟香味清甘,亦能壮颜益志,延永纪算",秋日以黄菊煮饭"久食可以明目延年"。人们食用花朵很大程度上就是看中了花朵饮食的神奇功效,更有甚者"病时不喜服丸散,取诸花露啜之"。

图07 用来泡茶的茉莉花。图片来自网络。

其次,花朵饮餐具有特殊的审美性。随着饮食文化的发展,人们对食物的要求超越了为生存服务的本能,进入了审美境界。在人们本着创造美的原则制作食物的过程中,花朵饮食是其中的突出代表。用芙蓉花瓣与豆腐同煮制作而成的"雪霞羹",以藿香草叶裹面煎熟覆盖玫瑰酱和白糖的"红香绿玉"[1],无论从色、香、味、形、名哪个角度加以评判,都能带给人美的享受。除了客观上的形色之美,花朵饮食还能给人带来精神上的愉悦。纵观有关花馔的表述,具体落实到味觉上的类似于"肥而不腻""入口即化"的评价很少存在。花朵饮食带给人的往往是"使人洒然起山林之性""爽然有楚畹之风"之类难以言喻又切实存在的心灵上的陶醉。而"飞英会""浇红宴"等因赏花而起,以花朵为食的文人雅集更是集良辰、美景、赏心、乐

---

[1] 徐珂《清稗类钞》第一三册,中华书局1986年版,第6396页。

事于一体，达到了审美鉴赏的顶峰。

正是由于花朵饮食养生保健的奇效和其独特的审美性，花朵饮食才得到了人们的喜爱。尤其是文人群体，即使面对"君子远庖厨"的古训，他们依然乐此不疲地投身到花朵食品的制作和研发中去，开发出以花入茶、花露煮饭等新的食花方式。

三、超阶级性

随着人类进入阶级社会，饮食之中也出现了阶级的分野。王侯宴饮和劳动人民饮食的反差呈现出钟鸣鼎食与数米而炊的两极对比。《周礼》规定："凡王之馈，食用六谷，膳用六牲，饮用六清，羞用百有二十品，珍用八物，酱用百有二十瓮。"[①]后世帝王的饮食往往在此基础愈加丰富。当贵族享受着"食前方丈，侍妾数百人"的奢华饮食时，下层百姓则要看天吃饭。倘若风调雨顺，他们尚能以豆饭菜羹维持温饱；若是遭遇水旱之灾，就只能以糟糠充饥，更有甚者可能落入"人可以食，鲜可以饱"的可怕境地。阶级性在花朵饮食中同样存在。其最显著的表现是不同阶级对于花馔的不同态度。上层社会为了能够享用花馔不惜消耗大量人力、物力、财力。宋代设蜜煎局，专掌糖蜜花果、咸酸为酒之属；明代为制作桂花饼，调配500名拣花舍人，专门负责收集桂花；清代官中以花熏茶日需千朵。权贵追捧花馔，因为花朵饮食代表着他们对高品质生活的追求。而对于平民而言，食花却是他们退无可退的生存底线，他们的食花行为往往是生活所迫下的无奈之举。《清稗类钞》中有这样的记录："紫花草，越之田中多种之。夏日至而夷之，用以肥田。有贫妇日掇其花疗饥。"富人用作肥料的花朵，成了穷人维生的救命粮。如果连吃花的最低需求也无法满足，等待他们的只有悲惨的死亡。

---

① 吕友仁《周礼》，中州古籍出版社2004年版，第54页。

这位妇人就因为食花行为被田丁暴力制止而羞愤自缢于垄畔。

当然，阶级性的差异并不是绝对的，花朵饮食也能够超越阶级的壁垒，成为全民共享的食物，花酒和花茶就是其中的代表。花茶最早产生于文人群体之中，皎然、陆羽以菊花泛茶，倪瓒以莲花熏茶。以花入茶这一饮用方式在后代得到了认可。帝王们喜饮花茶，孝钦后饮茶，喜以金银花少许入之，常把玫瑰、茉莉、野冬花晒干，混在茶叶内一起饮用。乾隆皇帝更是配制出以梅花、佛手、松子瀹茶的三清茶，在茶宴日以此茶赐宴。普通百姓也爱饮用花茶，咸丰年间市场上出现了大量的茉莉花茶商品茶，对花茶的需求使得盛产茉莉的福州成为我国最早的花茶生产中心，就连买不起茶叶的穷人也要喝茉莉"高碎"，一解思饮之渴。

如果说花茶的普及是自下而上的，那么古代对于花酒的喜爱则是自上而下地推广开来的。最早的花酒如郁鬯、桂醑等被用于祭祀祖先神灵，只有上流权贵才能享用。随着酿酒技术的发展，酒作为饮品进入寻常百姓家，花酒也在其列。宋代酒肆中就有梅花酒、蔷薇露、琼花露等售卖；清代还出现了专门售卖以花蒸成的烧酒的药酒店，出售玫瑰露、莲花白等名目繁多的花酒。其中以莲花花蕊加药材酿制而成的莲花白，据说最早是由孝钦后发明的。花馔当中最具有超越阶级力量的当属菊花酒。重阳佳节，无论何种身份、地位，人们都会举起酒杯，以菊花酒寄托辟邪延寿的美好愿望。

综上，相比其他食物，花朵饮餐具有鲜明的时间性、多样的功能性和超越阶级的属性。这些特点既弥补了花朵食品在原料收集保存、能量供给等方面的缺点，使花朵饮食能够长久地流传，同时也促成了花朵饮食进入文人的视野。古代文人们不仅以花为食，还将他们餐花的经历、感受诉诸于笔端，为古代文学和饮食文化留下了宝贵的遗产。

第二章　餐花行为文学书写的发展历程

餐花的行为源远流长，与之相关的文学书写在古代文学中也是绵延不绝。总体来说，餐花行为的文学书写呈现这样一种趋势，随着以花为食的审美意蕴逐渐压倒其实际目的性，其文学书写的数量逐渐壮大，艺术性也逐步增强。

第一节　先秦至唐前——餐花书写的起源和早期发展

在我国第一部诗歌总集《诗经》中，花草植物意象就被大量用于比兴。"灼灼状桃花之鲜，依依尽杨柳之貌。"这些表述既体现了古人独特的审美情趣，也从侧面反映出农业社会初期人们对于植物生物特性的关注和了解。仔细分析《诗经》中提及的植物，可以发现它们大多与日用相关。《七月》《葛屦》《柏舟》等篇章更为我们展现了时人以麻为衣，以柏作舟，下莞上簟，乃安斯寝的生活图景。所有实用性植物中，可供食用的草木出镜率最高。据清代学者顾栋高《毛诗类释》统计，出现在《诗经》的130多种植物共有蔬菜38种，药物17种。单就花朵而言，葛花可以消酒，椅花可以充菜，舜华能够作羹制药，苕之华食之有行血祛瘀之效，树之北堂的萱草则是如今人们常吃的金针菜。虽然《诗经》没有关于餐花行为的直接表述，但考虑到"植物的生物种性总是其社会历史文化价值的先决条件和原始基础"①，我们有理由认为正是因为具有可食性，花朵才受到人们重视并成为意象被纳入文学书写领域中。

如果说《诗经》中用可食用的花朵起兴是先民无意之中选取和他们日常生活紧密相关事物的结果，那么《楚辞》中出现餐花行为描写则是屈原有目的有意识的选择和艺术性的表现。"蕙肴蒸兮兰藉，奠桂酒兮椒浆"②"朝饮木兰之坠露兮，夕餐秋菊之落英"③"登昆仑兮食玉英，与天地兮比寿，与日月兮齐光"④……结合作品的时代背景和诗人的人生经历，我们可以发现这些和餐花相关的语句不仅能勾连起诗人起伏的一生，也展现了他不同场合下以花为食的不同心境。《九歌·东皇太一》中娇艳的花朵、芬芳的食物是在良辰吉日被用于供奉神灵的。"五音纷兮繁会，君欣欣兮乐康"，此时的诗人想必也是欢乐的。《离骚》中诗人信而见疑、忠而被谤，蒙冤受逐，只得餐花饮露。处境艰难，信念却不改，"苟余情其信姱以练要兮，长顑颔亦何伤"。《九章·涉江》中楚国已处在"小人在位、君子遇害"的风雨飘摇之中，诗人感叹"国无知之者"，企图借由服食玉英，上登仙界，远离污浊的社会。可以这样说，楚辞中的餐花不再是农业文明下集体无意识的表现，而是寄托着诗人主观情感的个性化行为。《楚辞》中描写供人食用的花朵，其目的也不是《诗经》中"先言他物，以引起所咏之辞"，而是"取其香洁以合己之德"，以餐花饮露象征诗人志行高洁。

需要注意的是，此时的餐花行为虽然具有了一定的象征意义，却

---

① 程杰《中国梅花审美文化研究》，巴蜀书社2008年版，第1页。
② 林家骊译注《楚辞》，中华书局2010年版，第69页。
③ 林家骊译注《楚辞》，中华书局2010年版，第42页。
④ 林家骊译注《楚辞》，中华书局2010年版，第113页。

尚未成为一个独立的意象，它仍然依附于诗人的"香草美人"意象群中。如刘献廷所评价："前之佩兰扈芷，虽衣之服之，尚与体分为二。今饮之食之，无非芳香，则内彻五脏，无一而非芳香矣。"①换言之，诗人描写的餐花行为和他扈芷佩兰、集合芙蓉，以为衣裳等行为相互呼应，其目的都是以外在形象、行为的香净润泽，突出其内在博采众善、修身清洁的美好品质。

餐花书写之所以最早在《楚辞》中出现，一方面与诗人的主观情感和艺术表达有关，另一方面也得力于楚地的自然条件和风土人情。

图 08　蕙花。图片来自网络。

"屈宋诸骚，皆书楚语，作楚声，纪楚地，名楚物。"兰、茝、荃、药、蕙、若、芷、蘅等楚地风物是诗人餐饮的对象，楚国重视祭祀、崇尚芳香的宗教传统则是诗人食花的内在驱动。整部《楚辞》都是楚文化的产物，而餐花文学的源头也扎根于这片水网密布、林木茂盛的土地。餐花书写与楚地巫风之间的关系另有专章详述，此处不再赘余。

汉代文学的餐花书写承接楚辞，主要表现在汉代郊祀祭歌和汉赋

---

① 游国恩主编《离骚纂义》，中华书局1980年版，第42页。

中。这一时期,与餐花书写紧密相连的依旧是神秘庄重的宗教气氛和奇幻瑰丽的神仙想象。《汉书·礼乐志》记录了汉代十九章郊祀歌。在这种"以乐崇德,殷荐上帝"的庄严时刻,《练时日》一章提及以桂酒尊奉八方神灵,《景星》中则有"百末旨酒布兰生,泰尊柘浆析朝酲"①之句。颜师古注曰:"百末,百草华之末也。旨,美也。以百草华末杂酒,故香且美也。"相较之前名物列举式的餐花书写,此处对于花朵饮食带给人的感官刺激有了较为细致的描写,称其"芬香布列,若兰之生也"。以比喻的手法突出其香气之馥郁,算是餐花书写在细节表现上一个小小的进步。更多情况下,这一时期文学作品中的"餐花"仍是作为一个笼统的概念出现,是作家想象中神人仙子的饮食习惯。写餐花是为了彰显仙人不食五谷、超凡脱俗的气度。例如司马相如在《大人赋》中塑造了一位具有帝王之度、凌驾众仙、遨游天外的大人形象,他的饮食就是"呼吸沆瀣兮餐朝霞,噍咀芝英兮叽琼华"②。扬雄在《太玄赋》中想象神仙饮食也是"茹芝英以御饥兮,饮玉醴以解渴"。冯衍游精宇宙"饮六醴之清液兮,食五芝之茂英",张衡幻游仙境"屑瑶蕊以为糇兮,䰞白水以为浆"。从屈原的"餐菊"到仙灵的"餐芝英",餐花行为在文学表述中的现实性不断减弱,逐渐成为一个带有神话色彩,寄托出世渴望的符号。

这样凌空虚蹈的餐花书写在魏晋文学中也有体现。曹丕想象中的不死国民"其人浮游列缺,翱翔倒景,饥餐琼蕊,渴饮飞泉",阮籍笔下的大人先生"被发飞鬓,衣方离之衣,绕绂阳之带,含奇芝,嚼甘华"。

---

① 班固《汉书》,中华书局1962年版,第2063页。
② 费振刚、胡双宝、宗明华辑校《全汉赋》,北京大学出版社1993年版,第118页。

类似的表述还出现在此时流行的游仙作品中，如曹植的"琼蕊可疗饥，仰首吸朝霞"、庾阐的"层霄映紫芝，潜涧泛丹菊"。再加上《列仙传》《神仙传》等带有宗教色彩的传奇故事推波助澜，以花为食成为文学作品中塑造世外仙人形象的必要手段。

尽管如此，整体看来魏晋时期的餐花书写与现实生活的关系还是越来越紧密的。

首先，文学作品中食花场合从天界洞府回到人间宴饮，食用花朵的品种也从遥不可及的灵芝仙草、玉蕊琼华回归到常见的草木植物上。以北周明帝宇文毓的《和王褒咏摘花》为例："玉碗承花落，花落碗中芳。酒浮花不没，花含酒更香。"诗人所描写的这个花香酒香相互激发、相互映衬的饮酒场面为一直笼罩在神秘晦涩氛围之下的餐花书写注入了人世的欢娱。除此以外，张正见的"绿绮朱弦泛。黄花素蚁浮"、吴均的"宝碗泛莲花，珍杯食竹实"、徐陵的"竹叶裁衣带。梅花奠酒盘"……这些作品中所饮所食是平常的菊、莲、梅花，餐花的场景也都是日常宴饮，它们的出现表明餐花书写逐渐摆脱程序，其贴近自然、贴近生活的一面得以展现。餐花书写的现实性在这一时期得到增强的另一个表现是宴饮诗歌中出现了榴花酒。梁元帝萧绎"榴花聊夜饮，竹叶解朝酲"；北周王褒"涂歌杨柳曲，巷饮榴花樽"等。据传石榴是汉代张骞出使西域后带回的植物，是胡汉文化交流的产物，而诗歌中能够出现榴花酒既得力于这次出使行动，也证明了餐花书写的与时俱进。

其次，受道教服食风气影响，魏晋时期作家们赋予了餐花尤其是餐菊行为延年益寿的新内涵。自屈原"暮食芳菊之落华"之后，菊花的食用功能得到重视。魏晋时期12篇以"菊"为题的赋（铭）中有7

篇提及了以菊为食。但和屈原"动以香净，自润泽也"的寄托不同，这类作品写食用菊花表达的则是赤裸裸的对长生的渴望。

　　煌煌丹菊，暮秋弥荣。旋蕠圆秀，翠叶紫茎。诜诜仙徒，食其落英。尊亲是御，永祚亿龄。（嵇含《菊花铭》）

　　英英丽草，禀气灵和。春茂翠叶，秋曜金华。布濩高原，蔓衍陵阿。阳芳吐馥，载芬载葩。爰采爰拾，投之醇酒。御于王公，以介眉寿。服之延年，佩之黄耇。文园宾客，乃用不朽。（辛萧《菊花颂》）

图 09　黄菊花。图片来自网络。

"永祚亿龄""以介眉寿""乃用不朽"这些表述都反映出在魏晋时期的餐花文学书写中，菊花、服食和延长寿命之间是紧密关联的。歌赋中如此，笔记小说中亦然。《海内十洲记》称："炎洲在南海中，有兽，火烧不死。取其脑，和菊花服之，尽十斤，得寿五百年。"①《荆楚岁时记》载："南阳有菊水。居其侧者多寿……水源芳菊被崖。故以名。"②透过这些表述，我们可以看出在这个政权频迭、死亡枕藉的时代，人们对于生命的执着追求。他们无法改变所处的生活大环境，就企图通过饮食，在力所能及的范围内全性葆真，延长寿命。

魏晋餐花书写所做出的最大贡献是将餐花中的特殊行为饮菊酒和岁时节令之一重阳节联系起来。据记载重阳饮菊酒的风俗起源于汉代宫廷，但相关文学表述却密集出现在魏晋人的作品中。西晋周处的《风土记》、东晋干宝的《搜神记》、葛洪的《西京杂记》、梁吴均的《续齐谐记》中均有类似"九月九日饮菊酒，以祓除不详"的故事。这一时期的诗歌中也出现了直接描写重阳宴饮的作品。庾肩吾的《九日侍宴乐游苑应令》中就有"玉醴吹岩菊，银床落井桐"的表述，王筠的《摘园菊赠谢仆射举》中也提到"重九惟嘉节，抱一应元贞。泛酌宜长久，聊荐野人诚"。刘孝威则直接以"九日酌菊酒"为题赋诗。重阳与菊酒的联姻既为后世的重阳节序作品提供了素材，使其成为一个典型的文化符号，也是餐花文学书写中一个重要的类型。

总体来说，先秦至魏晋时期的餐花文学书写完成了一个复归式的圆圈运动。从描写对象上看，所餐之花从实有到想象回到实有，饮食行为从现实意义上的服食到观念上的食用回到现实服食；从情感上看，

---

① 东方朔《海内十洲记》，《影印文渊阁四库全书》本。
② 宗懔撰，姜彦稚辑校《荆楚岁时记》，山西人民出版社1987年版，第142页。

餐花行为从有所寄托到符号化表达再到有所寄托。这一时期的餐花书写经历了一个螺旋式上升的过程，是复归同时也有所扬弃。最终成功摆脱了宗教思维的束缚，逐步走向生活化、日常化。但此时的餐花行为仍带有较强的功利色彩，故而餐花之乐、餐花之趣还没有在文学书写中展现出来。

第二节 唐宋时期——餐花书写的迸发与繁荣

唐代，饮食题材受到关注。在表现日常饮食的文学作品中既有豪迈的"烹羊宰牛且为乐"，也有喜好清静的"蔬食去情尘"。这种张扬自我，表达个性的文学氛围使得餐花行为书写也呈现出多样化的特点。皇家御宴中"御筵陈桂醑，天酒酌榴花"[①]；山人幽居则是"采兰充糇粮""酝兰为酒浆"[②]；僧侣饮食也离不开花朵，僧人们"温泉调葛面，净手摘藤花"[③]来制作斋饭。花馔在出现的场合除较前代更为丰富之外，以花为食的意蕴内涵也得到拓展。李白以"昆山采琼蕊，可以炼精魄"来表现超脱尘世的成仙渴望，白居易以"闲尝黄菊酒，醉唱《紫芝》谣"来表达隐居山野的闲散之乐，冯贽以"握月担风且留后日，吞花卧酒不可过时"来表明及时行乐的生活态度。这一时期新兴的花朵食用方式——饮用花茶也出现在文学书写中。诗僧皎然在九日重阳与茶圣陆羽赏菊饮茶时，就留下诗篇"九日山僧院，东篱菊也黄。

---

① 陈贻焮主编《增订注释全唐诗》第一册，文化艺术出版社2001年版，第2页。
② 陈贻焮主编《增订注释全唐诗》第四册，文化艺术出版社2001年版，第1611页。
③ 陈贻焮主编《增订注释全唐诗》第三册，文化艺术出版社2001年版，第1017页。

俗人多泛酒，谁解助茶香"①。提出相比以菊泛酒的风俗，菊花与茶搭配更加清新雅洁、相得益彰。皎然的这首《九日与陆处士羽饮茶》开文学书写中饮用花茶之先风，其后又有刘禹锡"蘥叶照人呈夏簟，松花满碗试新茶"的以松花佐茶，李郢"昨日东风吹枳花，酒醒春晓一瓯茶"的饮用枳花茶。自此，花香茶韵成为餐花书写的另一个重要组成部分。餐花书写在唐代的新变，一方面是花馔与人们生活联系日益紧密这一现实情况的客观反映，另一方面也得以见出唐代文人观察生活的视野日趋广阔，提升日常生活的审美意味的能力日趋高强。

作为题材，有关以花为食的文学书写在唐代逐渐兴盛。除此之外，唐人的餐花书写还对餐花意象的发展起到了推动作用。餐花作为一个意象合集，包括各种形式的以各种花朵为食。在唐代，这个大意象系统中的一些具体意象意义得以凝固，成为独特的审美符号。以兰肴为例，自从屈原在《九歌》中描写了祭祀东皇太一时"蕙肴蒸兮兰藉，奠桂酒兮椒浆"的场面，兰花花馔就频繁出现在文学作品中，如边让的"兰肴山竦，椒酒渊流"、嵇康的"华堂曲宴，密友近宾。兰肴兼御，旨酒清醇"、张正见的"石榴传玛瑙，兰肴奠象牙"、北齐享庙乐辞中的"兰芬敬挹，玉俎恭承"、周祀方泽歌中的"云饰山罍，兰浮泛齐"。

兰花花馔出现的场合必是高级别的宴饮和祭祀活动，而包括"兰樽""兰俎""兰羞""兰肴"在内的各种兰花制食品则是饮食华贵的象征。到了唐代，"兰肴"已经拥有了芳洁食物这一固定意义，成为尊贵和神圣饮食的代名词。唐代郊庙歌词中"兰"字出现了8次，全都是用来形容供奉给神灵的食物气味芬芳。唐太宗以《帝京篇》明雅志时提及宴饮是"玉酒泛云罍，兰肴陈绮席"，唐高宗写太子纳妃、

---

① 陈贻焮主编《增订注释全唐诗》第五册，第478页。

太平公主出降时的宴会也是"华冠列绮筵，兰醑申芳宴"。凡写饮食，带上一个"兰"字，宴饮的场景立刻雍容华美起来。

此时，所食之物是否真的由兰花制成并不重要，兰花作为食材的自然属性被虚化，而兰之香、兰之雅等审美属性则被着力突出，使得"兰肴"一词泛化为芳香扑鼻的美味佳肴。

图10　松花。图片来自网络。

除了使原有意象得到固化，唐代的餐花书写还创造了一批新的意象，桂花酒、藤花馔等花朵饮食都是在此时出现在文学书写领域。以食用松花为例，唐前，松花意象几乎从未出现在文学作品中，而仅《全唐诗》中"松花"一词就出现了49次，另外还有松黄、嫩黄等代称，可以说松花是在唐代才被纳入文学表现的范畴中的。在这些诗歌中，半数以上的作品提及松花是写以松花为食，如白居易的"野衣裁薜叶，山饭晒松花"、刘长卿的"何时故山里，却醉松花酿"、卢纶的"饥食松花渴饮泉"等。

分析这些诗歌可以发现，与松花一同出现的意象往往是"幽""藜杖"，与诗人同饮同食之人则常常是道士、僧侣，而这些作品所表达的通常也都是作者隐逸出世的情志。在唐代诗人的努力下，食用松花与乐天知命、隐居避世挂钩，到了后代"渴饮竹泉""饥饭松花"一直是文学作品中山客幽人的标准食谱。当然，唐人以松花写隐士的意象并不是凭空而来。由于松树耐寒常青的生物特性和坚韧守节的艺术形象，以松为食与出世修仙之间早就建立起千丝万缕的联系。魏晋南北朝时期就有"夜便习灵仙，餐松食苦柏""方欣松叶酒，自和游仙吟"之类的表述。唐人在这一基础上加以引申，将餐松行为具体落实到食用松花之上，以盛世的豪情抛却了魏晋人对生命短暂的恐惧，以豁达通融的态度将原本的求仙目的转化为不求认同、自得其乐的隐逸情怀。

唐代餐花书写的另一大特色是文学表述中的餐花行为由带有目的性向无目的的欣赏转变。其表现之一就是在精心炮制的花朵饮食之外，唐代文人还热衷于书写无心而成的花馔。"碎影行筵里，摇花落酒中"[1]写诗人在中秋之夜设宴赏月，与影为伴，摇花入酒，是何等的风雅。"坐看莺斗枝，轻花满尊杓"[2]表现的是春花烂漫之际，诗人于花下饮酒，鸟儿在枝头嬉戏使得花朵坠入酒樽，又是多么的活泼有趣。"岩树阴棋局，山花落酒樽"[3]"淡烹新茗爽，暖泛落花轻"[4]。相比前代刻意服餐具有轻身延年奇效的花朵食品，此时的餐花不拘格套，任性而为，

---

[1] 陈贻焮主编《增订注释全唐诗》第一册，第1353页。
[2] 陈贻焮主编《增订注释全唐诗》第三册，第93页。
[3] 陈贻焮主编《增订注释全唐诗》第三册，第1348页。
[4] 陈贻焮主编《增订注释全唐诗》第三册，第1387页。

完全以享受的面貌呈现。餐花的环境是以天为盖、以地为席，尽得自然之趣；所食花馔是以自然造化为庖厨妙手偶得，可谓天成；餐花的行为也由汲汲有所求转而为自由随性的性情之举。可以说唐人的餐花书写是在良辰美景、赏心乐事，四美并具的情况下轻松快意的吟唱，所流露的也是唐代独有的风流浪漫的气韵。

餐花书写的转变还表现为唐人不再把所餐之花作为单纯的饮食对象，而在其中投入了自身的情感。以李白《九月十日即事》为例：

> 昨日登高罢，今朝再举觞。菊花何太苦，遭此两重阳？

九日登高采菊是重阳旧俗，在唐宋时期，九月十日被称为"小重阳"，故而称菊花遇到"两重阳"。若按照重阳饮菊酒能够延寿消灾的观点来看，这无疑是一桩美事。而诗人却独具慧心地怜惜菊花"两遇宴饮，两遭采掇"，为花诉苦，代花发问。诗人以菊花遭人采撷，为人所食为苦，其实"菊非有所苦也，白诗善谑，体物悉情，化无为有"，才有了这样的流传千古的名句。而这无理而妙的提问既体现了诗人爱花惜花的情感，背后还蕴藏着诗人借花自惜的心态。与菊花的遭遇相同，李白的一生也遭两次大蹭蹬——赐金还山与长流夜郎。花遭两次重阳，人遭两次重伤，短短二十字中，人与花共情，人事与花事相互交融，李白用他的个人经历将重阳宴饮由集体狂欢转化为对个体内心的观照和自省，将饮菊酒由普遍接受的节日风俗转化为具有独特意蕴的个体行为。这首诗如郭沫若所评价，"语甚平淡，而意却深远"[①]。

与李白融情入菊酒相类似，卢照邻在"他乡共酌金花酒，万里同

---

① 郭沫若《郭沫若全集》第四编，人民文学出版社1982年版，第300页。

悲鸿雁天"中投入了游子对故乡的深切思念，王之涣在"今日暂同芳菊酒，明朝应作断蓬飞"中流露出对友人的依依惜别，杜甫的"伊昔黄花酒，如今白发翁"则寄托了诗人浓重的今昔之感、盛衰之叹。也就是说，在唐代文人笔下，餐花书写已经开始与个人命运、私人情感相关涉。到宋代，餐花书写还逐步走出了狭小琐碎的自我世界，承载起历史的厚度和文化的深度。仍以重阳菊酒为例，抗金名将李纲在重阳登高，"回首中原何处是，天似幕，碧周遭"。故而他"挼落蕊，金尊满满从教醉"，以图借菊酒洗刷"故园凝望空流泪"的家国之悲。爱国重臣洪皓在重九良辰虽依旧俗"臂上萸囊悬已满，杯中菊蕊浮无限"，而内心却经历着"凭栏处空引领，望江南、不见转凄凉"的波折和震荡。在宋末遗民汪元量笔下，写饮菊酒不仅是记录一项民俗活动，更是在回溯一个强大传统力量下形成的民族标记。在《湖州歌》中，他这样写道："客中忽忽又重阳，满酌葡萄当菊觞。谢后已叨新圣旨，谢家田土免输粮。"[①]南宋投降，作者作为俘虏远赴燕地。途中适逢重阳却无菊可赏、无酒可饮，只能以蒙古人常喝的葡萄酒聊以自慰。诗人不禁想到谢后投降时曾有保全宗庙社稷的请求，如今所得到的不过是谢家免交土地田赋的优待。而包括诗人自己在内的广大人民不仅身罹亡国之祸，竟然连重阳饮菊酒的自由和权利都被剥夺。此诗看似未加褒贬，只是一段重阳遭遇的平实自述，但事实上诗人既皮里秋阳地揭露了谢后降元的不智，也通过一句"满酌葡萄当菊觞"将亡国的辛酸血泪，透骨悲凉蕴藏其间。"六代旧江山，满眼兴亡，一洗黄花酒。"在特殊的时代背景下，衣食住行等日常之事也被寄予了国仇家恨的宏大主旨，南宋文人笔下的一杯菊酒凝聚着汉族知识分子对本民族的深

---

① 傅璇琮主编《全宋诗》第七〇册，北京大学出版社1991年版，第43994页。

深认同和对国家不幸命运的声声控诉，而无菊酒可饮则成为忧患沧桑的时局的折光。

除了因为特殊的时代环境而染上深沉浓郁的家国之思、故土之情，宋代的餐花书写还呈现出以下几个特点：

首先，单个作家关于餐花的作品数量增多。唐及唐前，有关以花为食的文学作品在作家的诗文集中出现频率较低，一个作家涉及花馔的作品数量有限，李白、杜甫都只留下了三首诗歌直接提及餐花，李商隐和杜牧合计只有5首诗歌涉及花朵饮食。而到了宋代，仅苏轼一人就创作了38首有关餐花的诗歌，另有词作两篇以及《山中松醪赋》《桂酒颂》等形式各异的作品。南宋杨万里也留下了多达36篇与餐花相关的诗歌。除了上述两位重量级作者，喻良能、赵蕃、韩淲等小作家每人也有8到10首诗歌提到餐花。同时，在唐代，即使是相对而言提到花馔较多的作家，其作品中花馔的种类、餐饮的环境也极为有限。以白居易为例，其8首有关餐花的诗歌中有6首都是写重阳饮菊酒的，而在宋代，即便是餐菊也有白菊、水晶菊、桃花菊等多个品种，觅菊、采菊、种菊等多种情境。在宋代作家中，较为值得一提的是南宋的董嗣杲。他创作了百首咏花诗，对96种花木进行了文学书写，其中19首与餐花直接相关。除了常见的菊花、桂花，芭蕉花、罂粟花、菖蒲花的食用价值也在他的诗歌中得到了彰显，并且诗人写餐花不是千篇一律，而是注意到了不同花朵的不同食用方式。食用松花是"酿浆可问通仙醉，捻饼须知渍蜜供"[①]；食用茨菰花是"春成白粉资秋实，种入盆池想水乡"；食用腊梅是"磬口种奇英可嚼，檀心香烈蒂

[①] 傅璇琮主编《全宋诗》第六九册，第42716页。

初镕"①……诗人以诗心慧眼深入细致的体察生活，既扩充了可食用花朵的阵营，也大大加强了餐花书写的丰富性、多样性。

其次，宋代还出现了关于花馔的专题作品，涌现出一批专力进行餐花书写的文人。餐花行为在前代文学作品中往往依附于宴饮环境或者花朵意象，而在宋代餐花已经被当作一个独立的主题加以书写。王禹偁的《甘菊冷淘》写诗人经年厌粱肉，敕厨唯素飧，以甘菊拌面，既得到了青青佳色、芳敌兰荪的花馔食品，又得以追慕杜甫槐叶冷淘之遗风。吴锡畴的《桂花》自注"近作桂花茶供"②，诗人先以"灏气浮空月满家"极写桂花之香，顺理成章的引出诗人以花佐茶的行为，"明日石坛金屑富，旋收剩馥入龙茶"。诗中虽未具体描写饮用观感，但号称"天香云外飘"的桂花与有"绿茶皇后"之称的龙井搭配，茶引花香，花益茶味，想必独具风味。花馔在文人群体中受到追捧，诗人陈深还因为南湖史君制暗香汤奇甚，专门赋二绝以求之。原诗如下：

飞和梅花重惜芳，仙房想象制新汤。
独疑清浅溪头汲，石鼎煎来水亦香。

雾阁云窗深闭春，微闻玉杵捣清声。
玄霜只许云英见，地上诗人渴梦生。③

据高濂《遵生八笺》载，暗香汤的制作和食用方法是"在梅花将

---

① 傅璇琮主编《全宋诗》第六九册，第42732页。
② 傅璇琮主编《全宋诗》第六五册，第40407页。
③ 傅璇琮主编《全宋诗》第七一册，第44798页。

开时,清旦摘取半开花头连蒂,置瓷瓶内,每一两重,用炒盐一两洒之,不可用手漉坏。以厚纸数重,密封置阴处。次年春夏取开,先置蜜少许于盏内,然后用花二三朵置于中,滚汤一泡,花头自开,如生可爱,充茶香甚"①。

图11 存放梅花的瓷紫砂罐。图片来自网络。

相比这种较为朴实的记述,陈深则运用诗的语言以"凌云高阁内

---

① 高濂《遵生八笺》,第661页。

玉杵轻捣"来表现仙房制新汤的过程,以"溪头汲、水生香"来表现花汤的清澈和馨香,以"玄霜"和"云英"来表现暗香汤达仙通神的神奇功效。从制作到食用,暗香汤都笼罩在缭缭仙气之下。这样清奇绝妙的花馔难怪诗人睡梦之中都生出渴意,想要一尝美味了。除了上述花馔,莲心茶、黄花菜、薝卜鲊等花朵食品也都被专题吟咏。这些诗歌更多的时候表现了花朵食品的美味,让人读之如闻其味。

就内容论,宋代的餐花书写较唐代更为广阔;就技巧论,宋代较唐代更为精细。与以往花馔以名物形式直接出现,制作过程仅以"槿花亦可浮杯上""椰花好为酒"代过,餐花感受则是甚少提及不同,宋诗中的餐花书写从前期准备到食后感受都有细致的描写。刘士亨在《谢璘上人惠桂花茶》记录花茶加工、冲泡的过程为"金粟金芽出焙篝,鹤边小试兔丝瓯",将饮用花茶的感受表述为"味美绝胜阳羡种,神清如在广寒游"。牟巘的《俞好客又号菊庄为赋数语》则从"种菊一万株,规作岁晚粮"的餐菊计划开始写起,生长日记一般记录了菊花在春雨浇灌下的"柔荑绿于秧"到秋风洗礼下"粲粲枝间黄"的全过程。最终,诗人怀着感恩的心态"再拜然后尝"。菊花吃起来"捼挲不劳咀,进入牙颊香",而这口齿留香的食物令作者想起了采菊东篱的陶渊明,生出"但得三径存,何虑一庄荒"的感慨。归纳起来,在具体的餐饮动作书写上,宋人从唐代宏观的餐英泛蕊,聚焦到唇齿喉舌之间,齿牙加之,和露咽之,最常使用一个"嚼"字,如"闲嚼梅花伴酒樽""细嚼黄花香满齿"。仅一字之异,餐花行为就从一种空乏的概念变得具体起来,我们仿佛能身临其境地体会到花馔在齿颊间抵抗带来的触感,在口腔中与味蕾碰撞产生的味觉。在餐花的感受书写上,宋人也不像唐人那样吝惜笔墨,除了"牙颊有浮香""嚼处更清酸"之类的感官感受外，宋人还常用"清肝肺""肺腑香"这样的表述来强调了食用花馔带给人的身心清洁，心灵净化。他们还奇思妙想地将餐花与诗才联系起来，认为"含香嚼蕊清无奈，散入肝脾尽是诗"。故而又有"只餐秋菊养诗臞""嚼梅花碎写成吟"等句，赋予了餐花独特的助文才、生诗兴的文人化功用。

  以上分析主要以诗歌作为材料，其实唐宋时期其他文学形式中的餐花书写也丰富起来。唐代《庭菊赋》《莲蕊散赋》《幽兰赋》等赋花作品中均有以花为食的表述。其中陆龟蒙的《杞菊赋》更是影响深远，不仅有苏轼《后杞菊赋》、张耒《杞菊赋》等追和之作，还使杞菊成为一个固定意象出现在文学作品中。散文如《菊圃记》《菊谱》等花卉园艺作品和各种文人笔记之中也散落着餐花相关的内容。连书法作品中都有因食花而名世的。五代杨凝式午睡醒来，恰逢有人馈赠韭花，食之可口，遂执笔以表示谢意，写下了《韭花帖》。因食花而起书兴，既留下了行书的传世佳作，一句"当一叶报秋之初，乃韭花逞味之始"也使韭菜花从一种普通菜蔬成为后人吟咏的对象。词，作为唐宋时期新兴的文学形式也不乏餐花书写，除了"秋菊堪餐，春兰可佩"之类的传统表述外，如"阶除拾取飞花嚼，是多少春恨，等闲吞却"等词句更是别出心裁的将嚼飞花与消春恨联系起来，使得餐花书写妙趣横生。

  唐宋文人在推动餐花书写向文学性、艺术性方向发展的同时也不忘对餐花行为进行理智的分析和思考。他们的讨论集中于以下两个问题：其一，就花木的价值而言，食用与欣赏孰轻孰重；其二，怎样的餐花行为属于雅的范畴。如前文所述，古人重口实，故"梅被横差调羹，芍药、杏、桂屈作酱酪"。唐前，人们关注花朵"但取以为调和滋味之具""初不赏其花,亦不及其清香"①。到唐宋时期,花朵的审美价值才得以彰显,出现了大量作品描摹花朵娇艳美丽的姿态,芬芳动人的香气。其中唐人对国色天香的牡丹趋之若鹜,宋人则独赏疏影横斜的梅花。但也是在这个时候,花与实谁更有价值,观赏和实用哪个方面更重要,成为人们饮食之余所考虑的问题。白居易就注意到了"三代以还文胜质,人心重华不重实"的情况,请求造化"减却牡丹妖艳色,少回卿士爱花心"。到了宋代,陆梦发在"弃实求花后世心"的大环境下提问"人间谁是识梅真";谢枋得以"安得根头知上品,今人多是就花看"来评价世人跟风赏花的情状;包恢则将牡丹与蕨萁相比,称"牡丹名品只虚奇,何似充饥有蕨萁"。这种花实之争并没有统一的答案,但从文学书写的意象选择上来看,面对"荔枝非名花,牡丹无甘实"的两难局面,唐宋文人还是希望能够兼美。因此,尽管一时有一时之花,就餐花而言,得到最多关注的仍旧是菊花。菊花既有金蕊之貌、冲天之香,又有凌霜傲雪、出世不折的品格,还能轻身保健、赈济充饥。"其药用价值与食用价值与奋发有为、济世救民的君子之道相吻合,从而更引发古代儒家知识分子对菊花的追捧和比附。"②至于餐花与风雅的关系,在李商隐《义山杂纂》中以"松下喝道、看花泪下、苔上铺席、斫却垂杨、花下晒裈"等十余事为煞风景,宋人邢凯将其转引为"清泉濯足、花上晒裈、背山起楼、烧琴煮鹤、对花点茶、松下喝道"。文人风雅,一直以美人视花,即敬之爱之又怜之惜之。"看花下泪""对花点茶"都被看作是败人清兴、有损风雅之事,那么对着花朵垂涎三尺以至于攀折花枝作为食品岂不更是唐突佳人之

---

① 谢肇淛《五杂俎》,第285页。
② 范成大等撰,杨林坤等编著《梅兰竹菊谱》,中华书局2010年版,第7页。

举。故而杜范等的文人就提出"采菊非餐英""但知爱风味,何必加齿牙"这样的观点。即便是支持以花为食,文人心中对于怎样餐花也有优劣雅俗之分。以食用菊花为例,在宋人心中屈原与胡广两人的餐英行为是有着云壤之别的。刘克庄在《题建阳马君菊谱》中写道:"后汉胡广贵寿,偶然耳。乃托菊水以自神,粪土之评,万古不磨,呜呼!非广之辱,菊之辱也。"认为东汉胡广饮菊潭之水而长寿是菊花的耻辱。他在《菊》诗中也有相似的说法:"曾有餐之充雅操,又云饮者享高年。骚留楚客芳菲在,史视胡公粪土然。"持同样观点的还有南宋诗人赵汝腾。他在判定以花为食的雅俗时提出"餐初英兮慕屈子之菲菲,饮寒潭兮陋胡广之碌碌"。

归纳起来,唐宋时期,餐花书写达到了繁荣。一方面,餐花书写的内容得以扩充,意象得到丰富,并且进入到当时各种流行的文学形式之中;另一方面,文人并不沉溺于花朵食品带来的味觉、嗅觉等多方面的感官感受,他们将个人情趣、文化品位注入餐花琐事之中,面对美味佳肴仍然能够清醒的思考,反映出个人的学识修养和思想品位。值得一提的是,此时许多作品中已经反映出了文人以餐花为乐的感情,但餐花之乐大多是纯粹精神领域的,而真正以享受的姿态进行餐花书写还等要到元明清时期。

第三节 元明清时期——餐花书写的进一步发展

餐花书写发展到唐宋时期,其实际内容得以丰富,相关意象基本全备,艺术表现更加细致,尤其是诗歌中的相关书写无论是内容还是艺术手法都到达了顶峰。相较之下，元明清时段中的餐花书写则是承继其轨，继承多、创新少。但如王国维所说"一代有一代之文学"，元之曲、明清之小说中的餐花书写还是具有其独到之处的。

元代散曲中餐花书写依旧有以兰藉桂酒写祭祀天神，以琼花玉液衬宴饮豪奢，以松花为粮表隐逸仙居，以金英绿醑遣秋日雅兴的习惯。但在写归田闲居生活时，元人创造了他们独特的餐花表述——"摘藤花、掘竹笋、采茶苗"。在《全元散曲》中收录的32篇与餐花相关的作品中有7篇有着相类似的表达。邓玉宾写理想中的田园生活是"挽下藤花，班下竹笋，采下茶苗……"，杨朝英写自给自足的生活经历时是"深耕浅种收成罢，酒新篘鱼旋打，有鸡豚竹笋藤花"，高秀文写乡居也是"丑石作枕，独木为桥，摘藤花、挑竹笋、采茶苗"。其实唐宋时期藤花意象就与山林野居相关联。"野衣裁薜叶，山酒酌藤花""薜石随行枕，藤花醒酒羹"等诗句都是将食用藤花的行为置于闲散幽居的情境之下。元代散曲在继承藤花意象的主要内涵的同时，将藤花作为农副产品与竹笋、茶苗一道出现在作品中，使食用藤花从一种悠闲雅致的行为变为作者乡居时亲历农事活动的表现。比起前代以藤花为食时充满理想色彩的闲适和静谧，此时采摘藤花更加贴近农人生活，更加世俗，也更具有人间烟火的气息。

在元曲中，餐花不仅仅是标榜文人格调的行为艺术，而且真正成为世俗生活的一部分。故而元人笔下的餐花也不单是知识分子精神品味的体现，更多了一份日常生活的真实感。这样贴近真实生活的餐花书写还出现在元代的戏曲杂剧中。《幽闺记》中蒋世隆遭逢战乱、流落天涯，"草为茵褥，桥为住家，山花当饭，溪水当茶"。若是以文人心态度之，这样的生活惬意自由，而作者却极为现实地借剧中人之口叹一句："这般苦楚呵。那些个'一刻千金价'。"《吕洞宾三醉岳阳楼》中酒保称赞自己的酒是琼浆玉液,吕洞宾就反驳道:"说什么琼花露,问什么玉液浆。想鸾鹤只在秋江上,似鲸鲵吸尽银河浪,饮羊糕醉杀销金帐。"认为饮酒便是饮酒,豪饮尽兴就好,无须以琼花露来自抬身价。

图 12　藤花。图片来自网络。

餐花书写在元曲中展露出的世俗气息与元代以俗为美的审美风格和元曲的艺术特色有关。元代作为少数民族统治的朝代,由于民族融合,统治集团文化素质普遍较低,文人集团地位下降,作品更注重迎合市民口味等诸多方面的影响,文学创作一改以往以典雅含蓄为美的审美取向,形成带有蛤蜊味、蒜酪味的以俗为美的特征。而元曲作为一种新的文学体裁主要表现的内容是日常生活中的种种世相,平民百姓的喜怒哀乐，艺术上又有"取直而不取曲，取俚而不取文，取显而不取隐"的追求，以直白透彻为上。在这样的背景下，元曲中的餐花书写褪去了唐宋文人赋予的种种意蕴寄托，元代文人不拔高、不夸饰，将餐花日常饮食琐事的本相还原出来。

唐宋诗歌中的餐花崇雅，元曲中的餐花尚俗，而明清小说中的餐花书写则呈现百花齐放、雅俗共赏的状态。历史、神魔、世情是这一时期小说创作的主要题材，而这三种类型的小说中都能见到以花为食的相关表述。《三国演义》中孔明入山擒拿孟获时，孟获隐居山林的兄长孟节曾端出柏子茶、松花菜供他食用。《镜花缘》中王母寿诞，百花仙子献上百花仙酿为其祝寿。《豆棚闲话》中连和尚都知道"若要买玫瑰酱、梅花酱……俱在城里吴趋坊顾家铺子里有"。山野之人以松花待客，神仙饮用花酿，市场中有专门店面售卖花馔，上述这些食花细节看似是闲笔，其实别有深意，或暗合人物身份，或反映世态人情。从中我们既能看出作家们追求细节精确的良苦用心，也能从这信手拈来的笔触中品悟出餐花行为在此时已经完全融入了世人生活之中。小说中的餐花书写不仅以餐饮菜品的面貌出现，还成为作者彰显人物才情雅趣的手段。《情梦柝》《赛红丝》《梅兰佳话》《水石缘》等多部小说中均描写了主人公赏花饮酒赋诗的场景，《蜃楼志》中众人因赏桃花而赋诗，春才就因为桃花摘得多了得出"摘多煮烂饭"一句。《警富新书》中众姐妹以花月酒为题吟诗，桂仙以一句"摘花浸酒邀明月，借月俦花入酒杯"得女中才子之赞。除此以外，小说中的花朵饮食还充当了引出情节的重要线索、寄寓情感的主要道具，《红楼梦》中宝玉梦游太虚幻境，警幻仙子奉上的"以仙花灵叶所带之宿露而烹"

的"千红一窟",以"百花之蕊、万木之汁"酿成的"万艳同杯"①就是其中的典型代表。宝玉称赏不迭的花馔既是幻境之中神女仙姑合情合理的日常饮食,同时也预示着大观园中如花美眷的悲剧命运。曹雪芹仅用了两个文字游戏一般的花馔就为日后红楼群芳飘零、悲凉之雾,遍被华林的结局草蛇灰线、伏笔千里。另外,小说作家还热衷于在作品中凭借文字的力量创造新的花朵食品。《古戍寒笳记》中作者借重儿之口提出了蕈油浸竹笋与蜜浸荷花瓣同食的餐花新方案。《三续金瓶梅》中碧莲擅长制作的用上好江米配上五种馅料,再加上玫瑰、桂花做成的锭子的五福粽子也是作者的独创。文人们煞有介事地在作品中描述这些想象之中工序繁复、制作精巧的花馔,其行为既根植于明清时期花朵饮食繁盛的整体背景,也体现出此时文人对于饮食之事、饮食之道的重视。总而言之,明清小说中的餐花书写既是市井民俗的反映,也有文人风雅的成分。

明清文人在将餐花书写纳入小说体裁之中的同时,也没有忘记对唐宋时期遗留下来的餐花雅俗之争进行思考。明代饮茶之风日盛,花茶更是受人喜爱。对于花茶的饮用就引起了文人关于茶之真味的讨论。尽管在这一时期众多饮食谱录中都有关于花茶制作的记录,田艺蘅在《煮泉小品》还是提出"人有以梅花、菊花、茉莉花荐茶者,虽风韵可赏,亦损茶味。如有佳茶亦无事此"②,认为花茶的价值值得商榷。其后文人们对于花茶的态度就出现了波动,钱椿年在《茶谱》中一面记录"诸花开时,摘其半含半放,蕊之香气全者,量其茶叶多少,摘花为茶"的制作方法,一面又表示"茶有真香、有佳味、有正色。烹点之际,

---

① 曹雪芹、高鹗《红楼梦》,岳麓书社1987年版,第37页。
② 田艺蘅《煮泉小品》,中华书局1991年版,第479页。

不宜以珍果香草杂之"。指出梅花、茉莉、蔷薇、木樨之类的花朵添加入茶会夺去茶香。这样的观点愈演愈烈，罗廪在《茶解》里直接批评蔡君谟"莲花、木犀、茉莉、玫瑰、蔷薇、蕙兰、梅花种种皆可拌茶"的观点，认为其"似于茶理不甚晓畅"。屠本畯在《茗笈》中更是直白地代茶明言："珍果名花，匪我族类；敢告司存，亟宜屏置。"他认为"花之拌茶也，果之投茗也，为累已久"，提出饮茶需要"戒淆"。明人认为在茶中加入花朵会扰乱茶的本味，而清人则以花朵入馔为刻意穿凿。袁枚就是其中的代表，他在《随园食单》中提出"戒穿凿"，认为"物有本性，不可穿凿为之"①。称"《遵生八笺》之秋藤饼、李笠翁之玉兰糕，都是矫揉造作，以杞柳为杯棬，全失大方"。在他的《随园食单》中没有一道使用花朵为原料的菜肴，就连《山家清供》里那道著名的以芙蓉花和豆腐制成的雪霞羹在此也被改为由紫菜、虾肉、豆腐制作。袁枚将普通饮食比作庸德庸行，认为"做到家便是圣人"，而将以花为食材视作索隐行怪，认为是不必要的事情。其实，无论将饮花茶视作混淆真味还是将花馔视作穿凿怪行，明清文人的讨论所试图做到的是明确食用花朵在风雅与附庸风雅之间的界限。他们认为与其随大流的追求花香茶韵相融合，不如品味茶中清淡而甘香的自然之味，与其费尽心思的收集花朵入馔，不如用返璞归真用日常食材做家常便饭，享受繁华落尽后的人间真味。他们并非反对食用花馔，明清文人所不屑的恰恰是以食花来标榜自己风雅的行径。吴趼人就在小说《胡涂世界》中塑造了伍琼芳这一人物，他明明不吃鸡蛋，偏偏在饭馆中点些"桂花肉丝、木樨汤、芙蓉汤"之类的看似由花朵制作的菜肴附庸风雅，结果这些菜名中的花朵实际成分全是鸡蛋。他硬着

---

① 袁枚《随园食单》，南京出版社2009年版，第9页。

头皮吃了两口却大吐一通,最后只能再要两个馒头聊作一饱。这种带有喜剧意味的作品,更让人感觉为之耳目一新。

图 13 藤花饼。图片来自网络。

相对而言,元明清时期的餐花书写是对南宋以来过度追求餐花之雅的一次矫正。从形式上来看,餐花书写不再仅仅出现于文人用以抒发自我、孤芳自赏的诗词文中,而被纳入到广大市民接受度较高的曲艺、小说体裁之中。餐花书写因此摆脱了原先精致纤巧的格局,沾染上凡尘的气味,更加贴近普通百姓的日常生活。从内容上看,对于餐花的描述不再是一边倒的以餐花为乐事,餐花之苦、餐花之无奈也被元明清作家以实事求是的精神大胆直抒。另外,明清时期"人情以放荡为快,世风以侈靡相高",此时的人们更多追求的是直观的肉体快感而非精神的优越感。因此,仅就餐花书写而言,相比于宋人依靠精神胜利法苦中作乐，他们更加肆意放纵地追求餐花带来的感官刺激，尤其是市井之人，他们的餐花行为纯粹是出于对于口腹欢愉的追逐。世情小说《金瓶梅》中的花馔描写是其中的代表，后有专章详论。

综合上述分析，餐花行为文学书写的整个发展历程如同一支水脉，它从荆楚的祭祀诗歌中发源，经历了神话与现实的冲撞、交锋，越发贴近生活、贴近世俗，因此逐渐深厚、宽广，最终由涓涓细流汇聚成绵绵江水，成为一种形式多样、内容丰富的文学题材。

第三章　屈原的餐花书写兼论餐花与巫风

前文提到餐花书写的源头是楚地巫风。在对餐花书写的意蕴做了总体的分析之后，自然要对这一主题的产生溯本正源。为什么花朵饮食书写最早出现在战国时期楚风浓郁的《楚辞》中，原始宗教的神秘晦涩究竟多大程度上影响了餐花书写。以下就从屈原作品中的餐花书写为切入点，对这两个问题进行回答。

第一节　餐花书写起源与楚地巫风

餐花最早在楚地歌谣中出现与楚国的自然环境相关，这一点上文已经提及。而其另一个源头则是作为楚文化背景的巫风盛行。

在文明蒙昧时期，人们尚鬼神，利用巫师以祭祀、占卜等方式崇奉神谕。"殷人尊神，率民以事神，先鬼而后礼。"[①]《周礼》之中也有女巫舞雩、歌哭，凡丧事掌巫降之礼等记载。在楚地，对巫的推崇可以说达到了顶峰。楚地"信巫鬼，重淫祀"，在民俗上表现为"楚俗不事事，巫风事妖神"，在统治阶级内部则表现为以巫术决断国家大事。《史记·楚世家》记载："共王有宠子五人，无适立，乃望祭群神，请神决之。"《太平御览》卷五百七十六引桓谭《新论》记载，

---

① 杨天宇《礼记译注》，上海古籍出版社2004年版，第724页。

吴楚交战，楚灵王在大敌压境的情况下，仍然沐浴更衣、起舞祀神，以求得到神灵眷顾。可以说，小到民俗活动大到决定国家存亡的事件，楚人生活的方方面面都受到巫风的影响。

笃信巫术实质上就是人们相信能够通过祷告、祭奠等方式与神灵取得沟通，驱使神灵帮助自己或者使自己的行为符合神旨。因此，在巫术仪式之中最重要的就是尽可能的投神灵所好，使其从天界下降人间。从先秦时期人们接引神灵的相关记载中可以发现，在先民的臆想中，香气是人神联系的重要纽带之一。《周礼·天官·甸师》中有"祭祀，共萧茅"的说法，就是燃烧萧草、茅草，以其芬芳的气味吸引神灵。《礼记·祭义》中细化了侍奉鬼神的礼仪，提出"燔燎膻芗，见以萧光，以报气也""荐黍稷，羞肝肺首心，见间以侠甒，加以郁鬯，以报魄也"。即用血牲的芳香和萧篙的气味报答神灵，以熟食美酒，再加上以郁金香草泡制的黑黍米酒供奉鬼魂，强调的依旧是贡品带给鬼神

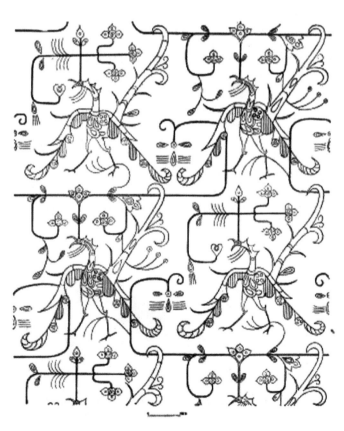

图 14 凤鸟簪花。图片来自网络。

的嗅觉享受。在祭祀鬼神的活动中，先民重视使用香气使神灵愉悦。在问神占卜的仪式中，香味也是接引神灵必不可少的元素。用于占卜的蓍草、茅草都是以芳香见称的植物，而占卜之前除了心态上需要"必诚必敬"，还需要"齐心盥沐，焚香祈祷"，让身体也芳香洁净，以求神降。这些例证都足以见出美好的气味在巫事活动中所占据的重要地位。也正是因此，在《诗经》涉及宗庙祭祀乐歌的"雅"篇中，作者们描绘供奉神灵的祭品往往突出的也是它们馨香的特质，如"苾芬孝祀，神嗜饮食"（《小雅·楚茨》）、"是烝是享，苾苾芬芬。祀事孔明，先祖是皇"（《小雅·信南山》）、"其香始升，上帝居歆"（《大雅·生民》）等。

文明较为开化的中原地区尚且在侍神活动中保持着"尚嗅"的传统，在巫风昌炽的楚地，接引神灵的过程中就更加注重创造一种芳香扑鼻的环境，借香气引诱神灵。《包山楚简》中说"赛祷……酒飮，蒿之"，即以蒿泡酒，使酒味香，鬼神歆享。楚墓出土的刺绣品包含的典型纹样——凤鸟簪花，其中香花香草据说起到的也是引神导魂的作用[①]。而在以民间祭祀歌曲为原型的《九歌》中，诗人更是连篇累牍地运用大量的香花香草意象铺陈出祭祀环境的芬芳宜人。祭祀云中君的女巫"浴兰汤兮沐芳，华采衣兮若英"[②]，祭祀湘君的女巫以桂棹兰枻相迎，"采薜荔兮水中，搴芙蓉兮木末"。而为了迎接湘夫人的到来，巫师更是以荷为盖、以桂为梁，"罔薜荔兮为帷，擗蕙櫋兮既张"，打造了一个完全由芳香植物制作而成的幽香环境。浴花、佩花、以花为屋宇，

[①] 中国屈原学会编《楚辞学》第十一辑，学苑出版社2009年版，第404页。
[②] 詹杭伦、沈时蓉、张向荣编著《楚辞品鉴》，中国人民大学出版社2010年版，第71页。

以上这些行为均说明了在楚巫的文化想象中，无形的神灵是可以通过香氲之气诱导、操控的。

楚地尚巫，巫术活动中需要以芳草香馨诱神引魂，在明确了这两点之后，我们就能够理解，为什么关于以花为食的文学表述最早以"蕙肴蒸兮兰藉，奠桂酒兮椒浆"的面貌出现在祭祀东皇太一的楚地歌谣之中。为了使祭祀所用的肉品合于整个祭典"芳菲菲兮满堂"的环境，也能散发出神灵喜爱的馨香，女巫将肴肉用蕙草包裹，用兰草垫底，以期改变其原有的气味，吸引神灵享用。也就是说，最初进入到文学作品中的花朵饮食，并不是因花朵可食将其作为菜品加以表述，而是因其芬芳，将它用作调味香氛来描写。其意义也不单是人类的食品，而是散发出足以吸引神灵的芬芳的神圣祭品。当然，以香花香草包裹食物以改变食材气味的行为在先秦时期绝非孤立偶然，之所以最先经由屈原之手在《楚辞》中被文学性地表露出来，也许是因为相比《诗经》受制于四言体制，只能对祭祀食品的香气作概括性的描述，篇幅较长、句式灵活的骚体能够更细致、更深入地再现当时的祭祀之礼，描绘用于祭祀的物品。

第二节　屈作中的餐花书写

经过上文的分析可以得出这样的结论，花朵食品最初因为香气合于祭祀仪式的需要而成为祭祀文学的描写对象。但《楚辞》中，尤其是屈原的作品中，许多非宗教祭歌性质的篇章中也有与餐花相关的描写。《离骚》中有"朝饮木兰之坠露兮，夕餐秋菊之落英"的表述，有"小离骚"之称的《九章》也对以花为食有所提及,"捣木兰以矫蕙兮,糳申椒以为粮。播江离与滋菊兮,愿春日以为糗芳"(惜诵)。在这些"摆脱了宗教的从属性,成为人类自觉地,具有强烈个性的文学"中,餐花又被作者赋予了怎样的意义?

一、屈原餐花书写的思想性

在回答这一问题之前,首先需要认识到的是在屈原的作品中饮食从来不是作者所主要表现的对象,即便作者在《招魂》中耗费大量笔墨,为后世呈现了当时楚国最高规格的盛宴,也是为了"魂兮归来"这一宗旨而服务的。因此,若要理解屈作中餐花书写的意义,需要将其放置在屈原竭尽心力所营造的香草美人的系统之中,需要明确以花为食并非孤立行为,而是与"朝搴阰之木兰兮,夕揽洲之宿莽""制芰荷以为衣兮,集芙蓉以为裳"等特立独行的举动一道,为了塑造一个光彩夺目、芳香四溢而

图15 江离。图片来自网络。

又孤芳自赏的人格典范而服务的。故而为了阐明餐花的意义,先要对屈作中出现的众多花草意象的内涵做出解释。

对于《离骚》《九章》等作品中群芳意象的解释,一直以来最为正统、影响最广的说法出自王逸的《离骚经章句》。"《离骚》之文,依诗

取兴，引类譬喻。故善鸟香草，以配忠贞；恶禽臭物，以比谗佞……"①自此以后，受训诂之风和儒家思想影响，历代注家抱着"三闾忠烈，依诗制骚，风兼比兴"的认识，对于屈作中的草木意象动辄以君臣大义穿凿附会。屈作中的芳草具有象征意义，这一点毋庸置疑，而将这一象征系统溯源到《诗经》的比兴上去则有所偏差。一方面，王逸对于《楚辞》的注释是在汉代独尊儒术的背景之下进行的。当时经学家们为了提高自己的政治地位，想尽办法将自己的学说阐释的符合经书意旨，因而出现了以《诗经》解《楚辞》的现象。另一方面，经过仔细分析能够发现《诗经》与《离骚》中的比兴运用还是存在着较大差异的。第一，《诗经》中的比兴是零碎、分散的，而《离骚》则拥有自成一体的芳草美人系统。《诗经》中作为起兴的植物往往呈现信手拈来的特点，同是以"桃花"起兴，《周南》中的桃之夭夭是以桃花之艳兴新嫁女子之美，《魏风》中的园有桃则是"心之忧矣，我歌且谣"的诱因。相同的植物在不同的篇章中发挥着完全不同的比兴作用，植物与情感之间的联系是偶发的。反观《楚辞》，香草与恶草之间虽然能够相互转化，但其对立矛盾是必然的，作者崇香抑臭的情感也是固定不变的。第二，比兴手法重视事物外在特征与诗歌内容的统一，即要求本体与喻体之间存在关联性。《诗经》中的比兴往往从外观、形态等视觉角度寻找契合点，如"手如荑荑""颜若舜华"等。而《楚辞》对所写花草的外部特征则绝少表述，唯一被突出的特点就是花草在嗅觉上的香与臭。另外，《诗经》在楚国不过被偶尔征引于外交场合，用于政治和道德的作用②。它对在文化上顽固地保持着自身独立性的

---

① 杨金鼎主编《楚辞评论资料选》，湖北人民出版社1985年版，第235页。
② 过常宝《楚辞与原始宗教》，中国人民大学出版社2014年版，第99页。

楚地究竟能有多大的影响也是值得怀疑的。

另一种常见的观点是因《离骚》等作品中多次出现"昆仑""县圃"等地名，屡次描写远游、求女等活动而将其与《山海经》联系起来，用《山海经》中对于植物的记载解释屈作中的香花香草。应当承认的是《山海经》本为楚地巫觋之书，与屈原的作品同宗同源。屈骚在意象选取，尤其是在构建神奇仙境的过程中受到《山海经》的影响是不可否认的。但仅就植物意象而言，两者之间有着想象与真实的本质区别。尽管《山海经》中对于草木植物的描述细致入微，如《西山经》中"有草焉，其名曰黄藋，其状如樗，其叶如麻、白华而赤实，其状如赭，浴之已疥，又可以已胕"①。从形、色、叶、花、果、效用全方面地介绍了这种叫作"黄藋"的草木，但现实中并不存在有着这样神奇功效的植物。而《离骚》中所运用的花草意象绝大多数都褪去了巫术氛围下的神秘性，它们是楚人生活视野中俯拾皆是的植物，也是作者日常生活的点缀。换言之，《山海经》是试图用面面俱到的描写使人们相信世间真的存在一座座神山圣地，生长着使人"不迷、不忘、不忧"或者"血玉、止心痛"的神木异草。而《离骚》则是将现实的芳草香花当作名物用以构筑一个作者理想中的芬芳雅洁的精神世界。从另一个角度思考，即便《离骚》中的植物与《山海经》中神药有千丝万缕的联系，就能说明屈作中种香采芳是在种药采药，以求通过服食而延年益寿甚至求得长生吗？暂且不提屈原强烈的入世精神和最终投江自尽的结局。屈原本人对于长生这种说法就是持怀疑态度的。在《天问》中他曾三次对永生不死提出质疑。"何所不死，长人何守？"即针对《山海经·海外南经》"不死民在交胫国东，其人黑色，长寿不死"询问不死之国

---

① 方韬译注《山海经》，中华书局2009年版，第189页。

究竟在何处。"延年不死,寿何所止?"即针对《穆天子传》"黑水之阿,爰有木禾,食者得上寿"询问所谓延年究竟能够延寿多少。"受寿永多,夫何久长?"则针对彭祖得寿八百的传闻提出怀疑。故而生搬硬套地将"兰蕙"等芳草与神树仙草相比附,认为芳草意象反映了作者修炼成仙的仙道思想的说法是不可取信的。

针对屈作中出现的芳草意象还有一种代表性的解读方式就是从所写植物的医药学属性入手,以治病疗疾的实用精神看待文学作品中的花草。有学者从中医视角分析出《离骚》中的花草大多具有滋阴壮阳,有益生殖的功效,认为离骚是巫娼以性娱神的巫术活动的记录[1]。有学者用《神农本草经》解《离骚》中的植物,因"秦椒久服轻身、好颜色……""筒桂,久服轻身不老,面生光华……"而将屈原认作养生鼻祖。更有甚者,通过对屈作中植物意象的分析,推测出屈原不仅患有眼疾,而且被湿热、皮肤病、头痛等多种疾病缠身[2]。从创新角度而言,这些解读视角新颖,结论新奇。但就古代文学研究而言,上述研究都犯了割裂文本的毛病。将花草意象从屈作原有的文意中抽离出来,以孤立的眼光阐释原属于特殊文本的意象。

其实,如果将《离骚》《惜诵》等大量描写花朵的篇章与《九歌》对比来看,两者在选取芳草意象上的相似性和关联性是较为明显的。笔者认为屈作中其他篇目所建立的香草系统与《九歌》一脉相承,其根源就是楚国本土盛行的巫术仪式。首先,屈原作为祭祀活动的参与者和见证者,在改编了楚地祭神民歌之后,完全有理由从中汲取养分,将其化作构建文学意境的元素。其次,如果和芳香巫术联系起来,屈

---

[1] 周行易《〈离骚〉异质同构说》,《北京大学研究生学刊》,1990年第1期。
[2] 中国屈原学会编《中国楚辞学》第十二辑,学苑出版社2013年版,第268页。

原如同女子一般重视用香花香草修饰自己，在登上仙界求女的过程中也不忘"折琼枝以继佩"的行为就都容易理解了。芳香植物是为神灵所喜爱的，屈原的自我修饰并非彰显女性形象而恰恰是以此吸引神灵，求得神女的芳心。更为重要的是在《离骚》的植物意象群中出现了与"香草"相对的"恶草"形象，作者评判草木善恶的标准也与巫术有关。他列举的恶草如"茅""萧艾""椴"等均不在祭祀神灵所用植物之列。而分析"芳与泽其杂糅兮，唯昭质其尤未亏""兰芷变而不芳兮，荃蕙化而为茅""余以兰为可恃兮，羌无实而容长"等描述芳草质变的句子，我们能够归纳出作者所看重的、芳草区别于恶草的"昭质"并不是外在形态，而是"芳"，即植物的内在香气。也就是说，香气为神灵所喜爱的就是香草，反之则是恶草。虽然屈作的芳草系统来源于《九歌》，但这些香花香草从描绘祭祀过程，烘托巫祭氛围的实词，到作者有意识、有目的选择运用的意象还有一个过程。这个过程简单来说就是屈原将神灵所喜爱的、嗅觉感觉上的香与人世间道德品行上的善、审美取向上的美联系起来，使香花香草在芬芳动人之外还代表了作者对高尚品德的欣赏与追求，从而建立起一套完整的芳草比兴系统。屈原在以"纷吾既有此内美兮"总结身世之后，对于"重之以修能"的部分用"扈江离与辟芷兮，纫秋兰以为佩""朝搴阰之木兰兮，夕揽洲之宿莽"等采集芳草的行为加以表述的就是最鲜明的例证。除此以外，政敌以"既替余以蕙纕兮，又申之以揽茝"攻击屈原，屈原以"制芰荷以为衣兮，集芙蓉以为裳"来表明"余情其信芳"等诗句，都能证明《离骚》中的芳草书写除了增强了诗歌的艺术美感，还是诗人博彩众善、进德修业的比喻和象征。

带着这样的结论再去看屈作中两处餐花。分析"朝饮木兰之坠露兮，夕餐秋菊之落英"时我们就不会被王逸"吸正阳之津液，吞正阴之精蕊"近乎谶纬之学的解释所迷惑，也不会去对应《山海经》或《神农本草经》，查验"捣木兰以矫蕙兮，鑿申椒以为粮。播江离与滋菊兮，愿春日以为糗芳"中所涉及植物的药用功效。屈原所选择的花朵食材所具有的共性就是它们都是香气为神灵所喜爱的"芳草"。而在作者的观念中，这些花朵同时也是高尚德行、美好品质的代言。因此，屈作中餐花书写的真正意旨，作者已经通过文字叙述和实际行为明确地告诉了我们——"重著以自明"。屈原餐花的原因是忧虑自己的情志不够真诚，他餐花的目的是努力修行使自己的内在专一美好。为了保持自己高洁的品质，他宁愿逆世俗潮流而行，面黄肌瘦（长顑颔亦何伤）、孤身一人（愿曾思而远身）。餐英是诗人修炼并保持自己内在高尚品性的艺术性表达，它与屈作中佩芳、衣芳等行为一道是诗人内外兼修、执志弥坚、德行弥盛的直观表现。

二、屈原餐花书写的艺术性

从思想性来说，屈原中的餐花书写与其作品中芳草意象意义相通，寄托了诗人对完善自我品质的不懈追求。从艺术性角度来说，餐花书写的审美价值也与屈作中芳草意象之美有关。

（一）餐花书写充实并强化了屈原着力塑造的坚贞高洁的完美人格典范

《离骚》中作者使用了无数的芳花香草，从穿戴、衣饰、车驾、住所环境多个角度力图塑造出一个与香草结缘，动静皆芳洁的楚灵均形象。设想一下，这样一个周身弥漫着宜人香气的出尘之人如果同平民百姓一般汲汲于饮食，以五谷杂粮填饱肚子或者像上流社会一样穷奢极欲、以膏粱为美，那么在人物形象的完整性上肯定会大打折扣。

只有将花朵作为灵均的食物才能使人物行动具有协调性和一致性，使人物形象与所处环境和谐。从另一个角度来看，作者设定灵均以花为食也突出了其自异世俗的品质。人"上不属天，而下不着地，以肠胃为根本，不食则不能活"①。吃饭是与人类生存关系最紧密的事情。正是因此，人们对自己碗中的食物往往抱着司空见惯的心态而有所轻视。这使得文学作品中的食物主题常常显得太普通、太平凡。而屈原在《离骚》中大胆而新颖地让灵均异于常人，将花朵作为主要食材，使原本人人熟知的餐饮变得因陌生而有距离感。餐花饮露行为的特殊性洗刷了饮食活动原有的世俗感、日常感，使得人物形象产生了不食人间烟火的高贵和庄严。另外，餐菊英、饮花露这种具有奇幻色彩的

图 16　刘旦宅《屈原像》。图片来自网络。

---

① 刘干先等译注《韩非子译注》，黑龙江人民出版社 2002 年版，第 230 页。

食物也使人不自觉的将灵均的形象与庄子在《逍遥游》中塑造的姑射神人形象挂钩。"藐姑射之山有神人居焉，肌肤若冰雪、绰约若处子，不食五谷、吸风饮露，乘云气，御飞龙，而游乎四海之外。"[①]这与《离骚》中扈芷佩兰、芳香四溢、上登仙界、遨游寰宇的楚灵均是多么相似。只是庄子餐风饮露的饮食是纯粹凭借想象凌空虚蹈，而屈子的餐花则扎根于楚巫文化。餐花书写使得他笔下的灵均与人世间保持着若即若离的关系，人物形象在脱离了市井习气的同时并未完全落入虚无缥缈的境地。可以说屈作中的餐花书写，使得作品中的人物形象既有凡间的真实感又带着脱离俗世的超脱之美。

（二）餐花书写反映了屈原对嗅觉美感的发现与重视

上文已经提到楚人相信花草散发的香气能使神灵愉悦，从而达到与天地通灵的效果。带着这样的观点再看屈作中大量出现的花草意象，我们能够发现作者近乎堆砌般地使用香花香草所着力营造的并非视觉观感上的精彩绝艳，而是嗅觉感官上的芳香四溢。屈作重视嗅觉之美这个特点与重视视觉美的《诗经》做个对比就能较为直观地显现出来。从最讲究视觉效果的建筑描写来说，《大雅·绵》中仅用一个"作庙翼翼"就勾勒出周王朝宗庙初建时的庄严雄伟，《小雅·斯干》中用了一连串比喻"如跂斯翼，如矢斯棘，如鸟斯革，如翚斯飞"展现出宫室的宏大壮丽。而《九歌》中屈原是这样描绘为了迎接湘夫人所修建的屋宇的"……葺之兮荷盖，荪壁兮紫坛，播芳椒兮成堂。桂栋兮兰橑，辛夷楣兮药房……"，尽管诗人事无巨细地将构成房屋的各个部分都交代了一遍，但事实上这个建筑结构并没有给人留下深刻的印象，也很难说这样纯花木的布置造型美观。相反我们会惊异于构筑房

---

① 郭庆藩辑，王孝鱼整理《庄子集释》第一册，中华书局1978年版，第28页。

屋所使用材料的特殊——荷、荪、椒、桂等都是典型的芳香植物。再联系建造房屋是为了祭神这一目的，很容易发现，作者所要突出的并非房屋的结构奇巧、环境优美，屈原想要打造的就是一个能够吸引神灵的、散发着沁人心脾香气的芬芳环境。类似的差异性还体现在诗骚中对衣饰的描写上。《诗经》在描述人物穿戴的时候对于衣物的颜色、质地都有较为细致的展现。"玄衮及黼""青青子衿"等都鲜明地突出了衣服的外在色彩。"取彼狐狸，为公子裘""彼都人士，狐裘黄黄"等则用衣料材质来表现人物的社会身份。而屈作中的衣饰虽然也有峨冠、博带、华衣、盛饰的宏观表述却缺少细节的支撑。如果我们真的如完全按照屈原的描述去还原楚灵均"擥木根以结茝兮，贯薜荔之落蕊""制芰荷以为衣兮，集芙蓉以为裳""高余冠之岌岌兮，长余佩之陆离"的外在形象，得到的只有如刘姥姥进大观园被插了满头菊花的搞笑形象。这是因为作者描写穿戴、配饰并不是要创造视觉效果上的美艳，而是为了强化自身高洁馨香的形象。屈作之中着力表现的是嗅觉的香而非视觉的美，或者说相比传统意义上彰显视觉之美，屈原发现并在作品中突出了嗅觉美感。屈作以花为食的书写中反映的正是屈原这种以香为美的嗅觉审美观念。用来蒸肉的兰蕙、凋零的菊花、只经过简单加工的木兰、江离，这些花馔无论从视觉效果还是味觉体验上来说都不及《招魂》中出现的"肥牛之腱、瑶浆蜜勺"，它们所具有的独特的美就是气味怡人，屈原慧心独具，以敏锐的嗅觉将其表现出来。

（三）餐花书写体现了屈原美即是善的审美观念

屈原对作品中不同香气的花草有着明显的好恶。这样的偏好与其说是作者个人情感的表现，不如说屈子受到我国传统文化中比德思想的影响,将嗅觉感官上的香与臭与道德伦理上的善与恶挂钩。他认为香花香草是善与美的化身,而变节的兰椒则是丑陋、令人厌恶的。这种将植物的自然属性与品德德行联系起来的倾向在他早期的作品《橘颂》中就已经有所显示。《橘颂》中作者用"绿叶素荣、青黄杂糅、精色内白"等句子简练地勾画出橘树的外在特点。而他真正看中并反复吟咏的橘树之美是它"受命不迁,生南国兮。深固难徙,更壹志兮"的内在品质。最后屈原将橘树与气节之士伯夷相提并论,"取其贞介,似有志也"。林云铭在《楚辞灯》中这样评价这篇作品:"看来两段中句句是颂橘,句句不是颂橘,但见原与橘分不得是一是二,彼此互映,有镜花水月之妙。"在《橘颂》中屈原将橘树"橘生淮南则为橘,生于淮北则为枳"的自然属性与道德情操上的坚贞守节联系起来,以善为美的审美观念初现端倪。在《离骚》的草木书写中这一思想的反映更为明显。世人不分黑白、不辨善恶的"户服艾以盈要兮,谓幽兰其不可佩""苏粪壤以充帏兮,谓申椒其不芳"令屈原痛心疾首、大加申斥。尽管处于"固时俗之流从兮,又孰能无变化?览椒兰其若兹兮,又况揭车与江离"的尴尬境地,诗人依然坚持自己的操守,为自己车驾"惟兹佩之可贵兮,委厥美而历兹。芳菲菲而难亏兮,芬至今犹未沫"而骄傲。因为屈原所佩戴的香花香草不仅仅是外在的装饰物,更是诗人心中善与美的寄托,自身车驾的芳香依旧正是诗人"苏世独立,横而不流",不与世俗同流合污品质的体现。如陈望衡所言:"屈原的作品一方面继承管子、孔子的'比德'说传统,另一方面又继承《诗经》的'比兴'说传统,将'比德'与'比兴'很好地结合起来,在中国的文学创作中最早地实现了伦理与审美的统一。"[①]屈作中的餐花书

---

① 陈望衡《中国传统伦理审美谐和论》,《中国社会科学》,1989年第5期。

写就承载着诗人美与善相统一的审美理念。诗人所饮所食都是未曾变质的香洁花朵，它们不仅自身馨香可爱，这种迷人的气味还上应天道，符合神灵的要求，为神灵所喜爱。花朵饮食在楚地芳香崇拜的大背景下，因屈原的生花妙笔在食品意义之上又具备了善与美两种属性。

第三节　屈原餐花书写的影响

屈原作为我国古代文学中餐花书写的第一人，其影响可谓泽被后世。最初的餐花表述"蕙肴蒸兮兰藉，奠桂酒兮椒浆"成为蹉对的代表，与杜甫的"香稻啄余鹦鹉粒，碧梧栖老凤凰枝"并称。他的一句"夕餐秋菊之落英"更是千古闻名，还引发了王安石与欧阳修对于菊花是否有落英的争论，留下一段教学相长的佳话。总体来说，屈原的餐花书写对后世文学主要有两大影响。

对于屈原自身而言，他的餐花书写使其当之无愧的成为文学史上的餐花始祖。作为"第一个吃花"的人，屈原的餐英行为成为文学典故，在后世的诗文作品中屡被提及。释文珦直接化用屈原的"朝饮木兰之坠露兮，夕餐秋菊之落英"以"夕餐篱菊英，朝饮木兰露"[①]来描述自己的日常餐花行为。辛弃疾的"秋菊堪餐，春兰可佩"也典出《离骚》。其他如杨公远的"细嚼芳菲清肺腑，离骚一语千古传"，蒲寿宬的"餐英饮沆瀣，政坐骚人痴"，陈杰的"佳色足陪陶令醉，落英还慰屈原饥"等诗句都得益于屈子的餐花书写。"餐英客"更是成为屈原除"三闾大夫"外的代称。黄庚的"菊似灵均带楚愁，餐英人去思悠悠"，董嗣杲的"楚

---

① 傅璇琮主编《全宋诗》第六四册，第39554页。

泽岂无餐菊友，汉宫还有佩萸人"……这些诗句都明确表示了在后世文人心中餐花与屈原之间存在着捆绑关系。另外，餐花还成为了屈原的标志性动作，后代作家们写到屈原都会自觉不自觉地将以花为食当作必不可少的细节加以描绘。如俞德邻就用"三闾爱秋菊，浥露餐落英"突出屈原爱菊的形象，郑思肖在《屈原餐菊图》中也以"年年吞吐说不得，一见黄花一苦心"来表明屈子餐花的苦楚。

而就餐花书写来说，屈原的餐花书写开启了后世以德行比附草木植物、以食用特殊花朵表明自身价值取向的先河。屈原的餐花书写真正意义上将草木比兴与比德联系起来，率先赋予了餐花行为特殊的审美意义和品德意趣。当然，在这个时候，餐花还是一种与巫术联系较为密切的餐芳行为，所有香花香草是因为自身香气而被诗人统一当作美与善的代表加以食用的。后世文人逐渐发现了不同品种花朵独特的自然属性，对它们加以区别。如前文所提到的陶渊明将菊花与隐逸沟通，唐人将牡丹与富贵风流对应，宋人将梅花与高洁关联。花朵与品德之间的联系在历代文人的努力中逐渐细化，食花与作者价值取向、德行追求之间的关系也在这一过程中更加清晰，从而在文学书写中产生了吃什么样的花即有志于成为什么样的人的对应关系，完备并形成了古代文学中草木比德系统。

在巫风的浸润下，楚人继承并发扬了原始巫术中芳草香馨诱神引魂的传统，用充溢着自然芬芳的花朵制作食物供奉神灵，求取欢心。屈原从祭祀活动中得到灵感，以异于常人的嗅觉鉴赏能力将神灵喜爱的花草之香与道德品质上的坚贞美好联系起来，用餐花饮露来代指对自身德行的修炼完善，从而赋予了花朵饮食善与美的属性，为后世文人用食用花朵明志、比德奠定了坚实的基础。

第四章　陶渊明的餐菊书写兼论餐花与服食

魏晋时期服食成风，餐花尤其是餐菊作为一种养生术受到世人追捧。对于餐花行为的书写也多和延年益寿的希冀和飞升成仙的渴望联系在一起。陶渊明的餐菊行为虽然也属于服食，但他的餐菊书写却超越了功利性，显得自然隽永，可谓这一时期的一股清流。他隐居田园的特殊身份还为菊花注入的隐逸人格，丰富了后代的餐菊书写的意蕴内涵。

第一节　陶渊明与菊花

"自有渊明始有菊""一从陶令评章后，千古高风说到今"。一直以来，在人们的观念中，菊花与陶渊明是密不可分的。事实上，在陶渊明的 122 首诗、3 篇赋及 10 篇杂体文中，咏及菊花的仅有 5 篇，单从数量上看并不足以体现"晋陶渊明独爱菊"这一观点。但整体看来，首先，"菊花"意象是陶作中最常见的花卉意象。陶渊明在作品中吟咏自然界的花卉，提到木槿花一次（《荣木》），提到桃花两次（《归园田居》《桃花源记》），提到兰花四次（《饮酒·十七》《拟古 其一》《感士不遇赋》《闲情赋》），提到梅花一次（《腊日》）。横向比较，陶渊明五次咏及菊花，数量最多，显然有多偏好。其次，相比前代作家，菊花意象在陶作中出现的频率也是最高的。菊花意象最早出现在《九歌》中——"春兰兮秋菊，长无绝兮终古"。其后汉武帝有"兰有秀兮菊有芳，携佳人兮不能忘"之句，魏陈王以"荣曜秋菊，华茂春松"来形容佳人。成公绥写《菊颂》《菊铭》，两次歌咏菊花，潘岳在《秋兴赋》《秋菊赋》《河阳县作诗二首》中三次提及菊花。其余如陆机、陆云、左思、张协等人吟咏菊花的次数都只有一次。从历史纵向角度来看，陶作中五次出现菊花意象，对菊花的关注称得上是"前无古人"。另外，陶渊明对于菊花的关照也最为全面。无论是潘岳"鸣蝉厉寒音，时菊耀秋华"、许询的"青松凝素髓，秋菊落芳英"，还是袁山松的"灵菊植幽崖，擢颖陵寒飙"，诗人写菊花的关注点往往都与菊花在秋天开放这一生物特性有关。而在陶诗中既有描绘菊花姿态的"秋菊有佳色"，也有赞美菊花品格的"怀此贞秀姿，卓为霜下杰"。作者还含蓄的将菊花与自身的隐逸情志结合起来。在《归去来兮辞》中陶渊明辞官归隐，返回家乡，除了"僮仆欢迎，稚子候门"，第一眼看到的便是"三径就荒，松菊犹存"的景象。"犹存"的"松菊"既是田园生活的代表性景物，也是陶渊明不忘隐逸初心的标志。综合上述分析，尽管只有5篇作品咏及菊花，陶渊明喜爱菊花这一点是毋庸置疑的。

那么，陶渊明为什么于千花百卉中独钟情于菊而反复吟咏菊花呢？其实陶渊明对菊花的偏爱很可能与菊花的可食性有关。菊花最早在文学作品中出现就是作为食物。屈原笔下的菊花不是祭祀神灵的供品，就是诗人的口粮。其后，杨雄在《反离骚》中一句"精琼靡与秋菊兮，将以延夫天年"又赋予食用菊花养生延年的奇效。魏晋时期，菊花意象的内涵得到丰富，钟会提出"菊有五美"，其中的"流中轻体，神仙食也"也是侧重于菊花的食用价值和药用功效。而陶渊明的咏菊作品也或多或少地与以菊为食有关。在他5篇提及菊花的作品中，《九日闲居》写作者重九之日，秋菊盈园，持醪靡由的事情。《饮酒》篇中也有作者对自己采菊泛酒的举动的记录。除了这两处直接描写食用菊花外，作者还有"采菊东篱下"的行为。试想如果仅仅是为了欣赏菊花的佳色美姿，如陶公这般深得自然之趣的人定不会非要攀折花枝，破坏花朵的自然状态。唯一合理的解释是作者的目的是餐菊，所以一定要采摘花朵。另外，在陶诗中还有"故人赏我趣，挈壶相与至。班荆坐松下，数斟已复醉"的表述。故友携酒来访，两人坐在松树下喝酒谈天，必定不会提着酒漫山遍野的找松树，能够坐于松下只能说明松树被作者种植在自家庭院的近处。结合作者写菊花时有松菊并提的习惯，我们可以推断出菊花与松树一道都被作者种植在田地屋宇的附近，其目的在美化环境以供观赏之外，自然也离不开方便采摘、食用这一点。如此看来，陶诗中出现的菊花是作者自种、自采、自食的，而陶渊明爱菊花、写菊花也都和餐菊有关。

第二节　陶渊明的餐菊与服食

陶渊明爱菊花不仅因为菊花可以吃，更因为菊花有能够使食用者长生久视的功用。尽管我们不愿意将旷达超远的陶渊明与"汲汲于生死"的服食之人联系起来，但在陶渊明的作品中，菊花、服食与长生的确存在着一定的关系。

首先来看作者在《九日闲居》中对于餐菊的书写：

> 余闲居，爱重九之名。秋菊盈园，而持醪靡由。空服九华，寄怀于言。
>
> 世短意常多，斯人乐久生。日月依辰至，举俗爱其名。
> 露凄暄风息，气澈天象明。往燕无遗影，来雁有馀声。
> 酒能祛百虑，菊解制颓龄。何如蓬庐士，空视时运倾！
> 尘爵耻虚罍，寒华徒自荣。敛襟独闲谣，缅焉起深情。
> 栖迟固多娱，淹留岂无成。

诗歌写陶渊明在重阳节有菊无酒，空服菊花的一段经历。序中"重九之名"即指九月九日重阳节。曹丕说："九为阳数，而日月并应，俗嘉其名，以为宜于长久。"诗人自称"爱重九之名"，理由应该也和重九"宜于长久"有关。开篇，陶渊明就有感慨"世短意常多，斯人乐久生"。"人生不满百，常怀千岁忧"，这样的烦恼人人都有，诗人也不例外。因此诗人未能免俗，想要在重阳同世人一起饮菊酒，希望以此来忘却忧愁、延年益寿。在他心中，"酒能祛百虑，菊解制颓龄"。然而诗人身居蓬庐，生活穷困，虽然院中菊花开的正盛，乘酒的爵罍却布满了灰尘。无酒可饮，空服菊花，重阳佳节就这样白白过去，诗人的心情颇不平静，生出了"何如蓬庐士，空视时运倾"的慨叹。诗人喜爱重阳之名，想要在节日饮菊酒，认定酒能忘忧、菊花延年，因无法在重阳饮菊酒而不平，诗歌中这些内容无不显示出陶渊明的餐菊行为是一种以食花求寿考长年的服食行为。

陶渊明在另一首餐菊诗歌《饮酒·其七》中，对服食菊花表述得更为含蓄：

秋菊有佳色，裛露掇其英。泛此忘忧物，远我遗世情。一觞虽独进，杯尽壶自倾。日入群动息，归鸟趋林鸣。啸傲东轩下，聊复得此生。

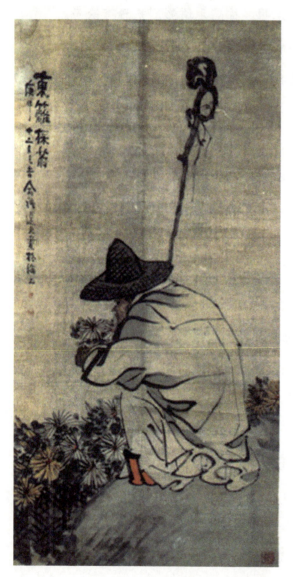

图17 ［清］俞达礼《东篱采菊图》。图片来自网络。

诗歌未明确交代饮酒时间，结合诗序中"闲居寡欢……偶有名酒，无夕不饮"的描述，可以推断诗人饮用菊酒并不限于重阳一天，平常他也有以菊泛酒的行为。也就是说，饮菊酒对于陶渊明来说不仅仅是节日习俗，更有可能是一种日常习惯。另外，诗人特意表明他采摘的菊花是带着露水的，采菊的时间是清晨，而饮酒时诗人所见的日入鸟归显然又是傍晚的景象。虽然不能排除陶公酒量好，能从清晨喝到傍晚的情况，但更为合理的解释应当是诗人特意早起收集带着露水的菊英，以供泡酒。这样来看，诗人拾掇菊瓣泛酒就不是简单的兴之所至，而是带有一定目的性的。

《山海经》载"甘露是饮,不寿者八百岁";《本草纲目》也将甘露称为"神灵之精,仁瑞之泽"。甘露有助养生,菊花又有延寿之功,带着露水的菊花养生延年的效果应当是加倍的,难怪诗人要特意早起"裛露掇其英"了。上述分析是从诗文中推断出来的,而陶渊明对饮用菊酒功效的直接表述是"泛此忘忧物,远我遗世情"。酒能忘忧已有公论,曹操就有"何以解忧,唯有杜康"之句,陶渊明又是如何将菊酒与遗世之情联系起来呢?事实上,在魏晋人心中服食菊花除了能够延缓衰老、延长寿命,还有通神致仙之用。《尔雅图赞·释草·菊》中就写:"菊名日精,布华玄月。仙客薄采,何忧华发。"傅玄、钟会等人在赋菊时,也强调了菊花"服之者长寿,食之者通神"的作用。黄文焕在《陶诗析义》中说:"遗世之情,我原自远,对酒对菊,又加远一倍矣。"陶渊明本就有避世隐逸的倾向,饮用能够通神的菊酒使作者距俗世又远了一步,与仙人遗情远世的境界更近了一步。在菊酒中,诗人如同神仙中人一般摆脱了世俗的烦扰,忘却了尘嚣的杂念。

其实,除了这两处明写餐菊外,陶集中的其他出现菊意象的作品也与服食、寿考有所关联。陶渊明的名句"采菊东篱下,悠然见南山"一贯被看作是和平静穆的典范。王瑶先生就曾指出这句诗"本来不过是说采菊服食、希求长寿的意思,并没有什么超然静穆的境界"[①]。他将陶渊明所见的南山与《诗经》中"如南山之寿,不骞不崩"联系起来,认为南山是寿考的象征,采菊而见南山是服食菊花以求长寿的意思。顺着王先生的思路,"三径就荒、松菊犹存""芳菊开林耀,青松冠岩列"两处写菊花都提及松树,又让人接着"如南山之寿"想到"如松柏之茂,无不尔或承"。

---

① 钟书林主编《陶渊明研究学术档案》,武汉大学出版社2014年版,第206页。

松树常青，也有不老永年的内涵，直到现在祝寿时还有"寿比南山不老松"的吉祥语。菊花本身轻身延年，与菊花意象一同出现的南山意象与松树意象又都是长寿的象征，诗人写菊时多次出现这样的意象组合应该并非巧合。可以理解为陶渊明本就有食菊花求长生的内在愿望和实际行为，故而在写作时自然而然地在笔端泄露了天机。松树与菊花都是附有强烈文化内涵的两种植物意象，陶渊明将两种植物放在一起吟咏更是意味深长，这也是他个人崇高理想的外在表现之一。

如果说单凭几首与餐菊诗尚不足以说明陶渊明有长生的渴求和服食的行为，《陶渊明集》中还有其他与服食求仙相关的作品。仅以《拟古九首其二》为代表分析：

东方有一士，被服常不完。三旬九遇食，十年着一冠。
辛勤无此比，常有好容颜。我欲观其人，晨去越河关。
青松夹路生，白云宿檐端。知我故来意，取琴为我弹。
上弦惊别鹤，下弦操孤鸾。愿留就君住，从今至岁寒。

对这首诗的解读往往是从陶渊明的隐逸之志入手，将"东方一士"视作贫寒守节之士或是渊明自喻。而蒋熏在《评陶渊明诗集》卷四中则独抒己见——"伊何人哉，其孙登之流耶？是神仙而无铅汞气者"，将东方士认定为服食养生的方外之人。从原诗来看，陶渊明先用被服不完、三旬九食、十年一冠极写东方士生活之贫寒，再夸赞他尽管处境窘迫却容颜姣好，引得自己想要去一睹真容。如果诗人的创作意图是为贫寒守节之士扬誉，那么直接称赞其"箪食瓢饮，不改其乐"的高尚品质就足够了，为什么将赞美的重点落在了"好容颜"上呢？如果真的是三十天只吃了九顿饭的饥寒交迫之人又怎么能够不"槁项黄馘"而容貌姣好呢?只有像蒋熏一样将"东方士"与服食修行之人联系起来,把所谓的断食当作是修炼所用的辟谷之术,才能贯通诗意,将陶公对"好容颜"的称赞解释清楚。葛洪的《神仙传》中就记载曹操不相信左慈会神仙之术,将左慈"闭一室中,使人守视,断其谷食,日与二升水,期年乃出之",发现左慈"颜色如故"的故事。书中更记录了许多修仙者"颜色美少""容颜灼灼"的传说。陶渊明正是从这些故事中得到灵感才塑造出这样一位饮食绝少而容貌甚佳的"东方一士"。诗人心生仰慕,翻山越岭寻找这位修仙之人。"东方士"的住所青松夹路,白云宿檐;"东方士"早已知晓诗人避俗远世的心意,为诗人弹奏琴曲,这些描述也都符合隐居修道之人的特征。最后诗人也表示自己也心慕此道,愿意追随这位东方士。这不正是陶渊明服食修炼态度的鲜明体现吗?

陶渊明一向被认为是"得失忘怀"的高人,逸鹤任风、闻鸥忘海,但从另一面看他也不能跳出他的时代和环境[①]。魏晋的动荡局势使得当时人普遍抱有对时光飘忽、人生短促的忧虑和悲哀。在生命虚无思想的威胁下,魏晋人或是投身于酒的怀抱,忘怀人世;或是走上了服食的道路,希望通过食用特定的药物延长有限的生命。王充就说:"适辅服药引导,庶冀性命可延,斯须不老。"嵇康也称:"导养得理,以尽性命,上获千余岁,下可数百年。"这一时期讲究养生延年的道教成为世人的共同信仰,道家经典也成为文人案头的必备读物。从陶渊明的作品中可以看出诗人对于道家经典的精通。朱自清据《陶靖节诗笺定本》统计:"陶诗用事,《庄子》最多,共四十九次,《论语》第二,

---

① 萧望卿《陶渊明批评》,北京出版社2014年版,第28页。

共三十七次，《列子》第三，共二十一次。"[1]除此以外，诗人还多次咏及《山海经》，每每提到"王母""周穆"，陶渊明总是语带欣羡，对于《山海经》中出现的能延长寿命的神花异物，他更是无比向往。"黄华复朱实，食之寿命长""不老复不死，万岁如平常。赤泉给我饮，员丘足我粮"。陈寅恪对此这样评价："盖《穆天子传》《山海经》具属道家秘籍而为东晋初期人郭璞所注解。景纯本是道家方士，故笃好之如此。渊明于斯亦习气未除，不觉形之于吟咏，不可视之偶尔兴怀。"能够在诗歌文章对于道家典故信手拈来，说明中陶渊明受到了时代潜移默化的影响，在一定程度上接受了道教宣传的服食养生、延年益寿的思想。

　　从家族渊源上来看，陈寅恪曾撰文指出"渊明血统之属于溪族"，其"家世宗教信仰为天师道"。虽然无法就此断言陶渊明也是道教信徒，但从《命子》等作品中能够看出他对先人的尊崇与仰慕。或许陶渊明在思想行为上也自觉地向先祖靠近。更值得一提的是与陶渊明同时代的陶氏亲族也有道教的笃信者。据《晋书》记载，陶渊明的叔父陶淡"好导养之术，谓仙道可祈。年十五六，便服食绝谷，不婚娶……"，陶渊明的从弟敬远也是虔诚的修炼者。陶渊明是这样描写敬远的日常生活的——"遥遥帝乡，爰感奇心，绝粒委务，考盘山阴。淙淙悬溜，暧暧荒林，晨采上药，夕闲素琴。"敬远与陶渊明气质禀性都很接近，两人可以说是志同道合。在《祭从弟敬远文》中陶渊明这样写道："惟我与尔，非但友亲，父则同生，母则从母。相及龆齿，并罹偏咎。斯情实深，斯爱实厚……余尝学仕，缠绵人事。流浪无成，惧负素志。敛策归来，尔知我意。"可知两人亲密友善，陶渊明与敬远更有一段

---

[1] 商金林编《国学大师·朱自清》，天津人民出版社2007年版，第292页。

同吃同住、共同劳作、共同休息的经历，在此过程中陶渊明难免耳濡目染，也产生了服食之心、向仙之志。

诗人最终形成了服食养生的习惯，除了受当时时代风气和自身家族渊源的影响，与其身体状况、生命观念也有很大关系。

首先，诗人身体不好，长期处于疾病中。在《示周续之祖企谢景夷三郎》中诗人写自己"负疴颓檐下，终日无一欣"。在《答庞参军》诗序中诗人又提到"吾抱疾多年，不复为文……复老病继之"。在《与子俨等疏》中诗人也有"疾患以来，渐就衰损……"的表述。与患病相对应，陶作中药意象也经常出现。诗人的园中"花药分列，林竹翳如"，戊申岁六月中家中遇火后"果药始复生"的景象令他欢欣鼓舞；诗人常常服药，"药石有时闲，念我意中人""每以药石见救，自恐大分将有限也"。颜延之在《陶征士诔》也记载陶渊明"少而贫病，居无仆妾""年在中身，疢惟痁疾"。《宋书》《晋书》都有陶渊明"躬耕自资，遂抱羸疾"的表述。有理由相信陶渊明的身体长期抱病，需要通过药物调养治疗。试问处在这种境况下的诗人怎么能够不希望通过服食远离病痛，怎么能没有长生的渴望呢？

另外，诗人思想上还有着惜生畏死的倾向。通常认为陶渊明是一个明达于生死的人，"纵化大浪中，不喜亦不惧"。而事实上，诗人对于时间的流逝，死亡的不可避免有着异于常人的敏感和焦虑。在《荣木》中诗人从花朵的朝开夕败认识到"人生若寄，憔悴有时"，因而"中心怅而"；在《己酉岁九月九日》中诗人由秋日万物凋零想到了"从古皆有没"，而"念之中心焦"；在《杂诗》中诗人有感于"日月掷人去，有志不获骋"，而"念此怀悲凄，终晓不能静"。魏晋时期，人们的生命意识觉醒，陶渊明虽然认识到了"老少同一死，贤愚无复数"

的必然性,但"死生亦大矣",他没有因为明确了人终有一死而豁达超脱,反而更加关注自己的生命,"常恐大化尽,气力不及衰";他一遍又一遍地让自己濒临"死"的状态,作了三篇《拟挽歌辞》和一篇《自祭文》,在死神到来之前,事先体验死亡对于个人的影响。如果陶渊明真的和鼓盆而歌的庄子一样通达,"察其始而本无生,非徒无生也而本无形,非徒无形也而本无气……今又变而之死,是相与为春秋冬夏四时行也"。又何必设想自己死后"欲语口无音,欲视眼无光""幽室一已闭,千年不复朝"等可怖的景象呢?陶渊明恐惧死亡,因而对现世生命更加眷恋。"丈夫志四海",而陶渊明则明白地表示自己的心愿没有那么伟大,就是"我愿不知老"。他还说"在世无所须,唯酒与长年""所以贵我身,岂不在一生"。以生命为贵的陶渊明还有及时早行乐,不求身后名的思想倾向。《游斜川》中诗人"悲日月之遂往,悼吾年之不留",纵情饮酒,表示"且极今朝乐,

图18 [明]张鹏《渊明醉归图》。广东博物馆藏。

明日非所求";《诸人共游周家墓柏下》中诗人"感彼柏下人,安得不为欢",而"清歌发新声,绿酒开芳颜";诗人饮酒多数是"得欢当作乐",在《酬刘柴桑》中他更是直抒胸臆,用"今我不为乐,知有来岁否"表明自己活在当下、乐在当下的生活态度和生命观念。既然重视、珍惜生命,厌恶、畏惧死亡,那么诗人有服食养生的思想和行为也是理所应当的。

通过上述分析,可以认定陶渊明完全有可能有通过服食颐养天年的心理和行为,而他的餐菊行为首先是一种服食行为,其次才达到审美欣赏或道德品位的境界。

第三节 陶渊明的餐花书写及其影响

尽管陶渊明的餐菊行为从本质上来说仍是因循魏晋服食的老路子,但从艺术性来看,他的餐菊书写却超越了前人。

首先,在陶渊明笔下,所餐之菊是具体而实在的,餐菊行为也真实可感。食用菊花的行为最早出现在《离骚》中,屈原借餐菊来隐喻自己对德行的修养、对自我的完善。但屈作中的菊花只是香花香草的代表,即作者观念上高洁完美的人格象征,换作其他芳香花朵都不影响其意义表达。屈作中餐菊行为象征、隐喻的意义也大于其现实性的。换言之,屈原所写的菊花是"意中之物",他的餐菊也是"观念上的行为",其目的是为了表明诗人品性高洁。与陶渊明同时代的人写餐菊时则多将菊花视作养生延年的灵丹妙药,将餐菊视为一种修炼的手段。菊花的现实意义被消解,餐菊也变成修炼的符号。而在陶作中出现的菊花则是现实的存在的。它们生长于作者家园的篱落边、庭院中，不仅是诗人举目即见、抬手可采的，更是为作者所喜爱偏好的。陶渊明的餐菊书写也相对真实。尤其是《九日闲居》一首，重阳佳节该饮用菊花酒，诗人却因家贫无酒，只能干嚼花瓣来解馋。在这段独特的食花经历中，作者的心情一波三折，由最初的"喜重九"到"空视时运倾"，于"'栖迟'句，深情增感于运倾，不堪娱矣，无可成矣！忽而转结曰'固多娱''岂无成'强自解免"①。若非有所经历，不能将此心境转变的过程写得如此自然、真切、可感。

  其次，陶渊明在餐菊书写中发现并表现了菊之美。屈作中出现菊花和餐菊行为与其说带有作者情感上的好恶，不如说是作者站在道德立场上理性评判，将菊归入了香草一类的结果。受到这套草木比德系统的影响，汉魏文人在餐菊书写中写菊花往往也偏重于理性的道德比附。曹植以菊花"辅体延年"时称赞菊花"含乾坤之纯和，体芬芳之淑气"；钟会将菊花视为"神仙食也"，他归纳出菊有五美也是将菊花的自然特性与"君子之德""劲直之象"相比附。与菊花的"德行"受到关注相对的是菊花的自然美被忽视。这一时期文人对菊花的描写清一色都是"绿叶黄花"。左九嫔"春茂翠叶，秋耀金华"；卢湛"翠叶云布，黄蕊星罗"；成公绥"绿叶黄花，菲菲彧彧"……仿佛除了花叶颜色之外，菊花的外在形态再无值得书写的地方。陶渊明餐菊、写菊虽然也称赞菊花的贞秀姿，将其视为"霜下杰"，但同时他发现了菊花独特的美。一句"秋菊有佳色"就用朴素的语言、白描的手法，"洗尽古今尘俗气"地将菊花"他花不足当一佳字"的独特魅力展现出来。"自

---

① 柯成宝编著《陶渊明全集》，崇文书局2011年版，第41页。

南北朝以来，菊诗多矣，未有能及渊明之妙。"①直到与陶渊明遇合，菊花的自然美才被点出，难怪杨万里将陶渊明说成"菊花精"，张潮称"菊以渊明为知己"。

图19 ［宋］（传）李公麟《陶渊明归隐图卷》（局部）。美国弗利尔美术馆藏。

陶渊明餐花书写的真与对菊花美的发现很大程度上洗刷了其餐菊原有的目的性，使他的餐菊书写显得毫无功利之心，一片天机自然，从中我们看到的"完全是一种超然的、荡涤利害得失之污浊的况怡心灵"②。"酒能祛百虑，菊解制颓龄"平直而真实地交代了想要饮用菊酒的目的，"祛虑制龄"的总结既未夸张，也不附会，语言浅近自然，平白如话。"泛此忘忧物，远我遗世情"则显得含蓄深远，并将餐菊的意义从成仙引向了避世脱俗，使得菊花也带上了隐逸悠远的色彩。

---

① 陶潜著，龚斌校笺《陶渊明集校笺》，上海古籍出版社2011年版，第241页。
② 魏耕原《陶渊明论》，北京大学出版社2011年版，第48页。

至于最为著名的"采菊东篱下，悠然见南山"，本自采菊，无意望山，适举首而见之，故悠然忘情，趣闲而累远。如同苏轼解说的那样"采菊之次，偶然见山，初不用意，而境与意会"。此其闲远自得之意，直若超然邈出宇宙之外。陶渊明在诗中流露出物我两忘的天真意趣，使王国维将诗句的意境归入"无我之境"。说了这等的"忘世语"，连"我"都不复存在了，诗人哪里还会为了延长生命、永葆青春而服食修炼呢？故而在阅读和接受的过程中，人们很容易忘掉延年、寿考之类陶渊明写菊花的最初动机，只沉浸入作者笔下超然闲适、悠远忘机的隐逸境界中。因此，陶渊明的餐花书写呈现出一种奇怪的混合。从目的意义角度来看，他的餐花行为带有功利性质，但从文学表达和审美角度考察，他的餐花书写却以无所求的姿态反映出诗人清远高雅、萧散旷达的情趣。

屈原以餐花明其品性高洁，陶潜则借餐菊写其精神之超况。后世写餐菊的作品很多都模拟陶作。陶渊明将食用菊花的功用概括为"制颓龄"，这三个字就成了后人的餐菊书写的常用词汇。徐铉《北苑侍宴杂咏诗·菊》"泛杯频奉赐，缘解制颓龄"；梅尧臣《和石昌言学士官舍十题·甘菊》"世言此解制颓龄，便当园蔬春竞种"；王柏《叶西庐惠冬菊三绝·其二》"欲制颓龄须耐冷，一阳定有落英餐"；谢邁《植菊》"鄙夫今白发，赖汝制颓龄"等。据统计《全宋诗》中"制颓龄"共出现27次，其中20次都是用来写餐菊之功的，足见陶渊明餐菊书写的影响之大。餐菊与南山的意象组合也常见于诗歌作品中。韦应物《答长安丞裴说》"采菊露未晞，举头见秋山"被称为真得渊明诗意的"绝和"，另外还有洪刍《悠然斋》"初无盈把菊，尽日对南山"；黄庭坚《采菊其一》"南山有菊，于采其英"；张埴《菊花盛开》"餐英端可拔浊俗，南山在眼令人喟"。还有诗人模仿陶渊明"有菊无酒，空服其华"，写自己"有酒泛菊醑美酒，无酒嗅菊倚阑干"的经历。更有甚者将此种经历挪用到食用其他花朵的过程中，周端臣写《真州梅》时便有"乱离无酒卖，嚼蕊当衔杯"之语。

相比陶渊明的餐菊书写，陶渊明的餐菊行为影响更大。"采菊东篱""白衣送酒""裛露掇英"都成为典故出现在后人餐菊书写中。李白"因招白衣人，笑酌黄花菊"；杜甫"且酌东篱菊，聊袪南国愁"；司空图"清香裛露对高斋，泛酒偏能浣旅怀"；蒲寿宬"敢忘白衣来送酒，拟将黄菊去为粮""黄花裛露掇，薄酒如饴甘"。后人在作品中塑造陶渊明形象也离不开"采菊""餐菊"这些典型动作。元代盍志学【双调】《蟾宫曲》写陶渊明就抓住了"采菊东篱，为赋新诗。独对南山，泛秋香有酒盈卮"的典型行为；张就可【仙吕】《点绛唇〈翻归去来辞〉》也将陶渊明的日常生活写作"喜携仗自耕耘，欢自己忘忧会，玩赏东篱足矣。采菊浮杯稳坐榻，对南山山色稀奇"。

更为重要的是："自陶渊明开始，菊被赋予一种新的审美文化意蕴——隐士标格。"餐菊书写也因此与诗人的隐逸情志相关联。隐居幽人的饮食生活往往被表述为"杞菊为糇粮，云山作宾友""白石真可煮，黄菊亦可餐"。萧颖士察觉了朋友元秀德的挂冠之心，就以"彭泽兴不浅，临风动归心。赖兹琴堂暇，傲睨倾菊酒"劝说友人顺从本心。皮日休以"黄菊陶潜酒，青山谢公妓"来形容自请致仕后裴谟的生活，称赞其为"贤哉此丈夫，百世一人矣"。刘商则反用陶渊明餐菊意，以"槿花亦可浮杯上，莫待东篱黄菊开"来表明归隐当趁早。再到后来，文人们以效法陶渊明餐菊来表明自己的不慕名利，心系田园的隐逸情志。"种菊东篱下，悠然寄隐情。不辞频抱瓮，他日要餐英""一园黄菊有馀食，两顷白云无限衣""孤松可抚菊可餐，富贵浮云过眼矣"，无不反映出诗人们对陶渊明安贫乐道、疏野淡泊，不戚戚于贫贱，不汲汲于富贵的人格的追慕之心和效仿之志。戴昺的《甘穷》诗为后世的餐菊书写做了最好的总结——"细嚼黄花香满齿，清风千古一东篱。"

继屈原将目光投向自然界的芳草香花，赋予它们深厚的底蕴和道德的厚度，使餐花成为饱食仁义的代名词之后，陶渊明从百花园中独拈出一只菊来，将自身的隐士标格倾注于它，让食用菊花有了远离尘世、复归自然的意趣。总体来看，陶渊明笔下的菊花，花格与人格的交融更加具体，他的餐菊书写也使得餐花书写的意蕴细化到对具体品种花朵的餐饮上去。

第五章　苏轼、杨万里的餐花书写兼论餐花与文人日常生活

屈原从主观上将餐花行为拔高到道德修养的地步，陶渊明以自身人格客观上赋予了餐菊行为隐逸的内蕴。在唐代，花朵饮食逐渐被视作日常饮食生活的一部分，但餐花主题的饮食书写仍不多见。直到宋代，餐花行为才恢复了日常饮食的本来面貌并大量进入文学作品中。北宋的苏轼、南宋的杨万里都留下了数量可观的餐花作品。他们的作品既体现了宋人餐花书写生活化、文人化的共同倾向，同时又有着自身的独特艺术风格。

第一节　餐花书写与文人日常生活

宋代，花朵的种植与培育技术得到发展，花朵与人们日常生活的关系日益密切。在园林建造中，各色花朵作为美化环境的装饰被广泛种植。李格非在《洛阳名园记》中介绍了洛阳地区名重于当时的19处园林，除了松岛一处外，几乎每个园林中都离不开花朵的修饰装点。天王院花园子，独有牡丹数十万株；归仁园"北有牡丹芍药千株，中有竹百亩，南有桃李弥望"；李氏仁丰园规模更盛，园中不仅广植"桃李、梅杏、莲菊，各数十种。牡丹、芍药至百余种"，还有"远方奇卉，

如紫兰、茉莉、琼花、山茶之俦……"享有"洛中花木无不有"的美誉。在节庆场合，花朵还是烘托节日气氛的重要道具。据《东京梦华录》载："九月重阳，都下赏菊，有数种：其黄白色蕊若莲房，曰'万龄菊'；粉红色曰'桃花菊'，白而檀心曰'木香菊'，黄色而圆者曰'金铃菊'，纯白而大者曰'喜容菊'，无处无之。"①禁中于庆瑞殿分列万菊，灿然眩眼；酒家皆以菊花缚成洞户，招徕顾客。花朵在宋人交往中也扮演着重要的角色。皇帝赐花臣工，以示皇恩浩荡。《渑水燕谈录》中记载，群臣"曲燕宜春殿，出牡丹百余盘，千叶者才十余朵，所赐止亲王、宰臣，真宗顾文元及钱文僖"各赐一朵，"观者荣之"②，认为二人受到

图20 ［清］钱慧安《簪花图》。"台北故宫博物院"藏。

了莫大的恩宠。民间则有以献花表达敬仰之情的行为。人们不仅向权贵敬献花朵，还用鲜花来礼佛、崇道、祭祀先祖。以芍药供佛，以鸡

---

① 孟元老撰，邓之诚注《东京梦华录注》卷八，中华书局1982年版，第217页。
② 王辟之《唐宋史料笔记丛刊·渑水燕谈录》，中华书局1981年版，第2页。

冠花祭祖几乎成为风俗。友人之间折花相赠,则传递了朋友间淡如水、坚似金的友谊。《能改斋漫录》就记录有"陈凯与范蔚宗相善,自江南折梅一枝,诣长安与蔚宗"①的故事。另外,宋人还有赏花、插花、簪花的习俗。花朵越来越贴近宋人生活,花朵饮食也"飞入寻常百姓家"。因此,此时的餐花书写自然而然地呈现出日常化、生活化特点。以苏轼和杨万里的作品为例:

第一,作品中可食用花朵的来源更加日常化、生活化。前人书写餐花时往往是登昆仑、上县圃,寻找芝英玉华以供食用。宋人笔下的花馔则是运用日常所见的花朵制成的。苏轼在岐下修建林园,"亭前为横池……种莲养鱼于其中。池边有桃、李、杏、梨、枣、樱桃、石榴、樗、槐、松、桧、柳三十余株。又以斗酒易牡丹一丛于亭之北"。他的餐花书写正是以这些园中花草为对象进行的。牡丹酥煎,荼蘼泡酒,《次韵子由岐下诗》提及"名随酒盏狂"的石榴,《和子由记园中草木》提到花虽微小但"孤秀自能拔"的萱花,"落英不满掬,何以慰朝饥"的菊花。更值得一提的是,这一时期文人们还亲手种植、栽培花朵以供食用,苏轼在《小圃五咏》中就记录了他食用园圃中种植的甘菊花的经历。"越山春始寒,霜菊晚愈好。朝来出细粟,稍觉芳岁老……无人送酒壶,空腹嚼珠宝。香风入牙颊,楚些发天藻。"天气越冷,菊花越艳,诗人采菊充饥,不由诗兴大发。杨万里的《菜圃》里也有"看人浇白菜,分水及黄花"之句。句中的黄花也是用来食用的菊花。杨万里种菊、吃菊已经有了经验,他提出菊花经过采摘后,秋天会开放得更加茂盛,并在诗中这样总结:"种菊君须莫惜他,摘教秃秃不留些。

---

① 《笔记小说大观三十五编》第 2 册,《苕溪渔隐丛话后集》,广陵古籍刻印社 1983 年版,第 146 页。

此花贱相君知么，从此千千万万花。"

第二，作品中食花的场景更加日常化、生活化。宋代以前，餐花书写的场景或是与求仙问道相连而显得虚无缥缈，或是个体的特立独行隐喻象征的意义大于日常餐饮意义。而在苏轼、杨万里等人笔下，花朵饮食则是以日常饮食组成部分的面貌出现，更加贴近生活。苏轼参与金榜题名的青年才俊们享用的鹿鸣宴，宴会上"金罍浮菊催开宴，红蕊将春待入关"；他与友人同游大云寺，野饮松下，设松黄汤"玉粉轻黄千岁药，雪花浮动万家春"。杨万里夜饮周同年权府家，饮酒既醉后"春风吹酒不肯醒，嚼尽酴醾一架花"；他游玩翟园，主人设宴款待，席上有"桃花碎片点鲈鲊，紫茸堆盘擘鹑腊"。除了这些相对正式的宴饮场合，诗人日常生活中随手折枝浸酒、摘花入馔也成为餐花书写的主题。苏轼游园，闻到"野荼蘼发暗香来"，就"且折霜蕤浸玉醅"；杨万里于梅花下小饮，兴之所至，"旋折冰葩浸玉杯"……餐花行为越来越常见、随性，诗人几乎须臾不可离开花馔。杨万里行舟至光口砦，泊船晨炊，"野饭匆匆不整齐"却不忘"新摘柚花熏熟水"；诗人"午时睡起忽心惊，一事关心太懒生"，而他的应对之道竟然是"速摘荼蘼熏白酒，不愁香重只愁轻"。这些餐花书写既不是个人的孤芳自赏，也洗去了宗教迷信的神秘色彩，而是以诗性的审美将日常生活的凡俗内容提升到高雅的境界。

第三，作品中餐花的内涵更加日常化、生活化。前代文人多是把花朵当作却老延年、致仙通神的灵丹妙药来服用，餐花书写也多是表达远世忘尘、羽化登仙的情志。苏轼和杨万里虽然也不同程度地受此观念影响，有"崎岖拾松黄，欲救齿发弊""渴饮南阳菊潭水，饥啄蓝田栗玉芝"之句。但他们的餐花书写更多体现出关注现世、热爱生活的一面。在他们的餐花书写中，花朵是诗人们赖以生存的食物来源。苏轼几次写到自己遭遇贬谪，面对斋厨索然的窘困状态以杞菊为食的经历；杨万里在《和彭仲庄七言》也向友人诉苦"向来年少今老翁，随身不去只有穷"，年老体衰又穷困潦倒，诗人只能"秋霖暗天瘦日色，满掇黄花当朝食"。花朵饮食与现实的生命存在息息相关，而非超脱于尘世之外的神仙餐饮。节庆场合的花馔描写也是如此。苏轼《端午赠黄守徐君猷》："兰条荐浴，菖花酿酒，天气尚清和。好将沈醉酬佳节，十分酒、一分歌。"杨万里《九日郡中送白菊》："若言佳节如常日，为底寒花分外香。捋蕊浮杯莫多着，一枝留插鬓边霜。"花朵饮食被用来表现凡间宴饮的欢娱，即便是被寄寓了长生内涵的菊花花馔，诗人们将其用在寿词之中，既运用了菊花与寿考之间的关联，又传达了对他人的美好祝愿。苏轼在《赵倅成伯母生日致语口号》中写"今朝寿酒泛黄花，郁郁葱葱气满家"；杨万里在《贺皇太子九月四日生辰》中写"重九吹花节，千龄梦日时。东朝分菊水，南内赐萸枝""少阳拜赐太阳旁，黄菊红萸满寿觞"都体现出这一特点。苏轼、杨万里等人的餐花书写不再执着于超脱俗世，而是面对生活、从生活中发现以花为食的价值和魅力。

在日益生活化、日常化的同时，苏轼和杨万里的餐花书写还带有浓郁的文人色彩。首先，餐花书写很多时候都以典故的形式出现。有屈原、陶渊明的餐花书写珠玉在前，苏轼、杨万里在书写自身日常餐饮时时常引用前人餐花典故，以达到辞约而义丰的效果。《次韵僧潜见赠》"独依古寺种秋菊，要伴骚人餐落英"、《次韵毛滂法曹感雨》"我顷在东坡，秋菊为夕餐"、《跋徐恭仲省干近诗三首》"朝兰夕菊都餐却，更斫生柴烂煮诗"都化用屈原"夕餐秋菊之落英"句，含蓄委婉地表明了诗人如同屈子一样不改初心、穷且益坚的品质。《次韵定慧钦长老见寄八首》"松花酿仙酒，木客馈山飧。我醉君且去，陶云吾亦云"；《水调歌头》"泛以东篱菊，寿以漆园椿"则以陶典书写自身淡薄名利、悠游自在的随性态度；《和陶贫士七首》"岂知江海上，落英亦可餐"；《和陶岁九月九日》"夕英幸可掇，继此木兰朝"；《题谢昌国桂山堂》"九秋金粟供朝饭，三径黄花并夕粮"等诗句则将屈陶二人的餐花书写糅杂起来，增强了餐饮生活的文化气息和文人情味。餐花的典故不仅出现在饮食题材的作品中，诗人在写到花卉植物尤其是菊花时也常用屈、陶的餐菊典故。杨万里的《野菊》诗就将野菊的形象刻画为"未与骚人当糗粮，况随流俗作重阳""花应冷笑东篱族，犹向陶翁觅宠光"，诗人反用典故，既切合了菊之"野"，更突出了野菊"政缘在野有幽色，肯为无人减妙香"的品格。

其次，餐花书写还出现在文人交游唱和的作品中，增添了日常餐饮生活的人情味。苏轼在《题冯通直明月湖诗后》中写"请君多酿莲花酒，准拟王乔下履凫"；杨万里在《赠刘景明来访》中写"交游存没休休说，且为梅花醱玉缸"。以花入酒、为花举杯，文人之间的友谊以餐花这种风雅闲适的形式表现出来。朋友之间以花馔相赠也成为餐花书写的一大主题。苏轼就曾以椶笋饷殊长老并作诗记之，椶笋即棕榈树的花孕子。他还在诗序中详细介绍了椶笋的采摘时间和食用方法："正二月间，可剥取，过此，苦涩不可食矣。取之无害于木，而宜于饮食，法当蒸熟，所施略与笋同，蜜煮酢浸，可致千里外。"相信殊长老收到这份礼物一定会被其中的绵绵情意所感动。杨万里的餐花书写也有很多是因为友人赠送花馔而起。张功父送牡丹，续送酴醾，且示酴醾长编，杨万里和诗谢之，诗中就列举了"嚼香雪""牡丹未要煎牛酥""酴醾相领入冰壶"多种食花行为,足见诗人对这份礼物的喜爱。后来张功父又以似酴醾相赠,作者不仅诗兴大发,酒量也水涨船高,"碎挼玉花泛春酒,一饮一石更五斗"。湖州太守王成之给事送百花春糟蟹,诗人写诗感谢,并极力赞扬百花春酒"爱杀苕溪波底云,揉云酿出蒲萄春。更挼百花作香尘,小槽溅破真珠痕"。他人馈赠花馔,诗人以餐花诗答谢,这投桃报李般的一来一去之间既体现出对于友谊的珍重,也反映出文人心中"独乐乐不如众乐乐"的同乐情怀。

更为重要的是,苏轼、杨万里的餐花书写在记录饮食生活之外,还体现出了文人情思细腻的特点。苏轼以牡丹为食的诗歌鲜明地反映出了诗人情感的丰富细腻。诗人雨中赏牡丹,惊艳于花朵"秀色洗红粉,暗香生雪肤""霏霏雨露作清妍,烁烁明灯照欲然"的明艳美丽,想将这份美好延续下去,因而放弃一饱口福,写道"明日春阴花未老,故应未忍着酥煎"。但东风忽起,"千花与百草,共尽无妍媸",诗人又不忍心看着花朵委顿于污浊之中,而有"未忍污泥沙,牛酥煎落蕊"的举动。相比孟蜀时李昊"俟花凋谢,即以酥煎食之,无弃秾艳"的风流贵重,苏轼的食花之举在继承了其风流余韵的同时,还流露出惜花、恋花的缱绻多情。"以我观物,物皆着我之色彩",诗人对花儿有情,花儿对诗人也情深义厚。杨万里在《雨后晓起问讯梅花》中就作此妙想。诗人关心梅花,"夜来为梅愁雨声,挑灯起坐至天明。不知消息平安否,早来问讯还疾走"。梅花竟然也有情有义地回报诗人的关心。在杨万里与友人同饮,约定"一片花飞落酒中,十分便罚琉璃钟"时,梅花像是知道诗人"如今老病不饮酒"一样,唯独避开诗人的酒杯,令杨万里大为感叹"梅花也合怜衰翁"。诗人与花馔之间的关系不仅仅是食用者与食物，更是欣赏者和观赏物，甚至能达到情感上的互通，餐花书写也不仅限于对花朵饮食的描写，更反映出诗人食花时的心理活动和情感感受。

  整体来看，在宋诗题材日趋生活化、旨趣日趋文人化的大背景下，苏轼和杨万里的餐花书写都瞩目于日常生活中的世俗烟火，让平凡的日常琐事传达出生活之乐、人情之暖，引发隽永的诗味。但由于作者各自经历遭际、性格特点有所差异，他们的餐花书写又呈现出独特的风貌。

第二节　苏轼餐花书写与舒适

  苏轼的文学创作随着他在朝为官的升迁贬谪呈现一定的阶段性。王水照在《苏轼评传》中将其文学创作分为任职与贬居两个时期，认为"两次在朝任职时期是苏轼文学创作的相对歉收期"，熙宁、元丰和元祐、绍圣的两次外任是"苏轼创作的发展期，元丰黄州和绍圣、元符岭海的"两次长达十多年的谪居时期则是苏轼创作的变化期、丰收期"[①]。苏轼的餐花书写也呈现出同样的阶段性。他最初的餐花书写出现在初入仕途、签判凤翔的时间内。在《和子由记园中草木》中，苏轼不仅将"牵牛与葵蓼，采摘入诗卷"，还对庭院中种植以供食用的萱花、菊花作了专题吟咏。在这之后，两次在朝任职期间，苏轼都陷于党争之中，又为吏事所困，文学创作方面散文以奏章为主、诗歌则多是应酬唱和，餐花题材几乎从他的作品中销声匿迹。从外放杭州

[①] 王水照《苏轼评传》，南京大学出版社2004年版，第422～425页。

开始，随着视野的扩大、阅历的丰富，再加上苏轼原本就拥有的"微物岂足观，汝独观不厌"的精神，他的文学作品题材趋向日常生活化，餐花书写也在这一过程中重获新生。在杭州，他九日泛小舟至勤师院，与友人"试碾露芽烹白雪，休拈霜蕊嚼黄金"；在徐州，他结识了僧人道潜，道潜"独依古寺种秋菊，要伴骚人餐落英"与苏轼"且撼长条餐落英，忍饥未拟穷呼昊"志同道合，两人常有诗作往来，互相唱和。之后诗人因乌台诗案，遭诟入狱，被贬黄州。尽管处境每况愈下，诗人餐花作诗的雅兴却不减反增。他在黄州不仅"牛酥煎落蕊""清香细细嚼梅须"，还亲自酿造"蜂为耕耘花作米"的蜜酒，并将酿酒过程详细记录下来："一日小沸鱼吐沫，二日眩转清光活。三日开瓮香满城，快泻银瓶不须拨。"在此后的多次远谪经历中，苏轼都善于从当地食物中找到安慰和乐趣，他以花为食的实践活动也逐渐丰富起来，可以说所到之处，均有餐花作品出现。在惠州，他亲事农桑，既写出了许多和陶诗，还在《小圃五咏》《雨后行菜圃》等作品中记录田地里种植的甘菊、枸杞的生长状况。远谪儋州，"饮食不具、药石无有，人不堪其忧"，苏东坡却能发现"南方之氓，以糯与粳，杂以卉药而为饼""嗅之香，嚼之辣，揣之枵然而轻"。他用这种的卉药饼来酿酒，并留下了包括《东坡酒经》《桂酒颂》在内的许多名篇佳作。

苏轼的餐花书写与其人生遭际紧密相关，并非仅仅是在描写"士大夫生活中的小情趣"，更多体现出的是他"我生百事常随缘，四方水陆无不便"的适应性和旷达精神。他在外任、贬谪期间曾多次面对斋厨索然的窘境而以杞菊为食，这些餐花书写最能反映出这一特点。

熙宁八年（1075年），苏轼的仕宦生涯走到了第十九个年头。尽管一直为官，家境却日益贫寒，"衣食之奉，大不如前"。从杭州移守密州之后，他以为至少能吃个饱饭，然而现实却是"斋厨索然，不堪其忧"，堂堂太守"日与通守刘君廷式，循古城废圃，求杞菊食之"。生活艰辛至此，在饱餐杞菊后，苏轼还能"扪腹而笑"，并作《后杞菊赋》来自我嘲讽，自我开解。

在苏轼之前，陆龟蒙也有一篇《杞菊赋》。在序中，陆龟蒙安排了自己和他人的对话。面对别人"何自苦如此"的提问，天随子这样回答："我几年来忍饥诵经，岂不知屠沽儿有酒食邪？"事实上他并非不清楚膏粱味美，他忍饥挨饿，以杞菊为食，哪怕"枝叶老硬，气味苦涩，旦暮犹责儿童辈拾掇不已"的行为是为了表明自己不愿"苟且粱肉"的立场和态度。陆龟蒙食用杞菊的书写体现出作者在穷困中对"古圣贤道德言语"的坚守，而苏轼写食用杞菊表现的则是他心性豁达通融的表现。苏东坡在《后杞菊赋》中也安排了问答的情景，他人不理解作者"揽草木以诳口"的行为，奇怪他似乎对以草木为食情有独钟，问道"岂故山之无有"，苏东坡的回答显示出他的机智和幽默。

> 人生一世，如屈伸肘。何者为贫？何者为富？何者为美？何者为陋？或糠而瓠肥，或粱肉而黧瘦。何侯方丈，庾郎三九。较丰约于梦寐，卒同归于一朽。吾方以杞为粮，以菊为糗。春食苗，夏食叶，秋食花实而冬食根，庶几乎西河、南阳之寿。

人生在世，就像手肘一样能伸能屈。所谓贫困、富有、美艳、丑陋，只是相对而言。有的人吃糠咽菜照样白白胖胖，有的人吃山珍海味却瘦骨嶙峋。更何况，不管贫穷富贵，妍媸美丑，最终的结果都是一样的，都"卒同归于一朽"，不可避免地要走向死亡。既然如此，又何必去斤斤计较饮食的优劣呢？因此，苏轼不但不以食杞菊为苦，反而乐在其中。他更发现了"以杞为粮，以菊为糗"的养生功能，夸耀起食用杞菊能够得到"西河、南阳之寿"的奇效。

这样一篇苦中作乐的"自嘲"之作，后来竟被有心人诬为讥讽朝廷减削公使钱太甚的讽刺作品，成为"乌台诗案"罪证之一。朋九万《东坡乌台诗案》"与王诜往来诗赋"条："当年并熙宁九年内作《薄薄酒》，又《水调歌头》一首，复有《杞菊赋》一首并引。不合云：'及移守胶西，意其一饱。而始至之日，斋馆索然，不堪其忧。'以非讽朝廷新法，减削公使钱太甚，斋酝厨簿事，皆索然无备也。"作者在进行创作时是否有意暗中对时事加以褒贬我们不得而知，但和创作于同一时期，同样提及食杞菊的《超然台记》对照来看，可以认为苏轼的

图21　[清]吴昌硕《杞菊延年图轴》。上海博物馆藏。

餐花书写主要表现的还是他"无所往而不乐"，心游于物外的超旷心境。

余自钱塘移守胶西，释舟楫之安，而服车马之劳；去雕墙之美，而蔽采椽之居；背湖山之观，而适桑麻之野。始至之日，岁比不登，盗贼满野，狱讼充斥；而斋厨索然，日食杞菊。人固疑余之不乐也。处之期年，而貌加丰，发之白者，日以反黑。予既乐其风俗之淳，而其吏民亦安予之拙也。

苏轼先从出行交通、居住环境等方面着笔，以在杭州生活的悠闲舒适反衬在密州生活的艰苦劳累。又举出了公务繁忙、饮食拮据两个具体事例，说明他生活的困顿状况。在"人固疑余之不乐也"时，苏轼笔锋一转，写到虽然斋厨索然，只能以杞菊维生，在这里住了一年后，自己却面腴体丰，连白头发也一天天变黑了。作者不瘦反胖，"返老还童"，一方面得益于杞菊的轻身延年之功，另一方面也是他心宽体胖的表现。"哺糟啜醨皆可以醉；果蔬草木，皆可以饱。"苏轼心态乐观，善于以愉悦的心情适应所到之处的环境，在无从取得可口饭菜的情况下也能从最平凡的草木中吃出对生命和生活的享受。如他自己所言："凡物皆有可观。苟有可观，皆有可乐……推此类也，吾安往而不乐？"

正是凭借着这份由食杞菊而起的"无往不乐"的达观精神，苏轼才没有被人生的大起大落所击垮。元祐六年（1091年），经历了乌台诗案，被贬黄州四年，随后又被调回京师，委以重任的苏轼被外放到颍州为官。任上，他又遇到了"公帑已竭，斋厨索然"的情况。此时几经人世沉浮历练的诗人更加泰然处之，留下一篇"戏作"。他回忆了"我昔在东武……采杞聊自诳，食菊不敢余"的经历，感慨了"岁月今几何，齿发日向疏"的时光流转、岁月变迁。然后以游戏之笔写自己做梦梦见有酒可饮，饱餐一顿。只是"梦饮本来空，真饱竟亦虚"，梦境与现实的强烈对比更让人觉得饥饿难耐。此时苏轼乐天达观的心性发挥了作用，他不像孔夫子陈国绝粮时那样连呼"归乎归乎"，因为"尚有赤脚婢，能烹赪尾鱼"。就像是身处黑暗中的人对光明格外敏感一样，处境越是艰难，苏轼就越能从微小的地方找到快乐和满足的方法，感受到"别人即便在天堂也见不到、感不到的美"。

庄子有言："忘足，屦之适也；忘要，带之适也；知忘是非，心之适也；不内变，不外从，事会之适也。始乎适而未尝不适者，忘适之适也。"苏轼的餐花书写主要表现的就是这种"吾心淡无累、遇境即安畅"的安适和旷达。他的餐花作品多出现在外任、贬谪时期，而无论处于怎样枯燥、匮乏以至于捉襟见肘的窘迫境地，苏轼都可以找到填饱肚子的方法。他采杞菊、拾松黄、割棕笋、酿桂酒，这些花馔既是食物，更是苏轼从苦难中寻求快乐，在平凡生活中发现愉悦的产物。

第三节　杨万里餐花书写与清高

如果说苏轼的餐花书写主要体现出他随缘自适的旷达胸襟，杨万里的餐花书写更多体现的则是诗人的清直之操。在众多花馔中，杨万里偏爱咀嚼梅花。他的餐花书写中近四分之一的作品都是他对食用梅花经历的记述。饮酒时，他"小摘梅花　玉壶"；煮粥时，他"脱蕊收将熬粥吃"；闲暇之余，他"瓮澄雪水酿春寒，蜜点梅花带露餐"，仿佛诗人的日常饮食处处不离梅花一样。诗人最喜欢食用的是糖霜蘸梅花，不仅多次直抒胸臆"老夫最爱嚼香雪"，还生怕诗作未能全面表达嚼梅之味，自注道"予取糖霜，芼以梅花食之。其香味如蜜渍青梅，小苦而甘"。更为夸张的是宴饮之际，"南烹北果聚君家，象箸冰盘物物佳"，然而诗人却表示其他食物都能与人分享，"只有蔗霜分不得，老夫自要嚼梅花"。这种近乎孩子气的举动足以反映出杨万里对于以梅花为食的热爱与痴迷。

图 22　白梅花粥。图片来自网络。

在宋代，宋人一改唐人对"富贵风流拔等伦，百花低首拜芳尘"的牡丹的偏爱态度，钟情于"雪虐风号愈凛然，花中气节最高坚"的梅花。这一转变能够发生与宋初诗人林逋对于梅花意蕴的生发有很大关系。在他有"孤山八梅"之称的八首咏梅诗歌中，林逋以枝影写梅花的清峭疏瘦之貌，以水月传梅花清净绝尘之神。他更用自己"梅妻鹤子"的实际行动为梅花打上了"处士"人格的烙印,"为梅花作为高洁人格的写照树立了崇高的先范"①。由此开始,梅花有了清节雅意的基本内涵,受到文人追捧和咏赞。杨万里也是爱梅之人,他一生作诗两万余首,在现存的4200余首诗歌中吟咏梅花的就有140多首(另有赋1篇、杂文1篇)。清人潘定桂曾在《读杨诚斋诗集九首》感叹:"公最爱梅,其中采梅诗最多。"杨万里在写梅花时,着力突出的是梅花的脱俗品格。"林中梅花如隐士,只多野气无尘气。庭中梅花如贵人,也无野气也无尘。"他和这样纤尘不染、清高脱俗的梅花称兄道弟,常常以梅兄称呼梅花。"酒兵半已卧长瓶,更看梅兄巧尽情""道是梅兄不解琴,南枝风雪自成音""翁欲还家即明发,更为梅兄留一月"。他自辟东园,效法陶渊明开出"三径又三径",种植梅花,与梅为伴。

  杨万里食用梅花也是旨在以梅花的清逸神韵突出自己的高雅格调和超凡脱俗。着眼于诗人蜜渍梅花、和蜜糖吃梅花、以蔗霜嚼梅花的这些细节,再结合后人嚼梅时"只是嚼芳酸已露,况当小雨弄黄时""青子成时殊苦淡,玉英嚼处更清酸"等对梅花等味道的描述,可以说未经加工的梅花不仅不是什么人间美味,甚至还可能酸涩得难以下咽。因此,杨万里屡次强调他热爱嚼梅并不能简单归结为梅花花馔的味道好。诗人实际上是欣赏梅花傲雪凌霜、铁骨冰心的品格,以食用梅花表明自己不同于俗的高洁品行和情操。首先,在诗歌中,杨万里常常将嚼梅与代表世俗餐饮的"餐烟火"对立起来,以嚼梅表示自己的清高脱俗。在赋瓶中梅花的时候,他自夸"吾人何用餐烟火,揉碎梅花和蜜霜"。在食用了蜜渍梅花之后,他有"句里略无烟火气,更教谁上少陵坛"的表述,说是吃梅花让自己满腹清朗,连作出的诗歌也摒

---

① 程杰《林逋咏梅在梅花审美认识史上的意义》,《学术研究》,2001年第7期。

弃了人间烟火的俗气。可见，杨万里并未将自己的嚼梅行为看作是普通的饮食活动。相反，他认为自己是不食人间烟火的，而嚼梅既是他彰显自身脱俗品行的手段，也是使他品格修养更上一层楼的方法。其次，杨万里的嚼梅还表明作者不慕荣华富贵、安贫守贱的心态。他有诗言："先生清贫似饥蚊，馋涎流到瘦胫根。赣江压糖白于玉，好伴梅花聊当肉。"从字面意义来看，这首诗讲的是杨万里因生活清贫、馋虫大动，味觉错乱到了把梅花与白糖的组合当作肉来吃。但如果结合"晚食以当肉，安步以当车……清静贞正以自虞"的典故来考虑，诗人能从梅花中吃出肉的味道，正是不为外物所动、名士风流的体现。与杨万里同舍的监簿张珖，在看到诗人"摘花嚼之"的举动后给出了这样评价——"韵胜如许，谓非谪仙可乎！"与其同时期或稍后的诗人也常常以"锦口绣心摹花草，雪碗冰瓯泻肺肝""句从月胁天心得，笔与冰瓯雪碗清"[①]来赞扬杨万里其人、其诗。

  其实，苏轼、杨万里的餐花书写只是宋代众多餐花作品的一个典型代表。宋人认为日常活动的雅与俗取决于审美主体是否具有高雅的品质和情趣，而不在于审美客体是高雅还是凡俗之物。因此，在宋代，日常生活成为文学创作的平台，日常餐饮也被雅化入诗。在这过程中，宋代文人将自己的生命体悟和价值取向投射到花朵饮食中去，使得原本无生命、无情趣的花馔在表现文人风雅生活之外，具有了作者独特的人格精神。

---

① 湛之编《杨万里范成大资料汇编》，中华书局2004年版，第2页、第5页。

第六章 《金瓶梅》《红楼梦》中的餐花书写

明清时期,随着饮食文化的不断发展和食谱刊刻的流行,花朵食品的制作方式逐渐普及,餐花书写进入了侧重反映现实生活的叙事文学中。此时餐花书写显示出源于生活又高于生活的特点。在《金瓶梅》《红楼梦》两部代表性小说中,花朵饮食既是当时食花风气的反映,也彰显了小说中人物的生活质量,是文中塑造人物、推动情节的工具。比较两部小说,更能见出不同阶层以花为食的不同形式和不同情趣。

第一节 《金瓶梅》中的餐花书写

作为首部由文人独立创作的世情小说,《金瓶梅》假托宋朝旧事,实际上展现的是 16 世纪晚明社会的种种世相。书中以西门庆府上的一日三餐为依托,详细地描绘了明人的饮食生活和菜点制作状况。在描绘宴饮场合时,作者多次提及花朵饮食,百回中出现的花馔品种多达 30 种,包括荷花细饼、玫瑰点心、菊花饼、梅桂泼卤瓜仁茶、八宝青豆木樨茶、双料茉莉酒、透瓶香荷花酒等。从这些饮食书写中,我们能够发现花馔在明人的日常饮食中更加常见,也更加受到欢迎。第二十二回,西门庆早起与女婿陈经济、朋友应伯爵共享早餐,吃的粥就是"银厢瓯里粳米投着各样榛松栗子果仁，梅桂白糖粥儿"①；第四十六回，西门府上元夜夜宴，众人一同享用的元宵也是玫瑰馅的，"香甜美味，入口而化，甚应佳节"②；第六十一回的重阳宴上，"碧靛清、喷鼻香"的菊花酒令吴大舅、应伯爵等人"极口称羡不已"，而先于螃蟹被摆上桌的"两大盘玫瑰果馅蒸糕"更是大受欢迎，众人竟然是"抢着吃了一顿"③。

　　由于小说的主人公西门庆本是市井平民，暴富之后又耽于声色犬马，缺乏文化修养，尽管他享用的花朵饮食种类繁多，但整体来说《金瓶梅》中的餐花书写还是呈现世俗的特点。

　　首先，《金瓶梅》中的花朵食品是作为大众餐饮的一部分存在的。相比文人们自己种植、自己采摘、自己制作，《金瓶梅》中出现的花朵食品大多是市场上购得。第三十九回，西门庆玉皇庙打醮，李桂姐、吴银儿差人来送茶，附赠的茶点就有"顶皮饼、松花饼、白糖万寿糕、玫瑰搽穰卷儿"。这些精致的花朵点心显然不是忙于应酬的娼家女子亲手制作的，而是得知"爹今日在此做好事"，急忙去买的礼物。其后李桂姐来巴结西门庆时送的玫瑰八仙饼、西门庆因贪欲得病时李桂姐和吴银儿送来的玫瑰金饼等都是从集市上买来的。《金瓶梅》中写到这些花馔，从客观上反映出晚明饮食业和商业的发达。

　　其次，《金瓶梅》中花朵饮食传达的情意从精神性转为世俗化。在古典诗词作品中，花馔通常是传情达意的寄托，而在这部小说中，人物之间相赠花馔转变为以物易物的交易品。除了李桂姐、吴银儿等

---

① 兰陵笑笑生著，刘心武评点《金瓶梅》，漓江出版社2012年版，第199页。
② 兰陵笑笑生著，刘心武评点《金瓶梅》，漓江出版社2012年版，第425页。
③ 兰陵笑笑生著，刘心武评点《金瓶梅》，漓江出版社2012年版，第674页。

妓女通过赠送花馔向西门庆求欢示爱之外，男人之间赠送花馔也有巴结、讨好的意味。第三十四回，西门庆所在的衙门缉拿了擅自使用皇家木料建造房屋的刘百户。刘百户的兄弟刘公公向西门庆求情。在西门庆的帮助下，刘百户得以从轻发落。因西门庆不肯收银子，为表感谢，刘公公便将一百两银子折算成物品送给西门庆，其中就有一坛自造的木樨荷花酒。原本清香雅洁的花酿变成了权钱交易的替代品。西门庆的几个好兄弟中，应伯爵曾送茉莉花酒给西门庆，夏提刑家也曾送菊花酒给西门庆。这些由朋友赠送的花酿也并非是友谊的象征，而是代表着几人暂时结成了"有福同享"的利益共同体。在西门庆死后，他的"至亲好友"应伯爵不仅及时调转船头，投靠了张二官，还对西门庆遗孀们落井下石。

再者，《金瓶梅》中餐花书写的情趣也呈现肤浅粗俗的特点。第二十二回，西门庆和他的一群帮闲在妓院梳笼了李桂姐，"只见少顷，鲜红漆丹盘拿了七钟茶来。雪绽般茶盏，杏叶茶匙儿，盐笋、芝麻、木樨泡茶，馨香可掬"。原本美人在怀、香茶在口，应当是极为惬意雅致的。西门庆等人的调笑取乐却是"狗嘴里吐不出象牙"。应伯爵更是张口唱了个明为咏茶实是咏妓的《朝天子》：

> 这细茶的嫩芽，生长在春风下，不揪不采叶儿楂，但煮着颜色大。绝品清奇，难画难描。口儿里常时呷，醉了时想他，醒来时爱他。原来一篓儿千金价。①

这首曲子用细茶嫩芽代指年少稚嫩李桂姐，夸赞桂姐生在"春风下"

---

① 兰陵笑笑生著，刘心武评点《金瓶梅》，漓江出版社2012年版，第95页。

美貌难描画,引得西门庆"呷"他、想他、爱他,甚至为了一亲芳泽的"一搂"而一掷千金。固然苏东坡也曾有过"从来佳茗似佳人"比喻,但将饮花茶与狎妓女联系起来,只显示出西门庆一干人嫖客淫棍的猥琐模样,格调实在不高。

另外,小说中还用不合时宜的花朵饮食来突出人物的市井身份。如第二十一回,"吴月娘见雪下在粉壁间太湖石上甚厚,下席来,教小玉拿着茶罐,亲自扫雪,烹江南凤团雀舌芽茶与众人吃"。茶以雪烹,味更清洌,但吴月娘烹茶却不得其法。"白玉壶中翻碧波"表明吴月娘是用急火久煮茶叶。这样煎成的茶水色、香、味荡然无存,如袁枚所言:"其苦如药,其色如血,此不过肠肥脑满之人吃槟榔法也,俗矣!"不仅如此,从之后"西门庆就将手中吃的那一盏木樨金灯茶递与他(李铭)吃"的细节能够推知,茶汤当中还添加了木樨、金灯等花果。急火久煮说明吴月娘的烹茶技艺不佳,向凤团雀舌芽茶中添加花果更显示出西门庆一家品味低俗、不通茶道。凤团雀舌芽茶是贡茶中的极品,《宣和北范贡茶录·序》记载:"太平兴国初,特置龙凤模,遣使即北苑造团茶,以别庶饮,龙凤茶盖始于此……凡茶芽数品,最上曰小芽,如雀舌鹰爪,以其劲直纤挺,故号芽茶。"[①]到明代,建安芽茶仍以名茶作贡品。这种茶叶最宜以雪水烹煮清饮,添加其他香料反而会破坏茶汤的清明之色和清洌之香。陆游就曾有"建溪官茶天下绝,香味欲全须小雪"之句。吴月娘烹茶一回,作者虽是客观描写,未置褒贬,读者却能看出西门庆府上暴殄天物的暴发户做派。张竹坡旁批这段文字也说:"是市井人吃茶。"

"风流茶说合,酒是色媒人。"《金瓶梅》中餐花书写除了具有

---

① 陆羽、陆廷灿《茶经》,中国友谊出版公司2005年版,第286页。

鲜明的世俗性质，另一大特色就是花朵饮食与性活动紧密关联。在整部小说的结构中，食与色的情节常常交互出现，一场饮食活动的结束即是一场男女之事的开始。每次西门庆在玩弄女性时，都离不开美酒佳肴。饮食不仅助兴，而且有助性之用。花朵饮食也不例外。

图 23　崇祯本《新刻绣像批评金瓶梅》插图。图片来自网络。

在小说第四回，西门庆依王婆十件挨光计，使得潘金莲投怀送抱。两人相互递酒，嘲问话儿的时候出现了本书第一样由花朵制作的食物"银穿心，金裹面，盛着香茶木樨饼儿"①。这种原本用来清洁口腔，

---

① 兰陵笑笑生著，刘心武评点《金瓶梅》，漓江出版社2012年版，第36页。

清新口气的，类似现在口香糖的食品，被"性爱大师"西门庆演绎成了用来挑动情欲的情趣道具。西门庆"用舌尖递送与妇人，两个相搂相抱，如蛇吐芯子一般，呜砸有声"。第十七回，西门庆谋划迎娶李瓶儿，两人定下"二十四日行礼，出月初四日准娶"后便在纱帐之中饮酒调笑。"傍边迎春伺候下一个小方盒，都是各样细巧果仁、肉心鸡鹅腰掌、梅桂菊花饼儿。小金壶内，满泛琼浆。"花馔再度出现在西门庆的性爱过程，为他补充能量。两人"从黄昏掌上灯烛，且干且饮，直耍到一更时分"①。第五十九回，西门庆"忽然心中想往郑爱月儿家去"。郑爱月儿先是斟上"苦艳艳桂花木樨茶"请西门大官人享用，接着又借讨香茶桂花饼儿与西门庆亲密互动。在掏取推搡的过程中，西门庆用来装补药的穿心盒儿被发现。接下来，顺理成章的"西门庆就着钟儿里酒，把穿心盒儿内药吃了一服。把粉头（郑爱月儿）搂在怀中，两个一递一口儿饮酒砸舌，无所不至"②。在"食色性也"的本能驱动下，花朵饮食的闲情雅致不复存在，成为勾连食欲与性欲的桥梁。

第二节 《红楼梦》中的餐花书写

《红楼梦》代表着古典小说艺术的最高成就，其中的饮食描写更是异彩纷呈。单就花朵饮食而论，与金瓶梅餐花书写的世俗性不同，红楼梦中的餐花书写也显示出精致高雅的大家风范。

首先，红楼花馔常常和饮食养生之道联系起来。第三十四回，宝

---

① 兰陵笑笑生著，刘心武评点《金瓶梅》，漓江出版社2012年版，第144页。
② 兰陵笑笑生著，刘心武评点《金瓶梅》，漓江出版社2012年版，第573页。

玉挨打后,老太太赐了一碗补汤。宝玉喝了两口,只嚷干渴,要喝酸梅汤,被袭人劝住,"只拿糖腌的玫瑰卤子和了吃"。一贯行事周全的袭人不让宝玉喝酸梅汤是因为"酸梅是个收敛的东西",她担心宝玉刚挨了打,吃了收敛的东西,热毒热血积存在心里会生出什么病来。而她选择用玫瑰卤子和汤也是用心良苦用。据《清稗类钞》记载,玫瑰卤子是"将鲜玫瑰花去掉花蕊,把花瓣捣成膏状后去涩汁,加入白糖腌制"而成的。而玫瑰花又具有"和血、行瘀、理气"的功效。因此玫瑰卤子和汤不仅清香四溢,还有助于宝玉调理气血,加快伤口愈合。第三十八回,弱不禁风的黛玉"吃了一点子螃蟹,觉得心口微微的疼,须得热热的喝口烧酒"。宝玉忙称有烧酒,令人将合欢花浸的酒烫一壶来。这一壶热酒,不仅显示了宝玉对黛玉处处殷勤体贴,而且用合欢花浸酒也暗含深意。合欢花既有和合欢好之意,还是常见的中药材。嵇康在《养生论》里就提出"合欢蠲忿,萱草忘忧",《神农本草经》也记载"合欢,安五脏、和心志、令人欢乐无忧"。在书中,黛玉一贯是个暗自垂泪的忧郁形象,而宝黛爱情的磕磕绊绊也大多与黛玉不放心、使小性儿相关。让黛玉饮用安神解郁的合欢花酒可谓对症下药,恰到好处。一口热酒不仅能消解螃蟹的寒性,酒中的合欢花更能舒郁解忧。这壶合欢花酒不仅黛玉饮了一口,宝钗也另拿了一只杯来,饮了一口。相比《金瓶梅》中贪多求全的向茶、粥、点心各色饮食中投入大量芳香花朵,红楼梦中的公子小姐食用花朵往往都巧妙地利用了花朵的药性、药理,使食用花朵在风雅之外还有实际的调理身体的功效。

其次,《红楼梦》中的花朵饮食往往显示出人物之间浓浓的情谊。第三十七回,袭人打发人给湘云送东西,其中就有一碟子桂花糖蒸新栗粉糕。仔细分析，湘云在叔叔婶婶的统治之下，"在家里竟一点儿做不得主"。但史家到底是侯门世家，"阿房宫，三百里，住不下金陵一个史"，不至于困难到连家里姑娘要吃的点心都要靠外人接济。考察袭人所赠的其他物品，红菱和鸡头是大观园中新结的果子，玛瑙碟子是湘云喜爱的物品，想来这碟子桂花糖蒸新栗粉糕也是当年湘云住在贾府时喜欢吃的零食。袭人曾经服侍过湘云，一直记得

图 24　桂花定胜糕。图片来自网络。

湘云的口味，得了糕点才干干净净地留一份，巴巴给湘云送去。赠送花馔除了是女儿之间友情的象征，也能够传递男女之间萌芽的爱意。宝玉的那壶合欢花酒未尝不暗含着宝哥哥"永以为欢好"的春心；而在爱情的驱动下，彩云竟然以身试法，为贾环偷拿玫瑰露。

　　整体来说，《红楼梦》的饮食比《金瓶梅》更为精巧。整部《金瓶梅》中最为人称道的饮食制作描写是第二十三回蕙莲烧猪头。虽然说只用一根柴火儿，将整个猪头烧得稀烂也算是蕙莲的独门绝技，但相比大观园中"想得绝了"的"小荷叶小莲蓬"的汤，"得用十来只鸡来配

他"的茄鲞,"最巧的姐儿们也不能铰出"的牡丹花样小面果,烂烧猪头未免庸俗、粗糙、小家子气。在餐花细节上,曹雪芹对餐花意义、情趣的处理与兰陵笑笑生也呈现出相应的雅与俗的分野。

花馔在《红楼梦》和《金瓶梅》中呈现不同的风貌,首先由两本小说表现对象的不同社会阶层所决定。《金瓶梅》的主人公西门庆原本是市井无赖,开生药铺的"破落户财主",后来虽然发迹,充其量也只是个混迹于商场、官场中的"土豪",土气并未完全消失。他府邸的饮食虽说远远胜过普通百姓,也不能和"钟鸣鼎食之家,诗礼簪缨之族"的贾家媲美。另外,对于大观园中的公子小姐乃至丫鬟仆役而言,饮食活动果腹葆生的生物学意义已经完全隐逝,他们追求更健康、更精致的食物,致力于提升饮食活动的审美性和趣味性。而西门庆之流则仍然停留在以饮食中满足自身口腹之欲,夸耀家境殷实的阶段。因此,《红楼梦》中包括花馔在内的日常饮食都从细节处体现出贾府脱俗的文化品位和雅致的生活趣味。而相比之下,《金瓶梅》中的餐花书写就显得滥俗。

除此以外,《金瓶梅》的主旨偏向于暴露社会的黑暗。作者"赤裸裸地毫无忌惮地表现中国社会的病态,表现着'世纪末'的最荒唐的一个堕落的社会景象"。因此,在饮食描写中,兰陵笑笑生也毫不避讳以自然主义手法揭去了餐花书写的斯文面具,显示出世俗餐饮的本相,甚至露骨地张扬了人类最原始的食色欲望。而《红楼梦》的价值则在于描绘那些在爱情和礼法的边沿上痛苦挣扎的儿女。花朵饮食的书写既增添了作品美的情趣,也使得读者对于如此蕙质兰心的人物有着更深的理解和同情。

第三节　餐花书写与人物形象塑造

中国古典小说中不乏通过饮食描写深入刻画人物形象的例子。餐花书写在《金瓶梅》《红楼梦》中也起到了同样的作用。《金瓶梅》中人物喜欢在茶水中加入杂芜的花朵，从这一细节便显示出他们的品位低俗。而在《红楼梦》中，曹雪芹更通过不同人物的餐花行为反映他们独特的性情与真我。

一、冷香丸与宝钗的"任是无情也动人"

作为与黛玉并列的双姝，宝钗在第四回首度出场时作者只笼统地用"肌骨莹润、举止娴雅"加以形容她的形象。相比第三回合黛玉首度露面就令人印象深刻的"心较比干多一窍，病如西子胜三分"，薛宝钗的形象在最初几章中则一直被曹雪芹用"品格端方、容貌丰美"的大家闺秀一带而过。直到第七回中，作者才为宝钗安排了重头戏，用由癞头和尚提供的海上仙方调配出的冷香丸点出了薛宝钗性格和形象中最为突出的"冷艳"的特点。为了治疗胎里带来的热毒，宝钗以春、夏、秋、冬四季的白花之蕊调配雨水、白露、霜降、小雪四时降下的雨、露、霜、雪，辅之以白糖、蜂蜜，丸成龙眼大的丸子，服药的时候，用黄柏煎汤送下。这副药方医籍中未见记载，我们也不应将此处方当作实有之物去追究其中所用花朵的药用功效。曹公处方遣药之意其实就是以由花朵制成的冷香丸展现宝钗"冷美人"形象。

首先，作者别出心裁的以花为药，用牡丹、荷花、芙蓉、梅花作为治疗热毒的主要药材。脂批曰："以花为药，可是吃烟火人想得出者？"其实不仅冷香丸的构思不是凡夫俗子所能想得出的，服用冷香丸这种奇药之人也不是"吃烟火人"。遍览《红楼梦》，连"绛珠仙子"的化身林黛玉也只是以人参养荣丸调养身体，以花药疗疾者唯薛宝钗一人。这个细节正能展现宝钗不同于群芳的独特气质。其次，宝钗性格的奥妙还隐藏在她所服丸药"新雅奇甚"的名字中。以花为药，馥郁芬芳自不必言，所用之花又都有清热解毒之效，叫冷香丸似乎只是照实表达了药性而已。然而，作者在之后的章回反复提及此药，表明冷香丸之名别有深意。第八回中，宝玉探望宝钗，在看过宝钗的金锁之后，闻到了"一阵阵凉森森甜丝丝的幽香"，宝钗解释是她早起吃了丸药的缘故。第十九回中，宝玉感到黛玉袖中发出一股幽香。黛玉冷笑道："难道我也有什么罗汉、真人给我些香不成？便是得了奇香，也没有亲哥哥亲兄弟弄了花儿，朵儿，霜儿，雪儿替我炮制。"她还反问："你有玉，人家就有金来配你，人家有冷香，你就没有暖香去配？"宝玉最先发现宝钗因服药而产生的幽香，黛玉因宝钗的冷香丸含酸带醋，从这些表述中我们能够窥探出，冷香丸不仅是宝钗所服之药，从某种程度上说也是宝钗的化身。从全书来看，宝钗与丸药的"冷香"二字最为契合。宝钗外表冷，"他从来不爱这些花儿粉儿的"，身上也不佩戴富丽闲装。她居住的蘅芜苑"雪洞一般，一色玩器全无，案上只有一个土定瓶中供着数枝菊花，并两部书，茶奁茶杯而已。床上只吊着青纱帐幔，衾褥也十分朴素"[①]。她的内在更是冷心冷意，对金钏投井、二尤之死，她都以近乎漠然的姿态应对，如兴儿所说"竟是雪堆出来的"一样。然而，宝钗也有着独特的"香"的魅力。她"脸若银盘，眼似水杏，唇不点而红，眉不画而翠"，虽不加修饰，却另具一种妩媚风流。羞笼红麝串时露出的雪白一段酥臂，使宝玉不觉动了羡慕之心，

---

① 曹雪芹、高鹗《红楼梦》，第303页。

看得呆住了。宝玉挨打，宝钗托着丸药率先探视，不仅语句亲切稠密，"那一种娇羞怯怯，非可形容得出者"，令宝玉"不觉心中大畅，将疼痛早丢在九霄云外"。总而言之，宝钗的冷拒人于千里之外，而她的香又让人愿意奔袭千里，一亲芳泽。第六十二回，在红楼夜宴占花名中薛宝钗抽中了"任是无情也动人"的花签诗，得到艳冠群芳之名，更与冷香丸遥相呼应。如同花药凉森森又甜丝丝的香气一样，曹雪芹笔下的薛宝钗就是这样一个若即若离、似疏还亲、冷若冰霜、艳若桃李的冰雪美人。

从另一个角度看，作者用冷香丸压制宝钗天生的热毒，也从侧面反映出，宝钗这个人物并非全然是冷静自持、对世事无动于衷的。"宝钗无日不生尘"，她也有"凡心偶炽，孽火齐攻"的一面。宝钗也曾向黛玉坦言自己也是个淘气的，也曾偷看诸如《西厢》《琵琶》之类的不正经的书。《咏螃蟹诗》中宝钗用"眼前道路无经纬，皮里春秋空黑黄。酒未敌腥还用菊，性防积冷定须姜"辛辣痛快地讽刺世人，也是人物愤世嫉俗精神本质的鲜明体现。只是宝钗"历着炎凉，知着甘苦，虽离别亦能自安"，有又冷香丸压制其愤世精神，因此最终宝姐姐形象还是归于"香可冷得，天下一切，无不可冷者"。

二、梅花雪与妙玉的"太高人愈妒，过洁世同嫌"

妙玉是金陵十二钗中唯一一个与四大家族没有亲戚和姻缘关系的女子，却在正册中力压迎春、凤姐等人排名第六，足见曹雪芹对这个人物的偏爱。在十八回由林之孝转述的一句"侯门公府，必以贵势压人，我再不去的"使妙玉人未出场就先声夺人，给人留下了高洁孤傲的印象。其后作者在第四十一回以栊翠庵茶品梅花雪之事再次突出了妙玉的孤高。

大观园的最高统治者贾母带着刘姥姥来访，妙玉却不多做巴结，奉茶之后就拉着黛钗二人去"吃梯己茶"了。刘姥姥用过的官窑茶盏，妙玉嫌脏叫人不要收了，搁在外面。宝玉提出等人走后让小幺儿打几桶水洗地，妙玉要求来人把水桶搁在山门外墙根下，不要上来。贾母要回去，妙玉不作挽留，"送出山门，回身便将门闭了"。曹雪芹妙手层层迭起，深入刻画了妙玉厌俗喜洁，清高自赏的特点。而妙玉以梅花雪烹茶一段情节更是将人物高妙与孤僻展现得淋漓尽致。

　　首先，值得注意的是，在给贾母奉茶时，妙玉用的"是旧年蠲的雨水"，其他人喝的也是同样茶水。只有在给钗黛连同来蹭茶喝的宝玉烹茶时，妙玉才用上梅花上的落雪。这样的区别对待一方面可以看出妙玉将宝黛钗视为挚友，认为只有他们配与自己同饮，另一方面也反映了作者对妙玉的归

图 25　刘旦宅《妙玉像》。图片来自网络。

类——她和宝黛钗三人一样都有冰清玉洁、不染纤尘的脱俗一面。其次，通过妙玉烹茶，作者在表现人物精通茶理的同时，也显示出其学识之渊博、品位之高雅。饮茶过程中，妙玉两次讲说茶道，先是告诉宝玉"一杯为品，二杯即是解渴的蠢物，三杯便是饮牛饮骡了"，再是批评黛玉"来年蠲的雨水那有这样轻浮，如何吃得"。作者仅用这两句话就将妙玉高人一等的才学与品位显示出来。另外，其实以无根之水煮茶并非新奇之事，文人佳兴偶发也会有此举动。辛弃疾就有"细写茶经煮香雪"之句，谢宗可《雪煎茶》一诗也有"夜扫寒英煮绿尘，松风入鼎更清新"的表述。妙玉收集梅花雪则不仅仅是其风雅高致的体现，从中我们还能看出人物的真性情。"这是五年前我在玄墓蟠香寺住着，收的梅花上的雪，共得了那一鬼脸青的花瓮一瓮，总舍不得吃，埋在地下，今年夏天才开了。我只吃过一回，这是第二回了。"①在这段文字中，我们能够发现四人同饮的茶水是妙玉早在五年前就精心收集，藏于瓮中，埋于地下的。她自己不舍得吃，却能大方地用来招待朋友。也就是说，妙玉不仅有着收集梅间落雪的精致清绝，而且有着与志同道合之人分享佳物的气度，在出世中又有着入世精神，真可以称得上是位妙人。

花雪在反映妙玉之高妙的同时也凸显了妙玉之孤僻。她抛下众人只拉走钗黛二人，从待客之道的角度来看未免显得乖张怪异。四人共同饮茶的时候，她全程与没有与宝钗交流，在和宝玉、黛玉的交谈中又言语带刺。在宝玉对轻浮无比的茶水赏赞不绝时，妙玉正色道："你这遭吃的茶是托他两个福，独你来了，我是不给你吃的。"在黛玉对烹茶用水提出疑问时，妙玉冷笑道："你这么个人，竟是大俗人，连水

---

① 曹雪芹、高鹗《红楼梦》，第310页。

也尝不出来。"尽管可能是朋友间的戏谑调笑，但茶饮毕，四个人多少有些不欢而散的意味。"黛玉知他天性怪僻，不好多话，亦不好多坐，吃完茶，便约着宝钗走了出来。"只能说，梅花虽香洁，终为清冷之兆。以梅花雪为饮的妙玉虽然也会因为宝玉去乞红梅就大方地赠给大观园中人每人一枝梅花，也在宝玉生辰之夜特地留下"槛外人妙玉恭肃遥叩芳辰"的粉笺子为她祝寿，终究因为性格的孤僻怪异而如凌寒独自开的寒梅一样难以融入大好春光之中。不仅老好人李纨称"可厌妙玉为人"，与她有半师之谊的邢岫烟也说她的性格"放诞诡僻"，就连宝玉也说她"为人孤僻，不合时宜"。一段以梅花上落雪烹茶的故事正契合了曹雪芹在专论妙玉的《世难容》中为人物下的判词："气质美如兰，才华馥比仙，天生成孤僻人皆罕。你道是啖肉食腥膻，视绮罗俗厌，却不知好高人愈妒，过洁世同嫌。"

三、吃胭脂与宝玉的"开辟鸿蒙，谁为情种"

《红楼梦》中曾多次写到宝玉有喜欢吃胭脂的怪癖。第十九回，袭人与宝玉约法三章，其中之一就要宝玉改掉吃人嘴上擦的胭脂的毛病。第二十一回，湘云帮宝玉梳头，宝玉在镜台前不觉又顺手拈了胭脂，意欲要往口边送，被史湘云将胭脂打落。第二十三回，宝玉心情忐忑地来见贾政，被金钏一把拉住，悄悄地笑道："我这嘴上是才擦的香浸胭脂，你这会子可吃不吃了？"第二十四回，宝玉猴到鸳鸯身上去涎皮笑道："好姐姐，把你嘴上的胭脂赏我吃了罢。"胭脂这种化妆品其实是用一种名叫"红蓝"的花朵，反复杵槌，淘去黄汁后制成的。而红楼女儿们所用的胭脂工艺更加复杂。"是上好的胭脂拧出汁子来，淘澄净了渣滓，配了花露蒸叠成的"，颜色更加鲜艳、气味格外香甜。从某种程度上来说，由花朵捣制、淘漉，再配上花露蒸成的胭脂也可以被称为是一种特殊的花馔，宝玉喜欢吃胭脂的行为也可以作为一种特殊的餐花行为。曹雪芹让宝玉有这种爱吃胭脂的爱红毛病实际上和他安排宝玉在太虚幻境中饮"千红一窟""万艳同悲"有着相同的隐喻意义。张新之曾经批注"胭脂膏，绛珠草之液也，与黛对堪"。其实不独黛玉，大观园中的女子乃至天下的女子都可以用脂粉二字涵盖，而宝玉吃胭脂也与其"天生情种"的身份相关。首先考察宝玉所生长的环境，从某种程度上说，贾宝玉也是"生于深宫之中，长于妇人之手"。打他出生开始，宝玉就远离了男性世界，无时无刻不沉溺在一片美丽的女性的海洋里。女性所用的胭脂水粉在他在生命最初阶段给他留下了关于爱与美的最原始也是最强烈的印象。因此在他周岁的抓周宴上，在世上无数之物中，宝玉"一概不取，伸手只把些脂粉钗环抓来"。在这一时期"胭脂"被宝玉当作生命中鲜明的女性符号储存下来。后来被袭人、湘云所抱怨的宝玉喜欢胭脂、爱吃胭脂其实也是他对女子本能的爱慕与依恋的反映。随着宝玉与贾府中极聪慧的女子们日夜耳鬓厮磨，他对女儿有了更为深入的认识。他作为须眉男子却大胆提出"女儿是水作的骨肉，男人是泥作的骨肉。我见了女儿，我便清爽；见了男子，便觉浊臭逼人"的奇谈怪论。他对胭脂水粉的态度也由本能冲动的喜爱，转为亲自参与到制作胭脂的过程中来。第九回，宝玉去家塾上学，出门前来还不忘与黛玉约定"和胭脂膏子也等我来再制"。第十九回，黛玉看见宝玉左边腮上有钮扣大小的一块血渍，宝玉解释："不是刮的，只怕是才刚替他们淘漉胭脂膏子，蹭上了一点儿。"从爱吃胭脂到制作胭脂也表明了宝玉对女子的态度的改变。他不再仅仅依赖、迷恋女性，对她们的态度向着泛爱多情发展。他发自内心深处地关心女子、爱护女子、为她们而喜，为她们而悲。而作为一个男子，他所能做的就是制作女孩子日常所需的胭脂,为她们尽一份心力。这种情感集中爆发于为平儿理妆一回。在宝玉伺候下,平儿涂脂抹粉完毕后被人叫走,接下来曹雪芹又耗费笔墨写了一段有关宝玉内心感受的文字——

> (宝玉)竟得在平儿前稍尽片心,亦今生意中不想之乐也。因歪在床上,心内怡然自得。忽又思及贾琏惟知以淫乐悦己,并不知作养脂粉。又思平儿并无父母兄弟姊妹,独自一人,供应贾琏夫妇二人。贾琏之俗,凤姐之威,他竟能周全妥贴,今儿还遭荼毒,想来此人薄命,比黛玉犹甚。想到此间,便又伤感起来,不觉洒然泪下……①

侍奉平儿化妆,有机会为这样一位极聪明极清俊的上等女孩儿尽心,在宝玉看来是意想不到的幸事。他丝毫不介意自己做小伏低,反倒设身处地地为平儿着想,怜惜她处境之艰难、遭遇之不幸。在这过程中,宝玉还指出了贾琏不知"作养脂粉"的毛病。而作养脂粉正是宝玉的专长,他不仅会制作胭脂水粉,更有一颗怜香惜玉的博爱之心。他爱胭脂、吃胭脂等看似怪异的行为,实际上都是出于他对女子的多情。随着时间的推移,宝玉对于女子的情感逐渐达到了"昵而敬之""爱博而心劳"的高度,他不需要借吃胭脂刻意去接近女性,与她们亲密互动,也不再仅从外在关照女性,而能够给予她们精神的力量。因此,在《红楼梦》第四十四回之后宝玉吃胭脂的行为再也没有出现过。

---

① 曹雪芹、高鹗《红楼梦》,第334页。

第七章 餐花书写的特点及其价值与意义

周武忠在《花与中国文化》中提到:"中国的花文化,貌似以花为中心,其深层实则仍是以人为中心的。"①古人的餐花行为也是如此。餐花书写在文学史的发展过程,实则也是其内涵日益丰厚、包蕴愈加人文化的过程。餐花题材在文学作品中的运用不仅丰富了作品的内容、强化了作品的表现力,而且使文学作品充满了浓郁的生活气息,成为一道独特的风景线。文人墨客在审美上的移情,在社会价值上的取向都反映在他们所饮、所食、所描写的花馔之中。下面就对古代文学中餐花书写的特点及其意蕴做一一阐述。

第一节 餐花书写的特点

从战国到清朝,从诗骚到小说,从屈原到曹雪芹,在对餐花书写的发展脉络进行梳理、对餐花书写的作家作品进行专题研究之后,整体来看,古代文学中的餐花书写表现出以下几个特点。

一、前期少,后期多

古代文学中的餐花书写呈现出明显的时间分布不均匀的特点。具体来说,就是早期的文学作品中鲜少涉及花朵饮食,而随着封建王朝

---

① 周武忠主编,周武忠、陈筱燕著《花与中国文化》,第8页。

的发展，在诗、词、小说等多种文学形式中都能找到与食用花朵有关的书写。但这并不表明餐花书写发展的历史与花朵饮食的历史亦步亦趋。事实上，原始社会初期，花朵是人类主要的食物来源之一，花朵作为菜蔬的一种，受到广泛重视。只是那时的文学还是宗教的附庸，并与舞蹈、音乐密不可分。因此，尽管我们有理由相信当时之人普遍食用花朵，但是对此的文字记载却寥寥无几。随着农业的发展，花朵作为菜蔬地位逐渐下降，最终被适宜广泛种植的各种蔬菜所取代。与此同时，花朵药用、欣赏、审美的价值被逐步发现。此时，文人在食用花朵并以餐花入诗时，他们所基于的不再是或者说不仅仅是花朵的食用价值，更多的是将花朵饮食作为一种值得欣赏、品味的对象，花朵饮食在满足他们的胃之前，先满足了他们的心灵。文人的锦口绣心使得以花为食在经历沉寂之后，逐渐以一种带有娱乐性质的饮食行为重回大众视野。餐花书写推动了花朵食品的推广和普及，而后者又反过来促进了餐花书写的繁荣。总之，在花朵饮食和文学书写互为推动力的情况下，古代文学中的餐花书写最终呈现出前期少、后期多的特点。

二、专题少，意象多

古代文学中的餐花书写多以意象的形式出现。以故事为主要描写对象的戏曲、小说中鲜有专题式的餐花书写自不必言，仅以诗歌中来看，专门描写食用花朵的诗作也极为有限。《全唐诗》有三百余首涉及花朵饮食的诗歌，有的在写花卉时提及食用花朵，如席夔《霜菊》"持来泛樽酒，永以照幽独"；有的将食用花朵作为饮食场景的一部分描写，如王绩《食后》"葛花消酒毒，萸蒂发羹香"；有的通过描写食用花朵表明人物身份，如皮日休《樵家》"衣服濯春泉，盘餐烹野花"，而真正专门将以花为食作为对象的诗歌却没有一首。宋代尽管文人食用花朵的品种日益丰富，食花的方式呈现多样化，专题性餐花书写的数量也是屈指可数。究其原因，一方面与笼罩在古代文学上空的"文以载道"的观念有关。一直以来，从正统的文学观念来看，文章如车，所承载应当是一定时期的思想道德、精神理念和文化心态。生活俗事则非文学所主要表现的内容。因此，相对于仕途经济，饮食题材一直未被予以足够的重视，缺乏展示的空间。而餐花又是饮食中的末流，"出镜率"更低。另一方面也和花朵食品本身受限于时节，制作复杂有关。与餐花相比，同样属于饮食范畴的饮茶行为虽然出现较晚，但从唐中期兴起之后就兴盛起来，不仅诗文多有提及，更出现了多本专门论述茶道的《茶经》。

三、具体少，抽象多

一般来说，文人拥有着最敏锐的感官和最精妙的化抽象为具体的表达能力。他们能将矫健的舞剑动作用"霍如羿射九日落，矫如群帝骖龙翔"生动表达，能将幽怨的琵琶曲声以"间关莺语花底滑，幽咽泉流冰下难"形象展现。然而，在古代文学中，对餐花行为的描写大多抽象概括，很少有细致入微的展示。尤其是对于花馔带来的味觉感受往往是语焉不详的。除了"馨香美口""馨香可掬"等笼统的表述，文人还喜欢用"拔浊俗""清肺腑"这些抽象的概念形容餐花带给人的感官体验。其实，相较于其他的感觉器官，人类的味觉是最不灵敏的。因此，对于味道的辨别相对来说更为困难，表达起来难度也更加大。但是，食物的食用和食物的书写属于两个不同的层面。食用是真吃，而书写是假吃，属于"味觉意淫"[①]。因此，味觉感官的迟钝只是造成餐花书写的抽象和概念化的部分原因，其根源还古人对于"味之道"

---

① 沈宏非《字可以不写，饭总是要吃的》，《文艺争鸣》，2008年第4期。

的认识。无论是对饮食还是对诗歌创作，古代文人一直强调的是"味在咸酸之外"。因此，在饮食书写中，舌尖上的味道并非是表达的重点，味觉之外的感悟性体验才是作品所意图传达的。这也从一个侧面说明，花朵饮食作为食物，满足的不仅是个人的口腹之欲，更填补了文人墨客精神上的空虚。

第二节　餐花书写的文学价值

一、以餐花突出饮食雅趣

花馔作为食物往往出现在饮食宴乐的场合中。餐花书写中的花馔不仅是筵席上陈列的佳肴，更有反映宴饮规格、营造喜乐氛围的妙用。描绘贵府宴饮的精致典雅、体现文人餐饮的清高雅致，以至于揭示节日饮食的生活乐趣都离不开对花朵饮食的书写。

对于钟鸣鼎食之家多如流水一般的宴席菜肴，古代文人并不采用报菜名的方式一一列举。他们往往将席间的花馔作为重点加以突出，以此来表现筵宴的精致与考究。唐初文人宋之问曾多次参加皇室宴饮并奉和应制，他的作品中就体现出了这一特点。重九佳节，帝王响应民俗登高远眺，饮酒赋诗。宋之问是这样描绘皇家九日宴饮场面的——"时菊芳仙酝，秋兰动睿篇""仙杯还泛菊，宝馔且调兰""帝歌云稍白，御酒菊犹黄"。作者一方面抓住菊酒作为重阳宴饮的典型意象，在暗示宴饮时间的同时反映出皇家与民同俗、与民同乐的精神；另一方面则用"仙酝""宝馔"来形容花馔，有意识地拉开了皇家餐饮与民间饮食之间的差距，以所用食品的与众不同来表明皇室气度的华贵

图 26 ［清］黄慎《春夜宴桃李园图轴》。泰州博物馆藏。

不凡。与之类似的还有苏颋以"御杯兰荐叶,仙仗柳交枝"描绘晦日与帝王同游昆明池时的宴饮场景;武元衡以"仙酝百花馥,艳歌双袖翻"回忆与相国李吉甫一同宴饮的场面。诗人们在书写宴饮情景的时候都不约而同地选择将笔触从贵族饮食繁复奢侈的山珍海味中移开,将目光聚焦于宴会中出现的花朵食品之上,用花馔以点概面地描绘豪门贵府的筵席菜肴。这样做既能表现出菜品的精致美丽,更能渲染出宴飨环境的雅致脱俗、宴饮氛围的喜乐安逸。宋人也常常以餐花来表现上流社会宴饮。欧阳修在赏花钓鱼侍宴的应制诗中写道:"鱼游碧沼涵灵德,花馥清香荐寿杯。"与皇帝一起在后苑赏花观鱼本就是美事,期间又能享用花酒、对坐赋诗,这对臣子来说是何等的幸事。苏轼用"金罍浮菊催开宴,红蕊将春待入关"写科举之后为两榜状元所设的鹿鸣宴。金榜题名、春风得意,还能在翰林院享用金罍浮菊的美酒佳酿,又怎么能不令人愉悦呢?

文人们除了通过餐花书写将原本铺张奢靡的贵府宴饮装饰的精致典雅,他们更热衷于用餐花来反映自身日常餐饮的状态,用以花为食来表明自己的品位之高、趣味之雅。从屈原的餐菊英、饮花露开始,到陶渊明的"秋菊有佳色,裛露掇其英",再到韦庄的"榴花新酿绿于苔,对雨闲倾满满杯"、吴昌裔的"杖挂松花酒一瓢,手按柏子杂香烧",一直延续到明清散文小品《影梅庵忆语》中冒辟疆回忆董小宛用海棠花露煮饭,《浮生六记》中沈三白记叙陈芸用莲花花心熏茶。餐花的雅趣几乎成为古代文人在日常饮食生活书写中最津津乐道的部分。相比"肉食者鄙"的成见、"蔬食常不饱"的窘境,文人们认为以花为食作为饮食形态既超越了对温饱的渴求又脱离了对膏粱之味的追求。它最能唤起人精神上的愉悦和感奋,使人在刹那"吃"的行为之中获得别样的人生况味①。宋代诗人陈郁这样记录自己制作、饮用梅花汤的经历。

> 南枝开处觅春光,摘得冰葩密瓮藏。
> 留煮牛汤消暑渴,吟骚牙颊有浮香。

诗人有心在春朝梅花初放的时节就采摘花朵密封窖藏,等到暑热难耐的夏季将其取出用来煮汤。炎炎夏日,一碗裹挟着风雪之气的梅花汤不仅有清凉解暑的功效,更让诗人在吟诵《离骚》时有了唇齿生

---

① 赵建军《中国饮食美学》,齐鲁书社 2014 年版,第 187 页。

香的错觉。《世说新语》中王孝伯说："但使常得无事，痛饮酒，熟读《离骚》，便可称名士。"如陈郁一般，以梅花汤代酒、读《离骚》而口齿留香之人在名士之外又添上了几分文人的风流雅致。

其实，花朵饮食并非文人、贵族的专享，平民百姓也能在特殊节令中享用花朵食品。花朵饮食在特殊的节庆场合消弭了不同社会阶层因身份地位而产生的鸿沟，使人们得以全然沉浸在节日的欢乐氛围之中。其中最典型的代表就是对于重阳节饮菊酒这一习俗的书写。据孙思邈《齐人月令》记载，唐人在"重阳之日，必以糕、酒、登高、眺迥为时宴之游赏，以畅秋志。酒必采茱萸、甘菊以泛之，既醉而还。"①宋人吴自牧《梦粱录》则载录："今世人以菊花、茱萸浮于酒饮之，盖茱萸名'辟邪翁'，菊花为'延寿客'，故假此两物服之，以消阳九之厄。年例，禁中与贵家皆此日赏菊，士庶之家，亦市一二株玩赏。"②《临海记》中也有类似记载："民俗极重重九日，每菊酒之辰，宴会于此山（湖山）者，常至三四百人。"可见，在唐宋两代重阳节饮菊花酒已成为一种普遍性的习俗，不仅富贵人家有此风俗，就连平民庶人也参与到这一餐花活动中来。唐诗宋词中对此多有反映。唐诗中 15 次直接出现"菊酒"一词，宋诗中 47 次提到"菊酒"，宋词中的重阳饮菊酒意象则出现了 17 次。唐宋文人与普通百姓一样，为了庆祝重阳佳节或是"香曲甘泉家自有，黄花抱蕊有佳思"的提前以菊酿酒，或是"浮英泛蕊多多着，旧酒新醅细细尝"的临时采菊英泛酒。他们热切地投身于节庆活动中，享受着美丽节日带给人的美丽心情。如吴潜在《水调歌头》所描绘的那样："重九先三日，领客上危楼。满城风雨都住，天亦相邀

---

① 李昉《太平御览》卷三二，中华书局 1960 年版，第 154 页。
② 吴自牧《梦粱录》，浙江人民出版社 1980 年版，第 30 页。

头。右手持杯满泛,左手持螯大嚼,萸菊互相酬,徙倚阑干角,一笑与云浮。"词人等不及要庆祝重阳,提前三天就与朋友一起登高宴乐。天公作美,风停雨歇,在高楼之上与知己之人品蟹泛菊,觥筹交错。此情此景怎能不叫人忘掉一切烦恼忧愁,开怀大笑呢?正是因为餐花行为在特殊节令里能将世俗欢娱传递到每个人身边,即便是如方回一般落魄到了"人老颜如雪,家贫菊似金"的地步,在节日氛围的感召下,他也以"典衣作重九,犹可一杯斟"的方式使自己有菊觞可饮。餐花风俗在这一时刻抹平了雅与俗的界限,文人放下清高自诩的架子,与百姓一起享受生活真趣。在"黄菊紫菊傍篱落,摘菊泛酒爱芳新"的菊酒中,诗人"不堪今日望乡意,强插茱萸随众人"的游子之思、乡思之愁被熨平。在"十年旧梦风吹过,忍对黄花把酒杯"的行为里,罹遭国难、亡国丧家之人找到了些许心灵的安慰。菊香与酒韵共同打造的迷醉世界也给"人情时事半悲欢""一事无成两鬓霜"的文人们提供了短暂逃离现实苦楚的机会。尽管餐花行为所带来的快乐稍纵即逝,诗人们最终还是要从酒精中清醒过来,重新面对生活的重压与考验。但在这一杯为天下人所共饮的菊酒之中,他们在得以借着节庆之名短暂的逃离伤时、悲秋、思乡、国殇等多种负面情绪,准备着再度回归现实,接受生活的挑战。

二、以餐花塑造人物形象

19世纪法国美食家萨瓦兰在他的《厨房里的哲学家》一书开篇写下20条关于食物的格言,其中有"告诉我你吃什么,我就能知道你是什么样的人"[①]的表述。在我国古代的卦象中也有"观其求可食之物,

---

① 萨瓦兰著,敦一夫、傅丽娜译《厨房里的哲学家》,译林出版社2013年版,第4页。

则贪廉之情可别也"①的论调。古今中外达成共识——对于食物的选择和态度从某种程度上反映出餐饮之人对于"我是谁"的判断和认识。而饮食场面也就顺理成章地成为文学家们用以展现人物内心世界、塑造人物形象的重要工具。《世说新语》中用短短五十余字记叙了王蓝田食鸡子的过程,将人物性情急躁的特点活画了出来。《儒林外史》对范进在为母守丧的时候偷吃虾肉丸子的细节描写更是一举戳破了范进守制时的假面,将人物的虚伪展露无遗。

餐花题材作为饮食主题的组成部分也在作家塑造人物的过程中起到了辅助作用。文学作品中常以餐芝华、饮沆瀣来突出人物飘飘然有神仙之概的气质。《远游》中屈原的"吸飞泉之微液兮,怀琬琰之华英",《九怀》中王褒的"北饮兮飞泉,南采兮芝英",《九思》中王逸的"吮玉液兮止渴,啮芝华兮疗饥"都是作者在"托配仙人,俱与游戏"过程中的饮食描写,都以餐花突出了自身飘然出尘、仙风道骨的丰姿。用以花为食来表现不食人间烟火的仙人形象在后代的文学作品中得到继承。唐代曹唐在《仙都即景》中就用"烂煮琼花对君吃""洗花丞叶滤清酒""且欲留君饮桂浆"的独特饮食来表现仙人"九天无事"的闲适与清趣;宋人孙囧对神仙的想象也是"餐桂屑而饮水兮,范少伯之扁舟"。文人们普遍将以花为食视为仙人的日常餐饮,何梦桂就此还总结出只要"人人绝粒餐琼英",就能"免堕颠崖受苦辛"的修仙指南。

除了和神仙之人相关联,餐花行为还经常被用来塑造僧侣、道士等离尘出世之人的形象。白居易在写韬光禅师时就抓住了禅师的特殊饮食,用"白屋炊香饭,荤膻不入家。滤泉澄葛粉,洗手摘藤花。青

---

① 李鼎祚《周易集解》,九州出版社2003年版,第38页。

芥除黄叶，红姜带紫芽。命师相伴食，斋罢一瓯茶"等一连串饮食细节，从餐饮角度侧面突出禅师的清心寡欲、抱朴含真。唐求也用"饭把琪花煮，衣将藕叶裁"来突出修道者跳出三界外、不在五行中的世外高人形象。后来，无论是写云谷道士的"渴摇花上露，卧枕谷中云"，还是写秋蓬相士的"漱石清溪歌九曲，饱饭黄精羹杞菊"，或是写独拙和尚的"多年寂寞无烟火，细嚼梅花当点心"。诗人们都力图通过独特的花朵饮食来强化出家人的清净绝尘的形象。僧道与花馔的联系在文学中日益强化，以至于钱泳在《履园丛话》中将僧尼推为花馔的发明者——"近人有以果子为菜者，其法始于僧尼家，颇有风味……又花叶亦可以为菜者，如胭脂叶、金雀花、韭菜花、菊花叶、玉兰瓣、荷花瓣、玫瑰花之类，愈出愈奇。"[①]

第三节 餐花书写的文化意蕴

前文提到，文人们乐此不疲以各种形式记录各种场合下的餐花行为。然而，他们的餐花书写都有一个普遍倾向，即对于花朵饮食的描写都刻意回避了其作为食物的充饥作用，避而不谈其能引起食欲的香气和味道，也不突出花朵饮食给人带来的饱腹感。餐花书写写的是花朵饮食，而文人所真正要表达的意旨却在饮食之外。那么当文人们在吃花的时候他们吃的是什么，他们所记录的以花为食的经历又反映出怎样的思想感情？

一、主清淡、尚本味、崇养生的饮食思想

---

① 钱泳撰，张伟点校《履园丛话》，中华书局1979年版，第329页。

作为饮食书写，餐花书写首先反映出的是文人以清淡饮食为主、重视食物本味、推崇食物养生功能的饮食观念。古代文人往往都推崇蔬食，以食素为美，鄙夷膏粱厚味。王维称："吾生好清净，蔬食去情尘"；白居易也称："蔬食足充饥，何必膏粱珍"；宋人更将膏粱之味视为"道之贼"，认定"膏粱从古豢愚痴"。明代李渔将饮食与音乐比附，"吾谓饮食之道，脍不如肉，肉不如蔬，亦以其渐近自然也"。清代薛宝辰专门著述《素食说略》记录清朝末年比较流行的一百七十余款素食的制作方法。在以清淡自然为美的饮食风尚影响下，文人们将花朵饮食作为素食、蔬食的典型代表，借此来表明自己饮食喜好。他们不仅不断创新花馔菜式，将花朵原料运用到茶酒、羹汤、粥饭、点心等多种食品中去，更在花朵饮食中找到了贴近土地、亲近自然的快乐。"肉食那知儒素风，似君臭味将无同。知我山斋少白粲，随时易办松花饭。"林洪吃松黄饼，"觉驼峰、熊掌皆下风矣"；刘子寰亦有"餐花嚼蕊有真乐，一饱何必谋甘肥"的表述。文人们屡屡自剖心迹，甘脂美味不能使他们动心，而花朵饮食的素净清新却让他们找到了"美味的真谛"。另外，文人们还认为花朵的芬芳香气和草木特有的清洁味道能够祛除肉食的油腻腥膻。从最早的以兰花为藉、蕙草为垫烹调肉食，到宋人冯伯规以菊花泛酒来"涤甘肥"，再到清代小四堂主人发明的"野猪紫薇""羚羊木兰"等菜肴，都是利用花朵改变原有食材的气味和味道，都反映出文人对于清净简淡之味的追求。

餐花书写除了体现出古代文人对清淡饮食的自觉追求，还体现了他们"肥辛甘非真味，真味只是淡"的饮食思想。《中庸》云："人莫不饮食，鲜能知味也。"《典论》曰："一世长者知居处，三世长者知服食。"《遵生八笺》言："人食多以五味杂之，未有知正味者。"尽

图27 从左到右依次为雪霞羹、莲房鱼包、松糕、金饭。图片来自网络。

管饮食是所有人生存必不可少的条件,但对于饮食应当拥有的味道,文人们有着自己的理解。与一般百姓"饥者甘食,渴者甘饮"不同,他们所追求的是饮食的正味、至味。陈继儒在《养生肤语》中指出:"至味皆在淡中。今人务为浓厚者,殆失其味之正邪?"陆树声在《清暑笔谈》也说:"夫五味主淡,淡则味真。"袁枚则认为:"求色不可用糖炒,求香不可用香料。一涉粉饰,便伤至味。"一言以蔽之,文人所追求的饮食正味其实就是食材不加粉饰的自然之味。因此,尽管自宋代以来,食谱中记录的花朵饮食制作方式愈发丰富,在文学作品中最常出现的依然是以花泛酒、干嚼花瓣这些比较原始且相对能够保证花朵原味的食用方式。司马光在《晚食菊羹诗》中写:"采撷授厨人,烹沦调甘酸。毋令姜桂多,失彼真味完。"对于这样只经过简单加工,最大限度保留着花朵原有味道的花馔,项安世说"只有书生知此味";姚合评价"熟宜茶鼎里，餐称石瓯中。香洁将何比，从来味不同"；韦居安也说"餐英知正味，饮水得长年"。文人们以花为食，是为了追求食物自然之味，他们弃花不食也是出于同样的考虑。对于究竟该不该向茶里添加花果，宋代蔡襄就提出："茶有真香，而入贡者微以龙脑和膏，欲助其香。建安民间试茶，皆不入香，恐夺其真，若烹点之际，又杂珍果香草，其夺益甚，正当不用。"黄庭坚则支持在"不夺茗味"的前提下，适当"佐以草石之良"。到了花茶流行的明清时期，民间饮用花茶之风日盛，文人们更加坚守阵地，提倡清饮茶水，将在茶中加入花朵视作庸人庸行。

　　文人们留心并记录日常餐饮还有很大一部分原因是想借饮食以养生。这一点从他们整理记录的食谱中能够看出。《吴氏中馈录》的作者在序言中强调了本书中收录的食物"亦节用卫生之一助也"；忽思慧编撰《饮膳正要》也将养生避忌放在卷首；黄云鹄写《粥谱》，开宗明义的话便是"粥能益人，老年尤宜"。自古以来，草木植物的养生功能就被发现和开掘。到了唐代就出现了将草木之物与饮食养生结合起来的《食疗本草》，明代的《本草纲目》更是全面总结了我国古代药物学的成就，使得人们对包括花朵在内的草木植物的养生功用更加清楚。因此，在餐花书写中我们还能发现文人们对花朵药性的重视：菊花"名纪先秦书，功标列仙方"；松花"功用虽非药"，"辟谷胜胡麻"；牵牛花"入药性寒君莫弃，良医疏滞用随宜"。文人在食用花朵中暗藏着以食花求长生、求登仙的心绪。除了像"黄花复朱实，食之寿命长""昆仑采琼蕊，可以炼精魄""绝粮只管餐松菊，赢得身轻入险飞"这样直抒胸臆的表达，他们还常常将花朵饮食与使人长寿的仙方联系起来，如"闲检仙方试，松花酒自和""桃花为曲杏为糵，九酝仙方得新法""何须白雪黄芽诀，只服梅花也解仙"。在文人心中，食用花朵和服食传说中的灵丹妙药一样具有让人长生久视的功效。他们不仅自己相信，在一些祝寿的诗歌中，也用花朵饮食来传达祝福。曾丰在《寿富阳宰》中写道："饮君以蜀州竹叶之酒，食君以郦县菊花之英。"于石在《九日次韵王寿翁》中也提到："半生饮菊试仙方，安用狂歌赋玉堂。"人生苦短使延续生命成为人所共望，人世的困苦更使凡尘之外的神仙洞府格外充满诱惑力，而花馔作为切实可行的养生之道成为文人们书写的话题。

二、重精致、崇风雅、讲情趣的审美倾向

餐花行为不仅是饮食行为，也是一种审美行为。花卉的形色美、风韵美、情意美在食用花朵的过程中被文人以多种感官加以审视。花朵生物形象、个性风采，花与人的情感、志趣等主观内容的渗透和寄托，都反映在餐花书写中[①]。从餐花书写中能够发现古代文人重视精致、崇尚风雅、讲究情趣的审美取向。

从文人食谱中对花朵饮食的记录就能发现，以花为食本身就是件精细活。从收集原料开始，花朵饮食就对食物制作者提出了高要求。花朵并非都能食用。杜鹃花中黄色的一种叫作羊踯躅，有大毒；"鹅脚花单瓣者可食，千瓣者伤人"。因此想要食用花朵，先要辨别花朵的毒性。其次，对不同的花朵要进行不同的处理。制作暗香汤要在"清晨摘半开花朵（梅花），连蒂入瓷瓶"；天香汤则要"清晨带露，用杖打下花（桂花），以布被盛之，拣去蒂萼，顿在净器内"。一个细节的失误可能会影响花馔成品的风味。而加工花朵食品更如同加工艺术品一般需要精雕细琢。以清代最为流行和常见的茉莉花茶制作过程为例，需要"以中样细芽茶，用汤罐子先铺花一层，铺茶一层，铺花茶层层

---

① 程杰《论花卉、花卉美和花卉文化》，《阅江学刊》2015年第1期。

至满罐，又以花蜜盖盖之。日中晒，翻覆罐三次，于锅内浅水煨火蒸之。蒸之候罐子盖热极取出，待极冷然后开罐，取出茶，去花，以茶用建连纸包茶，日中晒干。晒时常常开纸包抖擞令匀，庶易干也。每一罐作三四纸包，则易晒。此换花蒸，晒三次尤妙"。制作过程如此繁琐，难怪当文人们赠送或收到花朵饮食时都要以诗相赠或者赋诗答谢。这份精致不仅使花朵饮食本身身价大增，体现了制作花馔之人的浓浓情意。

除了制作精良考究外，文人对花朵饮食的命名另有一种风流雅意。"采芙蓉花，去心、蒂，汤焯之，同豆腐煮"，因其"红白交错，恍如雪雾之霞"，谓之"雪霞羹"；"以藿香草叶，蘸稀薄浆面，入油煎之……以玫瑰酱和白糖覆其上"，香草碧绿，玫瑰清香，谓之"红香绿玉"；广寒糕取蟾宫折桂之意，既暗示了糕点的原材料是桂花，又包含着"广寒高甲"的美好祝福。忘忧齑用萱草忘忧之典，既指出了食物是由萱草制作而成的，更寄托着"天下乐兮，其忧乃忘"的家国情怀。这些花朵饮食的名字都体现出古代文人以风雅为美的审美取向。餐花与风雅相联系的另一个突出表现是文人认为食用花朵不仅可以果腹充饥，更是灵魂的养料，能够涵养诗心诗性。最早将以花为食与增加文学修养直接联系起来的事例见于《武陵记》："后汉马融勤学，梦见一林，花如绣锦，梦中摘此花食之。及寤，见天下文词，无所不知。"[①]这样一个带有传奇色彩的故事，到了宋代得到了文人们的普遍认同。"含香嚼蕊清无奈，散入肝脾尽是诗""小窗细嚼梅花蕊，吐出新诗字字香"，故此，有人"相期嚼蕊吐瑰词"，有人"只餐秋菊养诗臞"，

---

① 上海古籍出版社编《唐五代笔记小说大观·上》，上海古籍出版社2000年版，第924页。

有人"嚼碎梅花写成吟"。《梅涧诗话》记录过这样一个小故事:"杜小山未尝问句法于赵紫芝,答之云:'但能饱吃梅花数斗,胸次玲珑,自能作诗。'"①在宋人心中饱食梅花就可以作出好诗,这一观点无疑说明文人在餐花行为中赋予了花朵饮食日常餐饮之外的风雅魅力。

文人在以花为食的过程中还讲究情趣。从"情"来说,他们在食用花朵的过程中不是冷冰冰地把花朵当作食品原材料来看待,而是以对万物有情的态度对待。例如,对于娇艳美丽如芍药、牡丹,文人们往往带着无限柔情,每每要拿来做菜,总是有千百般

图 28 《红楼梦》绣像——林潇湘魁夺菊花诗。图片来自网络。

不忍。著名的"酥煎花蕊",是用牡丹、芍药等花朵的花瓣拖面油炸制成的。然而在制作过程中,牡丹花落,文人们不忍心看,"牡丹一

---

① 程杰《中国梅花审美文化研究》,巴蜀书社 2008 年版,第 177 页。

夜成消瘦，下却珠帘不忍看"；采摘花瓣，他们不忍心摘，"几欲宝酥煎洛蕊，迟回未忍折云裳"；捡拾花瓣，他们又怀着不忍红粉堕于泥沙的怜惜之心，"拾香不忍游尘污，嚼蕊更怜真味好"。从"趣"这一方面来看，文人食用花朵既是一种饮食活动也是一种游戏活动。在飞英会、浇红宴之类的餐花乐事中，花朵饮食与饮酒、赏景、听乐等活动结合起来，带给宴饮无限欢乐。除了感官上的欢愉，食用花朵还增添了文人雅士斗诗逞才的雅趣，这一点从曹雪芹在《红楼梦》中对宴饮场面的处理就能够看出。第三十八回，大观园的公子才女聚集在藕香榭，赏桂花、食螃蟹、赋菊诗。期间，曹雪芹借黛玉之口提到了舒郁解忧的合欢花酒，借宝钗之诗提到了去腥敌寒的菊花酒，但具体的花馔显然不是宴饮的重点，红楼群芳展露才情，享受生活之乐才是饮食的真谛。《清稗类钞》也记录了类似的故事。一天，毛对山在酒楼小饮，席上恰巧有用夜来香入馔的菜品，风味颇清美。同席之人说"夜来香"三字殊难其偶，而对山则戏拈盏中"春不老"三字为对，既显示了自己的才思敏捷，也于"餐菊之外，添一故事"，增添了宴饮的乐趣。

三、重德行、慕先贤、贵清空的价值取向

文学作品中的食物书写不仅能刺激人们的味蕾，更能激发人们无限的精神想象。老子的"治大国如烹小鲜"，将治国之大事与饮食小道联系起来。孟子的"鱼与熊掌不可兼得"，通过对两种食物的取舍引出儒家舍生取义的利义观。饮食书写固然仍然紧密与自然生理需求联系在一起，但在文学作品中，它们更多接受了社会文化意识的渗入和融合，在古代文学的餐花书写中也是如此。对于花馔的书写所表现的不仅是饮食带给人的美的享受，更寄托着古代文人的价值取向和人

生追求。

首先,在餐花书写中,花格与人格进一步交融。在人们与各色花朵的不断遇合中,花朵由物象逐渐被寄寓了人的品格。牡丹,"花之富贵者也";菊,"花之隐逸者也";莲,"花之君子者也"……不仅花品似人品,而且特定的花卉品种还能培养、激发人的特定品格。"梅令人高,兰令人幽,菊令人野……"古代文人在花的品性与人的道德修养之间建立起了独特而稳定的联系。在这一过程中,以花为食扮演了重要角色。在最早的香草比德系统中,屈原就用食用花朵隐喻涵养德行,以至于后世有"君当茂明德,食菊仍佩茎"之句。文人们在吃花的时候,除了用眼睛看、用鼻子闻、用嘴巴尝,更多调用的还是精神上的感官。由此他们不断加深对花朵的认识和理解,赋予了花朵更加深刻的内涵。王炎就总结自己以菊花为食的经历得出——"花品若将人品较,此花风味似吾儒"的结论。而事实上,餐花书写中最常见的花卉品种也恰恰是那些"有德行"的花朵。尽管牡丹有花王之称,芍药贵为花相,但在餐饮中,文人们更欣赏的依然是孤标亮节的菊花、傲雪凌霜的梅花。

文人将食用花朵视作对道德品质的修炼,也将食花之人视为道德的模范。在他们眼中,食用菊花是高洁的,因此也只有高洁的人才配食用花朵。"荒径可供元亮采,落英惟许屈平餐""惟屈可餐陶可采,蝶蜂争得识寒香""落英欲买真无价,唯许骚人馨一餐""骚人昔所餐,此辈何敢竞"等诗句都强调了餐花主体的唯一性,即只有品行高洁如屈原、陶渊明才有资格食用花朵。因此,文人的餐花书写不仅仅是在记录自身以花为食行为,更是一种遥远的致敬。这种特殊的、带有艺术性的举动使得文人们得以进入某些"神话"体系之中。餐菊是和屈原、陶渊明为伍，嚼梅可以追慕林靖和遗风。他们并不一定真的尝过或喜爱花朵饮食的味道，而是试图通过这些与先贤相同或相似的行为、语境表明自己的价值取向和生活态度，用食用花朵的方式来"认祖归宗"。

  古代文人在餐花书写中寄托了他们对德行的重视，对先贤的追慕，更寄寓着他们对无碍于心、清空脱俗境界的追求。古代文人的餐花书写侧重描写的不是饮食的口感、味道，而是花朵饮食给予他们精神上的洗涤，如"举杯吞月和花嚼，月自寄胸花不觉""羞芝粮菊我辈事，春猿秋鹤心空降"；他们也主动食用花朵以求得心灵上的空旷清净，如"自撼枝头供一嚼，了了此心觉清净""谁能嚼花卧空谷，一物不向胸中横"。

征引文献目录

说明：

一、凡本文征引的各类专著、文集、资料汇编及学位论文、期刊论文均在此列，其他一般参考阅读文献见当页注释。

二、征引书目按书名首字汉语拼音排序，征引论文按作者姓名首字汉语拼音排序。

一、书籍类

1.《笔记小说大观三十五编》第 2 册，《苕溪渔隐丛话后集》，扬州：广陵古籍刻印社，1983 年。

2.《茶余酒后金瓶梅》，郑培凯著，上海：上海书店出版社，2013 年。

3.《厨房里的哲学家》，萨瓦兰著，敦一夫、傅丽娜译，上海：译林出版社，2013 年。

4.《楚辞》，林家骊译注，北京：中华书局，2010 年。

5.《楚辞品鉴》，詹杭伦、沈时蓉、张向荣编著，北京：中国人民大学出版社，2010 年。

6.《楚辞评论资料选》，杨金鼎主编，武汉：湖北人民出版社，1985 年。

7.《楚辞与原始宗教》，过常宝著，北京：中国人民大学出版社，

2014年。

8.《楚辞植物图鉴》，潘富俊著，上海：上海书店出版社，2003年。

9.《帝京岁时纪胜》，潘荣陛著，北京：北京古籍出版社，2000年。

10.《东京梦华录注》，[宋]孟元老撰，邓之诚注，北京：中华书局，1982年。

11.《格致镜原》，[清]陈元龙著，南京：江苏广陵古籍刻印社，1987年。

12.《郭沫若全集》，郭沫若著，北京：人民文学出版社，1982年。

13.《海内十洲记》，[汉]东方朔撰，《影印文渊阁四库全书》本。

14.《韩非子译注》，刘干先等译注，哈尔滨：黑龙江人民出版社，2002年。

15.《汉书》，[汉]班固撰，北京：中华书局，1962年。

16.《花与中国文化》，周武忠主编，周武忠、陈筱燕著，北京：中国农业出版社，1999年。

17.《花与中国文化》，何小颜著，北京：人民出版社，1999年。

18.《黄帝内经》，姚春鹏译注，北京：中华书局，2010年。

19.《绘画中的食物：从文艺复兴到当代》，[美]本迪纳著，谭清译，北京：新星出版社，2007年。

20.《荆楚岁时记》，宗懔撰，姜彦稚辑校，太原：山西人民出版社，1987年。

21.《金瓶梅》，[明]兰陵笑笑生著；刘心武评点，桂林：漓江出版社，2012年。

22.《救荒本草》，[明]朱橚撰，《影印文渊阁四库全书》本。

23.《离骚纂义》，游国恩著，北京：中华书局，1980年。

24.《礼记译注》，杨天宇撰，上海：上海古籍出版社，2004年。

25.《吕氏春秋本味篇》，王利器校注，北京：中国商业出版社，1983年。

26.《履园丛话》，［清］钱泳撰，张伟点校，北京：中华书局，1979年。

27.《梅兰竹菊谱》，［宋］范成大等撰，杨林坤等编著，北京：中华书局，2010年。

28.《梦粱录》，［宋］吴自牧撰，傅林祥注，济南：山东友谊出版社，2001年。

29.《墨子闲诂》，［清］孙诒让撰，孙启治点校，北京：中华书局，2001年。

30.《南方草木状》，［晋］嵇含撰，扬州：广陵书社，2003年。

31.《清稗类钞》，［清］徐珂撰，北京：中华书局，1984年。

32.《全汉赋》，费振刚、胡双宝、宗明华辑校，北京：北京大学出版社，1997年。

33.《全乐府》，彭黎明、彭勃主编，上海：上海交通大学出版社，2011年。

34.《全上古三代秦汉三国魏晋六朝文》，［清］严可均辑校，北京：中华书局，1965年。

35.《全宋诗》，傅璇琮主编，北京：北京大学出版社，1991年。

36.《全元散曲》，隋树森选编，北京：中华书局，1964年。

37.《群芳谱诠释》，［明］王象晋纂辑，伊钦恒诠释，北京：中国农业出版社，1985年。

38.《山海经》，方韬译注，北京：中华书局，2009年。

39.《山家清供》,[宋]林洪撰,章原编著,北京:中华书局,2013年。

40.《神农本草经》,[清]顾观光辑,杨鹏举校注,北京:学苑出版社,2002年。

41.《神仙传》,[晋]葛洪撰,胡守为校释,北京:中华书局,2010年。

42.《诗经译注》,程俊英译注,上海:上海古籍出版社,2014年。

43.《诗经植物图鉴》,潘富俊著,上海:上海书店,2003年。

44.《拾遗记》,[晋]王嘉撰,萧绮录、齐治平校注,北京:中华书局,1981年。

45.《食宪鸿秘》,[清]朱彝尊撰,张可辉编著,北京:中华书局,2013年。

46.《苏轼全集》,[宋]苏轼著,傅成、穆俦标点,上海:上海古籍出版社,2000年。

47.《苏轼评传》,王水照著,南京:南京大学出版社,2004年。

48.《素食说略》,[清]薛宝辰撰,王子辉注释,北京:中国商业出版社,1984年。

49.《随园食单》,[清]袁枚撰,南京:南京出版社,2009年。

50.《太平御览》,[宋]李昉等撰,北京:中华书局,1960年。

51.《唐诗植物图鉴》,潘富俊著,上海:上海书店,2003年。

52.《唐宋史料笔记丛刊·渑水燕谈录》,王辟之编,北京:中华书局,1981年。

53.《唐五代笔记小说大观·上》,上海古籍出版社编,上海:上海古籍出版社,2000年。

54.《陶渊明全集》，柯宝成编著，武汉：崇文书局，2011年。

55.《陶渊明集》，王瑶著，北京：人民文学出版社，1956年。

56.《陶渊明批评》，萧望卿著，北京：北京出版社，2014年。

57.《陶渊明集校笺》，陶潜著，龚斌校笺，上海：上海古籍出版社，2011年。

58.《陶渊明论》，魏耕原著，北京：北京大学出版社，2011年。

59.《五杂俎》，［明］谢肇淛撰，北京：中华书局，1959年。

60.《西京杂记》，［晋］葛洪撰，周天游校注，西安：三秦出版社，2006年。

61.《先秦汉魏晋南北朝诗》，逯钦立辑校，北京：中华书局，1983年。

62.《醒园录》，［清］李化楠撰，侯汉初、熊四智注释，北京：中国商业出版社，1984年。

63.《续齐谐记》，［梁］吴均撰，上海：上海古籍出版社，1999年。

64.《杨万里范成大资料汇编》，湛之编，北京：中华书局，2004年。

65.《养小录》，［明］顾仲著，刘筑琴注译，西安：三秦出版社，2005年。

66.《饮食人类学：漫话餐桌上的权力和影响力》，［美］西敏司著，林为正译，北京：电子理工出版社，2015年。

67.《饮食与文化》，高成鸢著，上海：复旦大学出版社，2013年。

68.《饮食与中国文化》，王仁湘著，北京：人民出版社，1994年。

69.《御香缥缈录》，［清］德龄著，秦瘦鸥译，沈阳：辽沈书社，1994年。

70.《云林堂饮食制度集》，［元］倪瓒撰，邱庞同注释，北京：中国商业出版社，1984年。

71.《云仙散录》，［唐］冯贽编，张立伟点校，北京：中华书局，1998年。

72.《增订注释全唐诗》，陈贻焮主编，北京：文化艺术出版社，2001年。

73.《中国楚辞学》，中国屈原学会编，北京：学苑出版社，2004年。

74.《中国菊花审美文化研究》，张荣东著，成都：巴蜀书社，2011年。

75.《中国梅花审美文化研究》，程杰著，成都：巴蜀书社，2008年。

76.《中国人的饮食奥秘》，熊四智著，郑州：河南人民出版社，1992年。

77.《中国饮食美学史》，赵建军著，济南：齐鲁书社，2014年。

78.《中国饮食文化史》，王学泰著，桂林：广西师范大学出版社，2006年。

79.《中国饮食文化史》，赵荣光著，上海：上海人民出版社，2014年。

80.《中国馔食文化》，陈诏著，上海：上海古籍出版社，2001年。

81.《周礼》，吕友仁译注，郑州：中州古籍出版社，2004年。

82.《周易集解》，［唐］李鼎祚撰，北京：九州岛出版社，2003年。

83.《煮泉小品》，［明］田艺蘅著，北京：中华书局，1991年。

84.《庄子集释》，郭庆藩辑，王孝鱼整理，北京：中华书局，1978年。

85.《遵生八笺》，［明］高濂著，成都：巴蜀书社，1988年。

二、学位论文

1. 范迎春《唐代文人与花》，陕西师范大学硕士学位论文，2008年。

2. 冯旖旎《〈全宋词〉植物意象研究》，广州大学硕士学位论文，2009年。

3. 高歌《中国古代花卉饮食研究》，郑州大学硕士学位论文，

2006 年。

4. 郭前《论唐宋梅花词的文化内涵和审美特点》，汕头大学硕士学位论文，2011 年。

5. 郭荣梅《宋前诗歌中莲花文学意象研究》，南京师范大学硕士学位论文，2007 年。

6. 韩梅《唐宋词与唐宋文人日常生活》，浙江大学博士学位论文，2007 年。

7. 黄晨《祭礼之食：壮族花米饭的文化史初探》，广西民族大学硕士学位论文，2011 年。

8. 黄丹丹《<诗经>中的植物及其文化解读》，西北师范大学硕士学位论文，2010 年。

9. 黄丹妹《汉魏六朝咏花诗研究》，首都师范大学硕士学位论文，2011 年。

10. 黄秋凤《魏晋六朝饮食文化与文学》，上海师范大学硕士学位论文，2013 年。

11. 罗莹《古代饮食赋初探》，首都师范大学硕士学位论文，2009 年。

12. 马丽梅《宋词与宴饮》，苏州大学博士学位论文，2010 年。

13. 漆琼娟《"味"与中国古典诗学审美鉴赏活动》，山东大学硕士学位论文，2010 年。

14. 邱丽清《苏轼诗歌与北宋饮食文化》，西北大学硕士学位论文，2010 年。

15. 石润宏《唐诗植物意象研究》，南京师范大学硕士学位论文，2014 年。

16. 孙秀华《<诗经>采集文化研究》，山东大学博士学位论文，

2012年。

17. 童霏《论宋代节序诗词中的饮食文化内涵》，江南大学硕士学位论文，2010年。

18. 王功绢《中国古代文学芍药题材和意象研究》，南京师范大学硕士学位论文，2011年。

19. 王莹《唐宋诗词名花与中国文人精神传统的探索》，暨南大学博士学位论文，2007年。

20. 许兴宝《文化视域中的宋词意象初论》，陕西师范大学博士学位论文，2000年。

21. 杨协姣《明代社会真实的一页——〈金瓶梅〉饮食文化研究》，苏州大学硕士学位论文，2012年。

三、期刊论文

1. 陈平原《长向文人供炒栗——作为文学、文化及政治的"饮食"》，《学术研究》，2008年第1期。

2. 陈桐生《南楚巫娼习俗与中国美文传统》，《文艺研究》，2004年第4期。

3. 陈望衡、黄沁茗《味觉与中国传统美学》，《武汉大学学报（哲学社会科学版）》，2004年第1期。

4. 程杰《林逋咏梅在梅花审美认识史上的意义》，《学术研究》，2001年第7期。

5. 程杰《论花卉、花卉美和花卉文化》，《阅江学刊》2015年第1期。

6. 邓国光《香草美人琼佩——〈离骚〉理美义蕴述论》，《文学遗产》，2003年第4期。

7. 董杰、曹金发《浅谈南宋时期两浙地区饮食制作的特点》，《皖西学院学报》，2009 年第 3 期。

8. 范迎春《唐代花卉饮食探微》，《四川烹饪高等专科学校学报》，2008 年第 1 期。

9. 付玉贞《饮食场面描写在〈儒林外史〉中的作用》，《中华文化论坛》，2015 年第 3 期。

10. 葛晓音《论唐前期文明华化的主导倾向——从各族文化的交流对初盛唐诗的影响谈起》，《中国社会科学》，1997 年第 3 期。

11. 郭幼为、王微《更煎土茗浮甘菊——宋代花茶述论》，《农业考古》，2014 年第 5 期。

12. 金萍《对〈诗经〉中饮食礼仪的解读》，《语文建设》，2012 年第 2 期。

13. 康保苓、徐规《苏轼饮食文化述论》，《浙江大学学报（人文社会科学版）》，2002 年第 1 期。

14. 冷樵《楚辞与荆楚饮食文化》，《华夏文化》，1997 年第 3 期。

15. 李成军《论〈诗经〉中的饮食习俗与礼仪》，《学术交流》，2015 年第 8 期。

16. 李漠《浅谈宋代花卉文化》，《黑龙江史志》，2014 年第 17 期。

17. 李亿坤《植物花馔漫话》，《植物杂志》，1990 年第 6 期。

18. 林冠夫《〈红楼梦〉中的茄鲞和小说中的饮食描写》，《红楼梦学刊》，2015 年第 2 期。

19. 林少雄《中国饮食文化与美学》，《文艺研究》，1996 年第 1 期。

20. 莫砺锋《饮食题材的诗意提升：从陶渊明到苏轼》，《文学遗产》，2010 年第 2 期。

21. 牧惠《饮食与文学》，《社会科学家》，1992 年第 1 期。

22. 潘胜利《花馔与健康》，《园林》，2005年第6期。

23. 曲进《鲜花中药的断想》，《山西中医学院学报》，2009年第1期。

24. 邵万宽《从明清食谱刊刻的流行看明清小说中的饮食描写——以〈金瓶梅〉、〈红楼梦〉中的菜品为例》，《农业考古》，2014年第4期。

25. 沈宏非《字可以不写，饭总是要吃的》，《文艺争鸣》，2008年第4期。

26. 谈国兴《鲜花花馔的开发与运用》，《扬州大学烹饪学报》，2004年第4期。

27. 万建中《中国饮食活动中的美学基因》，《广西民族学院学报（哲学社会科学版）》，2002年第5期。

28. 王平《〈金瓶梅〉饮食文化描写的当代解读》，《山东师范大学学报（人文社会科学版）》，2015年第6期。

29. 吴斧平《精美和谐典雅——论〈红楼梦〉的饮食文化特征》，《兰州大学学报》，2015年第4期。

30. 严小青、张涛《红楼香事》，《明清小说研究》，2008年第3期。

31. 姚伟钧《满融合的清代宫廷饮食》，《中南民族学院学报（哲学社会科学版）》，1997年第1期。

32. 余迎《从唐诗看唐代的传统食物》，《兰台世界》，2015年第28期。

33. 愚谷《〈红楼梦〉的饮食文化》，《红楼梦学刊》，1996年第2期。

34. 张利群《诗味与中国饮食文化》，《民族艺术》，1999年第2期。

35. 章国超《饮食场面描写在〈金瓶梅〉中的作用》，《明清小说研究》，2015年第2期。

36. 郑辉、严耕、李飞《宋代花馔文化探析》，《北京林业大学学报（社会科学版)》,2012 年第 4 期。

37. 周玲《元杂剧中的面食风俗》,《华南师范大学学报(社会科学版)》,2005 年第 2 期。

38. 周玲《元杂剧中的酒文化习俗》,江西社会科学,2005 年第 7 期。

39. 周翎、张新军《〈红楼梦〉的中医人文哲学思想及其渊源》,《明清小说研究》,2015 年第 2 期。

先唐诗歌蔬菜意象研究

王存恒 著

目　录

绪　论 …………………………………………………………… 163

第一章　先秦诗歌蔬菜意象研究 ………………………………… 170

　　第一节　《诗经》中的蔬菜意象描写 ………………………… 170

　　第二节　《楚辞》蔬菜意象研究 ……………………………… 189

第二章　秦汉诗歌蔬菜意象研究 ………………………………… 200

　　第一节　秦汉时期的蔬菜种类 ………………………………… 201

　　第二节　两汉乐府诗中的蔬菜描写 …………………………… 202

　　第三节　东汉文人诗中的蔬菜描写 …………………………… 210

第三章　魏晋南北朝诗歌蔬菜意象研究 ………………………… 213

　　第一节　魏晋南北朝时期的蔬菜种类 ………………………… 213

　　第二节　魏晋南北朝诗歌中的蔬菜意象 ……………………… 216

　　第三节　魏晋南北朝诗歌中蔬菜描写的"文学自觉性"表现 … 226

第四章　蔬菜意象发展演进情况例析 …………………………… 230

　　第一节　"葵"意象研究 ……………………………………… 230

　　第二节　"采薇"意象研究 …………………………………… 238

结　语 …………………………………………………………… 247

征引文献目录 …………………………………………………… 249

绪 论

一、论题选择的理由和意义

中国历来就是个以农业为主的国家,重农思想早在西周时代就已萌芽,到秦汉时更产生了"国以民为本,民以食为天"的重农理论。《尔雅·释天》中有"谷不熟为饥,蔬不熟为馑,果不熟为荒"的说法,可见蔬菜的种植与采集很早就在农业社会中占据了重要地位。

中国最早的诗歌总集《诗经》中就大量描述了古人采集野菜的生活场景,其中涉及的野菜数量达三十多种,如《周南·关雎》"参差荇菜,左右流之"中的"荇菜"、《周南·卷耳》"采采卷耳,不盈顷筐"中的"卷耳"、《豳风·七月》"七月亨葵及菽"中的"葵"等。后世文学中对蔬菜的描写及吟咏数量上依然很多,并且对很多蔬菜做了文学意义上的提升,如"葵""莼"等。整个文学史中几乎历代文人都有写及蔬菜的作品,笔者认为从蔬菜意象在诗歌中被提及的频次及其在文学意象上的升华意义来说,对蔬菜进入文学的研究已经具备了充足的素材。

近些年学术界对文学中的蔬菜有了一定的关注及研究,但是大都不成系统,并且有一些文章关注的重点并不直指蔬菜,而是在文化层面论及古人的饮食习惯中有所涉及。更多的学者对蔬菜的研究偏向训诂方向,意在对易混淆的蔬菜进行名称上的考辨,达到确诂目的。也有专门研究蔬菜和文学关系的文章,但数量很少,并且论及的蔬菜种类也少。总的来说，学术界对"蔬菜入诗"现象有所关注，但力度不够，并没有作全面系统的研究，所以这个论题目前来说仍有很大的研究空间和价值。

从意象研究入手，旨在达到对诗人人生态度、思想情趣及为文心境的了解是学术界常用的研究方法。而对植物意象的研究更是其中的大宗，笔者导师程杰教授对梅花意象的研究具有代表性。而蔬菜作为植物的一个重要子类，理应在文学研究中占据一席之地。首先，把蔬菜从植物中单独提出，进行文学性研究，拓展了人们的研究视野。其次，在对文人思想观念、审美取向和为文心境的探索方面，蔬菜有着和其他植物意象同等的价值，而且在人与自然这个大的哲学关照下，蔬菜因为直接关乎诗人的生活起居，其作为意象比纯是审美的花卉植物更接近诗人的本真，有着其他植物所不具备的独特研究视角。更重要的是，"蔬菜入诗"的研究在对田园诗人生活状况及情感体验方面的探索有着绝对优势。

从文化层面上来说，蔬菜与中国古代"礼"文化有着千丝万缕的联系。蔬菜尤其是野菜除了作为食材还是重要的祭祀之物，古代贵族子弟开始上学时有释菜礼，要用芹、藻、茆、蘩、等菜来祭祀先圣祖师。《左传·隐公三年》亦有"苟有明信，涧溪沼沚之毛，蘋蘩蕰藻之菜，筐筥锜釜之器，潢污行潦之水，可荐于鬼神，可羞于王公"的记载，可见野菜在上古时期是祭祀祖先宗庙及先圣祖师的重要祭品。所以，研究"蔬菜入诗"对于探讨中国古代仪礼文化对中国文学的影响有重要作用。

从历史层面及跨学科的植物学层面来说，蔬菜采集种植的历史发展变化影响着古人的日常生活，反映到文学中自然也对文学的发展有着深远影响，或者说对文学中蔬菜意象的发展变化有重要的影响。而反过来说，对文学中蔬菜的考察与研究又可以以蔬菜为切入点探寻当时人们的饮食起居情况，管窥中国历史在某些具体环节上的发展脉络，并且也可作为对蔬菜在植物学中的历史发展情况研究的辅证材料。

二、先唐时期蔬菜的种类演进情况简述

蔬菜是古人重要的辅助性食物，我国第一本系统医学著作战国时期的《黄帝内经·素问》曰："五谷为养，五果为助，五畜为益，五菜为裨，以养精益气。"可见古人对蔬菜的重视程度。

图01　"五菜"之葵、韭。图片来自网络（为方便读者阅读，本文引用了大量图片，且大部分来源于网络。因本书为学术性研究著作，不以营利为目的，故无法向图片提供者或网站支付报酬，望海涵，并在此向提供图片的网站及拍摄、上传图片的网友表示衷心的感谢与祝福。本书其他章节引用网络图片的情况，不再一一说明）。

最初的蔬菜都是野生的，人们食用蔬菜须亲自去野外采摘。《说文解字·艸部》："菜，艸之可食者，从艸采声。"段玉裁注："此举形声包会意，古多以采为菜。"可见最初蔬菜即采集的可食之草。蔬菜也包括一些木本植物，《礼记·月令》有云"仲冬之月，山林薮泽能取蔬食、田猎禽兽者"，《本草纲目·菜部》也说"草木可茹者谓之菜",现今人们常食的香椿就属于木本蔬菜,只不过在古代木本蔬菜要远远少于草本蔬菜,这也说明了为什么大部分蔬菜名都属于"艹"部。当然,蔬菜还包括可食用的菌类。

蔬菜的栽培技术很早就已出现,最早可追溯至原始社会时期。在西安半坡原始社会遗址出土的一个陶罐里,保留有已经碳化了的芥菜或芜菁一类的蔬菜的种子,说明在那个时代蔬菜的原始栽培就已经开始了。甲骨文中也出现了"圃"这个字,"圃"就是菜园。孔子回答弟子关于种菜的问题时说"吾不如老圃",老圃就是种菜有经验的人,可见当时种菜已经是非常普遍的事情了。

虽然蔬菜栽培的历史久远,但是先秦时代人们能够食用的园蔬种类仍然很少,这个时候人们主要食用的蔬菜是《黄帝内经·素问》中所提到的"五菜"——葵、韭、藿、薤、葱,另外再加上芜菁、萝卜之类。由于当时生产力低下,

图02 "五菜"之藿、薤、葱。图片来自网络。

园圃中种植的蔬菜大部分供贵族享用,普通百姓仍主要靠采集野菜为生。《国语·鲁语》中有"昔烈山氏之有天下也,其子曰柱,能殖百

谷百蔬"的说法，但实际情况远没有这么多，《诗经》是最早记载蔬菜名称的古籍，书中涉及的蔬菜有五十多种，但绝大部分为野菜，《关雎》《卷耳》《芣苢》等篇就是对人们采集野菜的生活场景的描写。《吕氏春秋》也有关于蔬菜的描写，其《本味》篇中说：

> 菜之美者，昆仑之苹，寿木之华。指姑之东，中容之国，有赤木玄木之叶焉；徐督之南，南极之崖，有菜，其名曰嘉树，其色若碧。阳华之芸，云梦之芹，具区之菁，浸渊之草，名曰土英。和之美者，阳朴之姜，招摇之桂，越骆之菌。①

描写极尽铺陈，但里面所列举的苹、芸、芹、芜菁、姜、竹笋等主要为野菜。总的来说，这一时期人们的食用蔬菜主要还是主要依靠野外采集，而辅之以园圃中菜。

秦汉时期，由于疆土的统一，人民生活较为安定，园圃业也得到了迅速的发展，"园圃业的生产规模和经营地区逐步扩大"②，20世纪30年代出土的居延汉简中就记载着当时屯戍在居延的戍卒开垦土地、种植蔬菜的情形，里面提到的蔬菜有葱、姜、韭、胡豆、薯、芥、芜菁等八种，当然由于汉简中文字的缺失，真正蔬菜种类可能不止这些。"园圃栽培的作物种类不断增多……秦汉大一统的封建王朝建立后，随着疆域的扩大以及各民族、各地区之间经济交往的加强，园圃作物的种类不断增多。见诸记载的瓜果蔬菜种类的名称，比以前大为

---

① 张双棣、张万斌、殷国光、陈涛《吕氏春秋译注》，北京大学出版社2000年版，第379页。
② 余华青《略论秦汉时期的园圃业》，《历史研究》1983年03期。

增加。"①另外,由于汉朝丝绸之路的开通,很多西域的蔬菜也被引入到中国,并进行了栽培,如黄瓜、胡荽、大蒜、苜蓿等。这个时期,专门的农书也已出现。我国最早的农书《氾胜之书》里面涉及的蔬菜有瓜、瓠、芋等几种,种类不多,但其可贵之处在于对这几种蔬菜的栽培、收获、留种和贮藏技术等各个环节做了详细讲述,也说明了秦汉时期我国的蔬菜栽培技术已达到了一个相当成熟的阶段。除此之外,东汉崔寔的《四民月令》及张衡的《南都赋》里都记载了多种汉朝时人们常食的蔬菜,如芥、芜菁、瓜、瓠、芋、韭、薤、姜、葱(包括大葱、小葱、胡葱)、蒜(包括胡蒜、小蒜、杂蒜)、蓼、荠、蘘荷、豍豆、苜蓿、蒲、笋等。当然,园圃业的发展并不意味着人们不再食用野菜,实际上整个中国古代由于战乱、灾荒等原因,人们采集野菜充饥的历史从未间断。

汉魏六朝时人们常食的蔬菜种类较前代有了长足的进步,仅《齐民要术》记录的栽培蔬菜就有三十多种,由于贾思勰所录皆为黄河中下游地区即中国北方的蔬菜,所以当时人们食用的蔬菜种类远不止这些。"六朝时期的蔬菜种类,加上北方的品种,在五六十种之间,即便是仅流行于南方区域,大概也在三十至四十种,仅《本草纲目》引陶弘景《名医别录》一书中就有十七种蔬菜品种。较之两汉,品种显然有了较大增加。"②比较重要的一点是,这一时期文学作品中对水生蔬菜如菰、荇、菱、莲等的吟咏,比前代都多,这或许和"永嘉之乱"后,北人南迁,南方经济进一步发展有很大关系。总体来说,这一时

---

① 余华青《略论秦汉时期的园圃业》。
② 王淳航、李天石《论六朝时期的蔬菜种植与流转》,《南京师大学报(社会科学版)》,2011年第5期。

期人们食用的蔬菜主要有葵、瓜（越瓜、胡瓜、冬瓜）、瓠、茄、芋、蔓菁、菘、芦菔（萝卜）、蒜（胡蒜、小蒜、黄蒜、泽蒜）、薤、葱、韭、芥、芸薹、胡荽、蓼、姜、蘘荷、芹、苴、苜蓿、苋、莼菜、菱、芡、菰、笋等，种类丰富。

从上古至六朝，人们食用的蔬菜种类及数量呈不断增长的趋势，而所食用的蔬菜中野菜与园蔬的比例也在不断变化，总的趋势为园蔬种类不断扩大，野菜种类相比变化较小。当然也存在一种蔬菜由野菜变为园蔬，后又沦为野菜的情况，如葵菜在先秦为"百菜之王"，而《本草纲目》却将其收录至"草部"。从整个历史来说，蔬菜在人们的生活和文学创作中所占的比重越来越大、地位越来越重要，背后的文学内涵也在不断丰富。

第一章　先秦诗歌蔬菜意象研究

先秦时期蔬菜的种植已经开始，但远远不够时人尤其是下层平民的果腹之需，所以采集野菜是当时人们获取蔬菜的重要方式，而由于当时诗歌对这一种生活场景的描写，蔬菜也就有了最初的文学意义。这一时期我国文学的代表是《诗经》和《楚辞》，除此之外还有一些上古歌谣，但其中几乎没有涉及蔬菜的描写，所以本章对先秦蔬菜意象的研究以《诗经》和《楚辞》为主。

第一节　《诗经》中的蔬菜意象描写

《诗经》是我国第一部诗歌总集，也是中国辉煌现实主义文学的开端。《诗经》305篇，分风、雅、颂三部分，其内容分别为地方民歌、朝廷乐歌和宗庙乐歌，创作年代从西周初年到春秋中期，是两周风俗民情最直观的展现。"民以食为天"，饮食从古至今都是国人关注的焦点，而作为对生活的反映与感悟的文学作品自然也对饮食的描写多有涉及。诗经时代，蔬菜绝不仅仅是作为主食之外的辅助食材，更多生活水平低下的平民百姓粮食匮乏，蔬菜主要是野菜也就变成他们的主要食物来源。所以，《诗经》中尤其是展现各国民土风情的《国风》中就有着数量可观的描写蔬菜的篇章。

一、两周时期的蔬菜种类

中国自古以农立国,这个传统从西周时代就已开始。周王朝的始祖后稷,曾被尧举为"农师",《诗经·大雅·生民》中有"诞降嘉种,维秬维秠,维穈维芑。恒之秬秠,是获是亩。恒之穈芑,是任是负,以归肇祀"的诗句,可见后稷的确曾大力发展农业,周人把后稷尊为农业之祖也是合情合理的了。两周发达

图 03　荇菜。图片来自网络。

的农业也促进了蔬菜的培育与种植,"圃""场"等字样在这期间文献中的多次出现既已证明两周的蔬菜栽培已是非常普遍之事了。《诗经·小雅·白驹》中"皎皎白驹,食我场苗……皎皎白驹,食我场藿",程俊英解释为"场,圃、菜园。苗,据下文藿,此处当指豆苗"①。不仅说明当时场、圃的普遍,也指出了当时栽培的一种蔬菜,豆苗。豆苗即"菽"或"藿",豆类本来是粮食作物,但其嫩苗可食,可作为蔬菜,可参见邓裕沺在《公元前我国食用蔬菜的种类探讨》一书中对《诗经》此篇的解释:"据郑注云'藿,豆叶也'。仪礼公食大夫篇有:'牛藿'。可能即用豆叶和在牛肉内作羹。是大豆和小豆的叶,古

---

① 程俊英《诗经译注》,上海古籍出版社1985年版,第348页。

代都作菜食用了。"①当然，此时栽培的蔬菜绝不仅仅是"荶"一种，其主要的栽培蔬菜是有"五菜"之称的"葵、韭、藿、薤、葱"，以及萝卜、芜菁等。《中国风俗通史》对此时的栽培蔬菜有更详细的说明："两周时期的蔬菜种植业已相当发达，见于文献记载的品种有二十几种，其中属于栽培的有葵、韭、藿、薤、葱、芸、甜瓜、瓠、菭、姜、笋、蒲、芹、莲、藕、茭白、菱、芡、菲、芋等。"②由此可见，当时人们对蔬菜的种植已经不限于场、圃，水生蔬菜的栽培也已渐成规模。

虽然周王朝时期蔬菜的种植已是非常普遍的事情，但是种植的蔬菜更多是供贵族享用，平民百姓想要获取足够的蔬菜就要借助于野外采摘了。实际上，两周时期人民采摘的野菜数量也明显比种植蔬菜丰富，"属于野生或可能是野生的蔬菜有茆（蓴、莼）、薇、蘩、藻、蕨、荇菜、堇、藜、荠、荼、苢、苶、苴、卷耳、芝、菖蒲、蒐、莪等"③。此外，像白茅、蓬蒿、荑等植物嫩时亦可拿来充饥，所以也算作野菜。诗经中有关野菜采摘的描写层出不穷，例如《周南·关雎》"参差荇菜，左右流之。窈窕淑女，寤寐求之"；《周南·卷耳》"采采卷耳，不盈顷筐。嗟我怀人，寘彼周行"；《召南·采蘩》"于以采蘩，于沼于沚。于以用之，公侯之事"；《邶风·谷风》"谁谓荼苦，其甘如荠。宴尔新昏，如兄如弟"，等等。

诗经时代，蔬菜除了作为主食之外的佐餐或者果腹充饥之物外，也有着其特殊的文化意义。《诗经》中对蔬菜的描写除了能够表现两周时期人民的生活状况外，很大程度上也表达着古人原始的自然崇拜

---

① 邓裕洹《公元前我国食用蔬菜的种类探讨》，农业出版社1980年版，第11页。
② 陈绍棣《中国风俗通史·两周卷》，上海文艺出版社2003年版，第24页。
③ 陈绍棣《中国风俗通史·两周卷》，上海文艺出版社2003年版，第24页。

心理，其中最重要的就是对生殖的崇拜。蔬菜包括野菜经常会被用作祭祀之物，而不同的蔬菜其祭祀的作用也不尽相同。此外，《诗经》中蔬菜的描写并不仅仅有着文化意义，其对蔬菜的体貌特征的描写技巧也有着相当高的文学水平。

二、《诗经》中的蔬菜意象与两周民俗

两周时期，由于生产力及科学发展水平的低下，人们对大自然与祖先都充满崇拜与敬畏之情，其中很多野菜被当作生殖崇拜的对象，也有一些野菜被用作了祭祀之物，《诗经》中很多篇章涉及这两种情况。

图 04　花椒。图片来自网络。

（一）《诗经》中的蔬菜描写与古人的生殖崇拜

中国人几千年来一直秉承"多子多福"的祖训，子孙满堂除了能大幅度地增加劳动力外，客观上也奠定了我国悠久历史文化传承的根基。中国文化能够历经五千年而从未中断，很大程度上也是源于古人的生殖崇拜心理。诗经时代，生产力水平低下，能够拥有更多的劳动力无疑是获取更多生产生活资料的最根本的办法，而生殖繁衍对于处于懵懂期的古人来说也充满着神秘的色彩，他们在感叹自身生殖力低

下的同时，对大自然中生殖力强大的植物动物有着近乎狂热的崇拜，以期获得和这些动植物同样强大的繁育能力。

"农耕文化中自然崇拜，与其说是对自然之神的崇拜，倒不如说是对生物所具有的那些人类所缺乏的特性的崇拜。当人们把希望获得与某种自然物同样优势的思想反复表达出来的时候，就赋予了这种自然物特定的内涵。"[①]所以，为了拥有更强的生殖能力，如鱼、螽斯、花椒等多子的动植物就成为诗经时代人们的崇拜对象，除了对多子的动植物崇拜之外，象征女阴的桑、梅及各种花朵等也成为人们崇拜的对象。具体到蔬菜，除了花椒之外，瓠瓜、苤苢、蘩、蘋、莲等也被时人赋予了特定的生殖象征意义。

古人对于生殖最直接的印象便是产子，由于人类特定的生理特征，怀胎十月才产一子，不仅数量少而且时间长。很显然人们对这样的生殖能力是不满意的，于是自然界中多子的动植物便会受到人们特殊的关注。花椒作为蔬菜通常被用作调味之用，而在文学作品中却有着特殊含义。《诗经·唐风·椒聊》就借花椒来赞美女性多子之德。

　　椒聊之实，蕃衍盈升。彼其之子，硕大无朋。椒聊且，远条且。

　　椒聊之实，蕃衍盈匊。彼其之子，硕大且笃。椒聊且，远条且。

"椒"即是花椒，"聊"指植物结成的一串串的果实。这首诗分为两章，两章结构一致，"盈升"指装满升，升是古代盛粮食的器皿，

[①] 吕华亮《〈诗经〉名物的文学价值研究》，安徽大学出版社2010年版，第36页。

"盈掬"是说花椒果实多到用手捧不了,开头都是说明花椒结子之多。接着"彼其之子"从花椒写到妇人,花椒果实多,妇人也是子孙众多,"硕大无朋""硕大且笃"都是说妇人的身材高大肥胖,古人认为这种身材的妇人生殖能力强。最后"椒聊且,远条且"是说一串串的花椒香气四溢、飘到很远,这既是对花椒的赞美,也是对多子妇人的称颂。由此来看,在诗经时代多子多福已经是一种普遍认可的习俗,而身材高大子孙众多的妇女则成为人们羡慕与赞美的对象。

《诗经·大雅·绵》开头即为"绵绵瓜瓞",《诗经译注》解释为"绵绵,连绵不绝。瓞,小瓜"①,意即为大瓜小瓜藤蔓相连、绵绵不绝。诗歌接着写到"民指出生,自土沮漆",在写周民族发源故事之前以"绵绵瓜瓞"起兴,很

图05　2015吉祥文化纪念币金银套装"瓜瓞绵绵"。图片来自网络。

明显是用绵绵不绝的瓜瓞作喻,用瓜瓞的多且连绵来表现周民族的世代繁衍、生生不息。"瓜瓞"在两周时期即指瓠瓜,也就是葫芦。"古传说'盘古开天辟地',盘古是造物主,其实盘古即'槃瓠',亦即葫芦。古俗称母亲为尊堂,而尊(樽)之原意即葫芦……在我们古文化结构中,这葫芦、盘古、祖先、母亲是隐隐约约联系在一起的。"②葫芦除了

---

① 程俊英《诗经译注》,第499页。
② 李湘《诗经名物意象探析》,万卷楼图书有限公司1999年版,第327页。

可作为祖先、母亲等意象外，其结子甚多，绵绵不绝的特性也被时人赋予了生殖繁衍的含义，葫芦也便有了敬奉祖先、婚姻嫁娶及生殖繁衍的多重意义，这也就不难理解为什么《绵》要以瓠瓜来起兴了。

还有一些蔬菜之所以被作为生殖崇拜的对象，并不是因为它们结子繁多，而是因为它们对女性的生殖能力有所帮助或辅助，芣苢就是一种。《周南·芣苢》全诗三章：

图06　车前草。图片来自网络。

> 采采芣苢，薄言采之。采采芣苢，薄言有之。
> 采采芣苢，薄言掇之。采采芣苢，薄言捋之。
> 采采芣苢，薄言袺之。采采芣苢，薄言襭之。

从字面上看，这首诗就是写了人们采摘芣苢的场景，似乎和生殖崇拜没什么关系，但从对芣苢的解释入手便可一探究竟。"芣苢，车前草，药名。所结之子古人以为可治妇人不孕和难产。"[①]车前草嫩时可作蔬菜，所结之子又可治妇科不孕，车前草并不是很好的蔬菜，而此诗三章反复吟咏采摘车前草可见这里对生子的呼吁更胜于果腹之需。关于此诗妇人采芣苢究竟为何，《诗序》也说"妇人乐有子"[②]，朱熹在《诗集传》中亦有"采之未详何用，或曰，其子治难产"[③]的论断，可见采摘芣苢确是和妇人渴望多子的思想有关。

从花椒、瓠瓜到车前草，它们一个共同的特征就是作为蔬菜且有着人们希望拥有的强大的生殖能力，可见这些蔬菜不仅满足了当时人们的实际生活需要，也满足着他们的精神需求，所以蔬菜能够进入《诗经》，成为一个文学符号，最主要的原因还是它们对古人的实用价值，这也更充分表现了《诗经》的现实主义精神。

（二）《诗经》中的蔬菜描写与古人祭祀

"国之大事，在祀与戎。"诗经时代，从周王到诸侯及至平民，都对祭祀非常重视，对于祭品的选择也是异常繁富，除了各种肉食之外，野菜也常作为重要的祭品献祭祖先宗庙。《左传·隐公三年》有云："苟

---

① 程俊英《诗经译注》，第15页。
② 李学勤主编《十三经注疏·毛诗正义》，北京大学出版社1999年版，第281页。
③ 朱熹《诗集传》，中华书局1985年版，第5页。

有明德，涧溪沼沚之毛，蘋蘩蕰藻之菜，筐筥锜釜之器，潢汙行潦之水，可荐于鬼神，可羞于王公。"①

图07 蘋（田字草）。图片来自网络。

《诗经》中描写古人采摘野菜用以祭祀的篇目有很多，全书第一篇《周南·关雎》就是写后妃在左右嫔妃帮助下，采摘荇菜用以祭祀的情形，"后妃有关雎之德，乃能共荇菜，备庶物，以事宗庙也"②。而《召南》中的《采蘩》《采蘋》两篇更明显地表现出诗经时代野菜用以祭祀的情况。

《采蘩》三章章四句：

---

① 左丘明撰，杜预注《春秋左传集解》第一册，上海人民出版社1977年版，第19页。
② 李学勤主编《十三经注疏·毛诗正义》，第25页。

> 于以采蘩，于沼于沚；于以用之，公侯之事。
> 于以采蘩，于涧之中；于以用之，公侯之宫。
> 被之僮僮，夙夜在公；被之祁祁，薄言还归。

据《毛诗序》云："采蘩，夫人不失职也。夫人可以奉祭祀，则不失职矣。"①毛《传》说："奉祭祀者，采蘩之事也。"②由此看来，"公侯之事"当是指公侯祭祀的事情，而"公侯之宫"则指宗庙。则这首诗也就是写了在水塘中采摘白蒿用以公侯祭祀宗庙的情形。

关于《采蘋》，程俊英说："这是一首叙述女子祭祖的诗。诗里描写了当时的风俗习尚。"③

> 于以采蘋？南涧之滨。于以采藻？于彼行潦。
> 于以盛之？维筐及筥。于以湘之？维锜及釜。
> 于以奠之？宗室牖下。谁其尸之？有齐季女。

蘋和藻都是水生野菜，可食。诗前两章写如何采蘋和藻，以及采完之后如何盛与煮，详细描述了用蘋、藻祭祖之前的准备工作。第三章则写了祭祀的具体位置及主祭之人。《毛传》云："古之将嫁女者，必先礼（祭）之于宗室，牲用鱼，芼之以藻。"④可见女子用蘋藻祭祀宗庙是当时婚嫁活动的一种习俗。整首诗把一个女子采集野菜来祭祖

---

① 李学勤主编《十三经注疏·毛诗正义》，第65页。
② 李学勤主编《十三经注疏·毛诗正义》，第65页。
③ 程俊英《诗经译注》，第26页。
④ 李学勤主编《十三经注疏·毛诗正义》，第73页。

的事件写得详细生动，不仅有丰富的民俗信息，也展现了《诗经》的文学水平。"用蘋蘩祭祀，礼书中亦记之明了。《周礼注疏》卷二三《大胥》'春入学舍采'注：'始入学，必释菜，礼先师也。菜，蘋蘩之属。'"[①]可见蘋和藻不仅用于祭祀宗庙也用于礼师。

用瓜菹祭祖也是当时的一种祭祀习俗，《诗经·小雅·信南山》就描述了这种情形："中田有庐，疆埸有瓜。是剥是菹，献之皇祖。曾孙寿考，受天之祐。"这四句诗的意思是说把田里的瓜切开做成菹，用来祭祀祖先，祈求上天赐福，子孙多寿。《礼记》卷三〇《玉藻》"瓜祭上环"，孔颖达疏："瓜祭上环者，食瓜亦祭先也。"[②]《论语》中也有"食不语，寝不言，虽蔬食菜羹，瓜祭，必齐如也"的说法，这些都可以证明诗经时代用瓜菹来祭祖是一种常见的祭祀礼仪。

三、《诗经》中蔬菜描写的文学成就

《诗经》是我国第一部诗歌总集，也是我国现实主义文学的开端之作，全集305篇，反映了周人生活的方方面面，内容丰富生动，感情真挚强烈。而其中蔬菜这一物象在诗中的描写，在诗歌真实地再现当时社会场景及表达时人的思想感情方面起了关键性的作用。不仅如此，《诗经》中赋、比、兴的表现手法及重章叠句的章法结构在蔬菜描写的运用中表现出了很高的文学艺术水平。

（一）《诗经》中蔬菜描写的现实主义精神

周王朝以农立国，对农业的重视及当时生活生产的实际需要，决定了诗经时期人们对土地及大自然的热爱与熟识。孔子说读《诗经》

---

① 王政《〈诗经〉与"植物祭"》，《兰州学刊》，2010年第5期。
② 李学勤主编《十三经注疏·礼记正义》，北京大学出版社1999年版，第919页。

可"多识于鸟兽草木之名"①，可见《诗经》中所描写自然名物之繁多。诗中对各种名物的描写，真实地再现了周王朝的社会生活及时人的情感世界，这是《诗经》现实主义精神的重要表现，而通过蔬菜名物的描写可见一斑。

《史记》中说"《诗》三百篇，大抵圣贤发愤之所为作也"②，东汉何休在《公羊传》注中对《诗经》的现实主义精神也有这样的评价："男女有所怨恨，相从而歌。饥者歌其食，劳者歌其事。"③由此可见，《诗经》中各篇都是当时创作者想要抒发一定的情感或者想要表现一种生活场景所歌唱的歌谣。又由于人们生活中需要接触和认识大量的动植物，对动植物外观及生活习性的熟悉让他们在表达情感的时候有了更好的载体，将情感寄托在这些动植物身上比直接抒发感情来得更深婉和强烈，这也就是为什么《诗经》中会有如此丰富的名物意象。由以上所知，《诗经》中的现实主义精神一是生活真实，一是情感真实，所谓"直言非诗"，动植物意象的加入又使得这种真实有了文学色彩。下面通过《诗经》中对蔬菜的描写，具体分析蔬菜意象如何传达现实主义精神。

《豳风·七月》是周王朝农业社会生活最真实详致的再现，诗中描写了农人季节性的生产活动及作物生长情况，对农业生活再现的同时也展现了贵族和农民生活的悬殊差异。这首诗除在主观上表达对农民无休止劳作的同情及对贵族压迫的愤慨外，也在客观上全方位展现了当时农民的衣食住各方面的情况。诗中多处涉及蔬菜的描写，"春日迟迟，采蘩祁祁""六月食郁及薁，七月亨葵及菽""七月食瓜，

---

① 杨伯峻《论语译注》，中华书局1980年版，第196页。
② 司马迁撰，张大可注《史记新注》，华文出版社2000年版，第2140页。
③ 李学勤主编《十三经注疏·春秋公羊传注疏》，北京大学出版社1999年版，第361页。

八月断壶,九月叔苴,采荼薪樗,食我农夫""四之日其蚤,献羔祭韭"等。诗中以月份为线索,不同节令食用不同的蔬菜,展现了当时农业生活的季节性,也表现了农人对节气的掌握熟悉程度,客观显现了周王朝的重农思想及发达的农业生产力。《小雅·白驹》篇有"皎皎白驹,食我场苗……皎皎白驹,食我场藿"的诗句,"场,圃、菜园。苗,据下文藿,此处当指豆苗"①。这里对"圃"的描写,又给我们透露出一个重要的信息,那就是周王朝时期蔬菜的栽培工作已成规模,有了专门种植蔬菜的菜园,蔬菜种植与粮食种植的分离,也是周朝农业生产发达的又一例证。除此之外,"参差荇菜,左右流之""采采芣苢""采采卷耳""于以采""于以采藻""中田有庐,疆场有瓜。是剥是菹,献之皇祖""其蔌维何?维笋及蒲"等诗句中丰富的蔬菜种类描写也能表现周朝人们对农业的重视。

《诗经》中的蔬菜描写除了展现周王朝的农业生活外,还用来表现战争的艰苦及征人的思归之情。《小雅·采薇》是一首守边战士在归途中所作的诗歌,反映了戍边生活的艰辛,也表现了戍卒杀敌卫国的自豪及回归故乡的渴望,感情复杂真切。全诗六章,前三章都以"采薇采薇"起兴,但又有变化,第一章为"薇亦作止",接着第二章变为"薇亦柔止",第三章则是"薇亦刚止"。薇,"今名野豌豆苗,冬天发芽,春天二三月长大"②,薇作为一种野菜,并不肥美,诗中用"薇"起兴,自然不是随意取之,戍边将士平时生活艰苦,采集野菜用来充饥更是常事,想来"薇"应该是他们平时采集比较多的一种,用身边常见之物为载体来表达自身情感,也符合文学启蒙阶段人们诗歌创作的特点。

---

① 程俊英《诗经译注》,第348页。
② 程俊英《诗经译注》,第304页。

而反过来,薇菜却又恰恰真实地表现出了征旅生活的艰辛,这正是《诗经》现实主义精神的可贵之处。从"薇亦作止"到"薇亦刚止"是薇菜生长的一个周期,又表明时间的流逝。戍卒生活艰难且时间漫长,守边将士从柔软的薇苗采到老硬的薇菜,心中的孤苦及对家乡的思念自然流露。在这里,薇菜作为守边将士的情感寄托而进入诗歌,不仅再现了当时征旅生活,也表现了将士的思归之情,场景真实且感情真挚。

周人的爱情及亲情也是《诗经》尤其是《国风》中常常表现的情感内容,其中多有关于蔬菜意象的描写。《周南·关雎》是一首爱情之作,男子见女子在水边采摘荇菜,心生爱慕,进而思念成疾,辗转难以入眠。女子采摘荇菜本是一个真实的场景,"参差荇菜"于文中反复出现,可见男子对女子的思慕之情已变成对采摘荇菜这一特殊动作的无限回味。在这种带有微妙情感的场景下,本无关系的荇菜也变成了男子思念女子的很好的媒介。《卷耳》中"采采卷耳,不盈顷筐。嗟我怀人,置彼周行"为我们营造了一个场景:女子独自一人采摘卷耳,由于思念远方的丈夫而无心采摘,便把筐子丢在路边。"顷筐,浅的筐子,前低后高,犹今之畚箕"[①],

图08 莪蒿。图片来自网络。

① 程俊英《诗经译注》,第8页。

如此浅的筐子，女子不停地采摘却不能将之装满，可见其心思根本不在采摘上，而是在思念自己的丈夫，感情真挚强烈。

我国古人很早就懂得"孝道"，《小雅·蓼莪》前两章写到：

> 蓼蓼者莪，匪莪伊蒿。哀哀父母，生我劬劳。
> 蓼蓼者莪，匪莪伊蔚。哀哀父母，生我劳瘁。

"莪"即是莪蒿，俗称抱娘蒿，生在水边，叶嫩时可吃，抱根丛生，很像一位母亲怀抱孩子的情状。人们见到高大的抱娘蒿，很自然便会联想到自身对父母的依恋，而出征在外的游子见到此物对父母的思念更甚。"匪莪伊蒿""匪莪伊蔚"，征人感叹自己尚不如抱娘蒿，只能是其他的蒿类，不能近侍父母，想到父母生养自己的辛劳，心中的思念及悲苦更重一层。《诗经》中用描写蔬菜来表达作者感情的诗句尚有很多，比如《召南·草虫》中"陟彼南山，言采其薇；未见君子，我心伤悲"，以写采薇来表达女子对丈夫的思念；《邶风·谷风》中"谁谓荼苦，其甘如荠。宴尔新昏，如兄如弟"，弃妇生活艰苦，吃苦菜也像荠菜那样甘甜，再对比丈夫新婚时的快乐，心内悲愁充满对丈夫的憎恨。

《诗经》中的现实主义精神表现在对周朝社会生活的真实再现，包括农耕劳动、战争羁旅及周人的婚恋、宴饮等各方面的内容。其中爱慕、思念、愤恨等感情的抒发，各种动植物当然也包括蔬菜在诗中的描写发挥了不可替代的作用。

（二）《诗经》中蔬菜描写的艺术特色

赋、比、兴艺术手法的运用和重章叠句的章法结构是《诗经》高超文学水平的集中体现。《诗经》中描写蔬菜的篇章巧妙地运用了这两种艺术手法,起到了升华意境的效果。

《诗经》有"六义"之说,风、雅、颂、赋、比、兴。其中,风、雅、颂是《诗经》音乐曲调的分类,赋、比、兴则是《诗经》最为常用的艺术表现手法。赋,就是铺陈直叙,朱熹说"赋者,敷陈其事而直言之者也"[①],相当于今天的白描与直叙。比,顾名思义就是比喻,以彼物比此物,又分明喻、暗喻、借喻等多种形式,但不管哪种比喻,喻体和实体之间都有相似之处。兴则比较复杂,袁行霈解释为"兴则是触物兴词,客观事物触发了诗人的情感,引起诗人歌唱"[②],类似于人们在特定的场景感受到的特定气氛,进而影响到感情的宣泄。起兴之物有时和诗人所咏之物具有相似性,类似于比,如《唐风·椒聊》"椒聊之实,蕃衍盈升。彼其之子,硕大无朋",椒聊是触发诗人感情的起兴之物,但又是子孙众多的女子的喻体。有时又只是一种触发媒介,制造一种氛围,而和所咏之物没有关系,比如《秦风·蒹葭》"蒹葭苍苍,白露为霜",用芦苇起兴只是为了制造一种烟雾朦胧的氛围,为下文美人在水一方奠定情绪基调。兴和比的区别,综合来说就是,兴用于诗歌的开头,且比的意味不浓,比更多的是外在形态的相似,兴则注重事物内涵的相似相通。最重要的是"兴是诗人先见一种景物,触动了他心中潜在的本事和思想感情而发出的歌唱,比是先有本事和思想感情,然后找一个事物来作比喻"[③]。

《豳风·七月》对蔬菜的描写便运用了赋的手法,"六月食郁及

---

① 朱熹注,王宝华整理《诗集传》,凤凰出版社2007年版,第3页。
② 袁行霈主编《中国文学史》第一卷,高等教育出版社2005年版,第61页。
③ 程俊英《诗经译注》,第9页。

奠，七月亨葵及菽""七月食瓜，八月断壶，九月叔苴，采荼薪樗，食我农夫""四之日其蚤，献羔祭韭"。在这里，诗人想要通过对蔬菜的描写为我们展现农人的日常生活，用赋的手法恰到好处。这几句诗就像诗人在为我们讲述农家不同时令的蔬菜种植与采集情况一样，平铺直叙，不含情感。但这样的直叙却是展现真实生活场景的最好方式，因为不掺加过多个人情感，就如同工笔画一般，能给人最本真的生活再现。《召南·采蘋》则是用了全篇设问的形式，将女子采蘋、藻祭祀宗庙这一活动完整叙述出来。"于以采蘋？南涧之滨。于以采藻？于彼行潦"，采蘋、藻祭祀宗庙是古时女子出嫁前的一种祭祀习俗，用设问叙述的形式可以更直接地展现这一祭祀活动各个关键步骤，及各步骤具体进行的情况。

《卫风·硕人》赞美卫庄公夫人庄姜的美丽时有这样的描写，"手如柔荑，肤如凝脂，领如蝤蛴，齿如瓠犀"，以柔荑、凝脂、蝤蛴、瓠犀来比庄姜的手、皮肤、脖子及牙齿，以显现庄姜的手的纤柔、皮肤的白皙、脖子的修长和牙齿的整齐。其中柔荑即是白茅的嫩芽，可食；瓠就是葫芦，也是一种蔬菜，瓠犀是葫芦的仔，白而齐整。用蔬菜来比喻美人，不仅显示出时人对蔬菜的熟悉也说明了当时一些蔬菜已经成为一种审美对象。《唐风·椒聊》虽以椒聊起兴，但更多的是运用了比的手法，"椒聊之实，蕃衍盈升。彼其之子，硕大无朋"，用花椒比喻女子，突出其子孙众多；"椒聊且，远条且"，用花椒的香气飘远比喻女子多子之德的声名远播。蔬菜作为一种物象变成诗歌中审美的对象，比的手法的运用起到了重要的作用。

《诗经》中以蔬菜起兴的诗篇有很多，诗人见蔬菜而触发自己的感情，一方面说明诗人对蔬菜的关注程度较高，另一方面也说明了蔬菜在诗歌中的作用不再仅限于"六月食郁及薁，七月亨葵及菽"这样作为食材的概念出现，而是渐渐有了特殊的审美意义。《邶风·匏有苦叶》是一位女子在济水岸边等待未婚夫所唱的歌，余冠英在《诗经选》中说："一个女子正在岸边徘徊，她惦着住在河那边的未婚夫，心想：他如果没忘了结婚的事，该趁着河里还不曾结冰，赶快过来迎娶才是。再迟怕来不及了。"[①]"匏有苦叶，济有深涉。深则厉，浅则揭"，写女子在河边徘徊惦念自己的未婚夫用"匏"来起兴有何用意呢？原来"匏"就是葫芦，也一种蔬菜，叶子干枯之后，葫芦变得中空，古人常把其拴在腰上用以渡水，这里的"苦"通"枯"。这样"匏"便和渡水有了关联，女子见匏叶干枯自然联想到过河，继而触发心中对河那边未婚夫的惦念，希望他赶快渡过此河来迎娶自己。《小雅·采菽》描写了诸侯来朝，周王赏赐之事。诗前两章中用"采菽"和"采芹"起兴，和《匏有苦叶》不同，这里的"菽"和"芹"就和诗中所咏之事没有本质上的联系了，用之起兴应该是诗歌创作者在采集菽和芹的时候想到了诸侯来朝之事，于是就用"采菽"和"采芹"来引出下文。

《诗经》中对蔬菜的描写除广泛运用赋、比、兴的艺术手法外，重章叠句的章法结构也是其重要的艺术特色。《周南·芣苢》是整部《诗经》章法结构最为特殊的一首，全诗三章每章四句，但整首诗却只替换了六个字：

采采芣苢，薄言采之。采采芣苢，薄言有之。
采采芣苢，薄言掇之。采采芣苢，薄言捋之。
采采芣苢，薄言袺之。采采芣苢，薄言襭之。

[①] 余冠英《诗经选》，人民文学出版社1979年版，第33页。

图 09　芣苢（车前草）。图片来自网络。

"采采芣苢"出现六次，诗歌对采摘芣苢这一动作反复描写，为我们营造了一种真实的劳动场景，使读者在一遍一遍读到"采采芣苢"时，脑海中对这一场景的印象逐渐加深，以致产生身临其境之感。"采""有""掇""捋""袺""襭"六个动词的运用，也写出了采摘动作的变化过程，重复中的变化更使这个场景活动起来，使读者跟着采摘动作的变化而联想场景的变换，更具画面感。方玉润对这首诗的解释尤为精彩："恍听田家妇女，三三五五，于平原绣野、风和日丽中，群歌互答，余音袅袅，若远若近，忽断忽续，不知其情之何以移，而神之何以旷，则此诗可不必细绎而自得其妙焉。"[①]方玉润所说的

---

① 方玉润撰，李先耕点校《诗经原始》，中华书局1986年版，第85页。

这种美的享受正得益于这首诗重章叠沓的章节结构。另外，《唐风·椒聊》中两章都以"椒聊之实"开头，以"椒聊且，远条且"结尾，反复赞美花椒的多子及芳香，其实是在强调子孙众多的妇女的美好品德，用重章的形式使这种赞美更深切和真挚。

《诗经》中大量的蔬菜描写不仅反映出了周王朝的重农思想，也为我们真实再现了一幅周朝社会各方面的生活场景，体现了《诗经》可贵的现实主义精神。除此之外，蔬菜在《诗经》中的描写，因其赋、比、兴艺术手法的运用及重章叠句的章法结构的选择，也使其具有了很高的文学艺术水平。

第二节 《楚辞》蔬菜意象研究

楚辞是我国浪漫主义文学的开端，与《诗经》一起成为我国诗歌发展的源头。这里的"楚辞"有两层含义，首先"楚辞"是指以具有楚国地方特色的乐调、语言、名物而创作的诗赋，其表现方法和风格特征受到南方祭歌的深刻影响。其次，我们通常所说的《楚辞》是指西汉刘向辑录屈原、宋玉等人的作品所成的一部诗歌总集。东汉王逸所作的《楚辞章句》是我们今天所能看到的最早的《楚辞》注本，《楚辞章句》十七卷，最后一卷《九思》为王逸自作，"逸与屈原同土共国，悼伤之情与凡有异。窃慕向、褒之风，作颂一篇，号曰《九思》，以裨其辞"[①]。除了王逸所作《九思》外，经历代学者考证，十七卷中仍有很多为汉人所作。因此，为了更好地说明战国时期楚国诗歌里

---

① 王逸注，洪兴祖补注《楚辞章句补注》，吉林人民出版社2005年版，第317页。

的蔬菜描写情况，对《楚辞》里面的作品做断代处理是应有之义。

图10 傅抱石《屈子行吟图》。图片来自网络。

本文所依据的作品是以《楚辞章句》为本，裁去其中汉人作品后所保留的九卷楚国文人的诗赋，具体如下：《离骚》《九歌》《天问》《九章》《卜居》《渔父》《九辩》《招魂》《大招》。其中《九辩》为宋玉所作，"《大招》是对《招魂》的模拟……《卜居》《渔父》是后人为追述屈原事迹而作。基本可以肯定，这些都不是屈原的作品"①，其余则是屈原所作。

一、《楚辞》中所涉蔬菜种类介绍

宋黄伯思《翼骚序》中云："屈宋诸骚，皆书楚语，作楚声，纪楚地，名楚物，故可谓之'楚辞'。"②《楚辞》中描写的动植物具有强烈的地域民族特色，故涉及的蔬菜种类也多为楚地所产，主要有荷、花椒、

---

① 袁行霈主编《中国文学史》第一卷，第111页。
② 陈振孙《直斋书录解题》卷一五《楚辞类》，上海古籍出版社1987年版，第436页。

芰、菱、蘋、菖蒲、菰、蒌蒿、萹、莼、荠、荼、薇、苍耳等十几种，其中水生蔬菜居多。

《楚辞》中出现最多的蔬菜种类是荷，当然，把"荷"归为蔬菜主要是指荷的地下茎，就是藕。在《尔雅·释草》中对"荷"有非常详细的解释："荷，芙蕖。其茎茄，其叶蕸，其本蔤，其华菡萏，其实莲，其根藕，其中的，的中薏。"①从根、茎、叶、花到果实甚至果实里面的胚芽都有特定的称谓，这种熟悉程度离不开古人对荷长期的栽培与观察，尤其对于楚人来说，对荷的喜爱与熟悉更胜于其他地区居民。《楚辞》中并没有直接出现藕的形象，但却有大量诗句写到了荷花，而根据社会发展规律，楚人对荷的认识很大可能是因为藕的食材属性。所以，从某种意义上讲，"荷"也是可以作为蔬菜讨论的。

荷花的别称有很多，有莲花、芙蓉、菡萏、芙蕖、水芝、玉芝等，《楚辞》中采用"荷"和"芙蓉"两种，比如《离骚》中"制芰荷以为衣兮，集芙蓉以为裳"、《九歌·湘君》中"采薜荔兮水中，搴芙蓉兮木末"、《九歌·湘夫人》中"筑室兮水中，葺之兮荷盖""芷葺兮荷屋，缭之兮杜衡"、《九章·思美人》中"因芙蓉而为媒兮，惮褰裳而濡足"、《九辩》中"被荷裯之晏晏兮，然潢洋而不可带"、《招魂》中"芙蓉始发，杂芰荷些"，等。

"椒"和"荪"也是《楚辞》中出现频率较高的两种蔬菜。"椒"就是花椒，作为蔬菜的它多被用作调味品，也可泡水饮用，如"奠桂酒兮椒浆"②。关于"椒"，《离骚》中多有提及，如"杂申椒与菌桂兮，岂维纫夫蕙茝""巫咸将夕降兮，怀椒糈而要之览""椒兰其若兹兮，

---

① 李学勤主编《十三经注疏·尔雅注疏》，北京大学出版社1999年版，第246页。
② 董楚平《楚辞译注（图文本）》，上海古籍出版社2006年版，第48页。

又况揭车与江离"等。除了《离骚》之外，对"椒"的描写还有《九歌·东皇太一》中"蕙肴蒸兮兰藉，奠桂酒兮椒浆"、《九歌·湘夫人》中"荪壁兮紫坛，播芳椒兮成堂"、《九章·惜诵》中"捣木兰以矫蕙兮，糳申椒以为粮"、《九章·悲回风》中"惟佳人之独怀兮，折若椒以自处"等。"荪"和"荃"指同一种植物，洪兴祖《楚辞补注》中说"荃与荪同"[1]，即是今天的菖蒲。《周礼·天官冢宰》记有"朝事之豆，其实韭菹、醓醢、昌本"，注曰"昌本，昌蒲根，切之四寸为菹"[2]，可见古人食用菖蒲的历史非常悠久。

图11 菖蒲盆景。图片来自网络。

《楚辞》中关于"荪"或"荃"的描写很多，如《离骚》中"荃不察余之中情兮，反信谗而齌怒""兰芷变而不芳兮，荃蕙化而为茅"；《九歌·湘君》中"薜荔柏兮蕙绸，荪桡兮兰旌"；《九歌·湘夫人》中"荪壁兮紫坛，播芳椒兮成堂"；《九歌·少司命》中"夫人自有兮美子，荪何以兮愁苦""竦长剑兮拥幼艾，荪独宜兮为民正"；《九章·抽思》中"数惟荪之多怒兮，伤余心之忧忧""兹历情以陈辞兮，

---

[1] 王逸注，洪兴祖补注《楚辞章句补注》，第9页。
[2] 李学勤主编《十三经注疏·周礼注疏》，北京大学出版社1999年版，第138页。

荪详聋而不闻""何毒药之謇謇兮？愿荪美之可完"等诗句。

除上述三种蔬菜，《楚辞》中写到的蔬菜种类还有很多，《招魂》中"芙蓉始发，杂芰荷些。紫茎屏风，文绿波些"，"芰"就是"菱"，"果实称'菱角'，色白脆甜，可生食也可熟食，自古即为著名的菜蔬和水果，也是贵族宗庙的祭祀贡品"[①]；"屏风"就是水葵，也称荇菜，即莼菜，莼菜食用历史悠久，《诗经》中就有"参差荇菜，左右采之"的诗句，"春夏两季采集幼枝，其嫩叶可生食。茎部亦肥美润滑，煮食作羹或和鱼烩煮，均为齿颊生香的美食"[②]。《大招》中"脍苴蒪只，吴酸蒿蒌"，"苴蒪"就是蘘荷，"蘘荷：《别录》中品，古以为蔬，《宋图经》引据极晰，他说亦多纪其种植之法"[③]；"蒿蒌"也是一种蔬菜，"蒿蒌，草名，即白蒿，生水中，脆美可食，《尔雅》郭璞注：'江东用羹鱼。'吴国在江东，这句说吴国厨师善以蒿蒌作酸羹"[④]。"蘋"也是一种重要的野菜，"古人采其春季的幼芽蒸食之，不但是名贵的菜肴，也是祭祀的佳品"[⑤]，《九歌·湘夫人》"鸟何萃兮蘋中"及《招魂》"菉蘋齐叶兮，白芷生"都有对"蘋"的描写。此外，苍耳、珍珠菜、薇，荼、荠等蔬菜也常出现在《楚辞》中，如"资菉葹以盈室兮，判独离而不服""畦留夷与揭车兮，杂杜衡与芳芷""故荼荠不同亩兮，兰茝幽而独芳""惊女采薇，鹿何祐"等。"葹"即是苍耳，也就是《诗经》"采采卷耳"中的"卷耳"，是一种野菜，嫩时可食；"揭车"今名"珍珠菜"，"摘

---

① 潘富俊《楚辞植物图鉴》，上海书店出版社2003年版，第49页。
② 潘富俊《楚辞植物图鉴》，上海书店出版社2003年版，第135页。
③ 吴其濬《植物名实图考》，中华书局1963年版，第77页。
④ 董楚平《楚辞译注（图文本）》，第252页。
⑤ 潘富俊《楚辞植物图鉴》，上海书店出版社2003年版，第79页。

其花曰花儿菜，实曰珠儿菜，并叶茹之，味如茶，烹芼皆宜"①。

综上所述，《楚辞》中有关蔬菜描写的诗句相较于《诗经》少了很多，这和《楚辞》的整个艺术特色有关。《楚辞》多天马行空的想象与联想，浪漫主义色彩浓厚，加之象征手法的运用，决定了更"接地气"的蔬菜很难进入诗人的法眼。尽管如此，《楚辞》中涉及的蔬菜种类还是比较可观的，并且多具有楚地地域特色，对其中蔬菜象征意义的研究有助于考察地域植被和诗人写作风格之间的关系，正如刘勰在《文心雕龙·物色》中所说"山林皋壤，实文思之奥府。屈平所以能洞鉴风骚之情者，抑亦江山之助乎"②。

二、《楚辞》中蔬菜描写的艺术特色

《楚辞》的文学特色主要表现在两个方面，一是其奇美诡谲的想象，二是它对"比兴"的发展，即象征手法的使用，这也是《楚辞》浪漫主义风格的两个主要表现。蔬菜在《楚辞》中的出现多以植物的形象，而并不涉及"食物"的属性，这使得蔬菜和其他植物一样具有了更多的审美意味。所以，《楚辞》中蔬菜的描写更富有浪漫色彩，与《诗经》中的蔬菜描写风格截然不同。

在《楚辞》中，诗人经常想象现实中不可能出现的事物，制造出一种瑰怪绚丽的景象，于是蔬菜也多以想象之物的形式出现，审美意味浓厚。如《离骚》中所写"制芰荷以为衣兮，集芙蓉以为裳"，用菱花及荷花做衣服，在现实中本不能实现，但屈原展开想象，用香花芳草为自己裁衣，表达自己高洁的精神的同时也制造了浪漫的意境。同样的还有"兰芷变而不芳兮，荃蕙化而为茅"，兰芷自然是芳香的，

---

① 吴其濬《植物名实图考》，第148页。
② 刘勰撰，王峰注释《文心雕龙》，华夏出版社2002年版，第282页。

荃蕙怎么也不会变成茅草，兰芷不香、荃蕙化茅在现实中本是不合理的现象，但诗人却能依靠想象，把不合理变成合理，表现人才的沦落与自己的惋惜之情，想象不合理但感情合理，使得整个诗歌充满诡谲的色彩，这正是浪漫主义风格的一种表现。这样的想象在《楚辞》中比比皆是，如《湘夫人》中"荪壁兮紫坛，播芳椒兮成堂"、《少司命》中"荷衣兮蕙带"、《湘君》中"薜荔柏兮蕙绸，荪桡兮兰旌""采薜荔兮水中，搴芙蓉兮木末"等。

图 12　香草一种：江离，即川芎。图片来自网络。

蔬菜意象在《楚辞》中的作用更多地表现在它们的象征意义上，王逸在《楚辞章句》中有这样一段经典的评述："《离骚》之文，依《诗》取兴，引类譬谕，故善鸟香草，以配忠贞；恶禽臭物，以比谗佞；灵脩美人，以媲于君；宓妃佚女，以譬贤臣；虬龙鸾凤，以托君子；飘风云霓，以为小人。其词温而雅，其义皎而朗。"[①] 王逸虽只就《离骚》一文所说，但《楚辞》各篇，其艺术特色并没有太大区别，用"香草"来象征诗人的高

---

① 王逸注，洪兴祖补注《楚辞章句补注》，第3页。

洁忠贞及自己美好的政治理想，用"恶草"比喻奸人佞臣对自己的迫害及当时污秽的政治环境，这两类基本的象征手法在《楚辞》中是一以贯之的。

《楚辞》中所描写的"香草"种类繁多，不仅仅限于某一种植物，这些形色各异的香花芳草共同构成了一个意象群，各色香草其共同的特征就是形态优美、馨香馥郁，诗人正是用这些植物身上的美好特质来象征自身或者君主的美德与贤明。江离、芷、兰、椒、桂、蕙、荃、留夷、揭车、杜蘅、秋菊、薜荔、芰荷、芙蓉、胡绳等是《楚辞》中最为常见的香草形象，而能够作为蔬菜的则有江离、椒、荃、揭车、芰荷、芙蓉、胡绳等几种。

这些蔬菜在诗歌中的出现形式也分几种情况，首先，很多香花芳草是以"我"之佩饰的形式出现的，象征抒情主人公高洁的人格和美好的德行，比如《离骚》中的"制芰荷以为衣兮，集芙蓉以为裳"、《九歌·湘君》中"采薜荔兮水中，搴芙蓉兮木末"、《九歌·少司命》中"荷衣兮蕙带，倏而来兮忽而逝"。抒情主人公展现自己峻洁的人格首先自身要主动接近美好的事物，香草美丽芬芳，故诗人予以采摘并作为自己的佩饰。香草的美好特质和诗人的美好德行有共同之处，诗人采摘香草佩戴的过程也正是其修行自己美好德操的过程。这一象征类型中，蔬菜虽不是以其食用的属性出现，但上古之人能够认识一种植物，最看重的还是其实用价值。《楚辞》中对蔬菜的描写更关注其外在的审美形象，但其中表现出的对某种蔬菜食用价值的熟识也不应该被忽略。其次，《楚辞》中很多香草形象的出现不仅是抒情主人公的自喻，也象征着被诗人寄予厚望的人才，只是这些人才在世俗的洪流中渐渐丢掉了自己美好的品质，就如芳草变质，"兰芷变而不芳兮，荃蕙化而为茅"，使诗人心为之哀叹，流露无可奈何之感。"余既滋兰之九畹兮，又树蕙之百亩。畦留夷与揭车兮，杂杜衡与芳芷"，兰、蕙、留夷、揭车都是芳草名，其中揭车即珍珠菜，可作蔬食，无疑这些香花芳草都是诗人着重培养的品行兼备的有用之才，但是"时缤纷其易变""兰芷变而不芳兮，荃蕙化而为茅"，时事易变，兰芷不再馨香，菖蒲和蕙都能变为茅草，"又况揭车与江离"？贤才与世俗同流合污而丢掉了自身的美好的品质，这怎能不让诗人为之痛惜哀叹呢？揭车即珍珠菜，江离即川芎，可制成羹或作为饮品，这两种蔬菜在诗人的香草系统中地位明显比兰、蕙低，出现次数也少。实际上，整个《楚辞》中的蔬菜意象的出现都要少于兰、芷等香花芳草，与《诗经》明显不同。

《楚辞》中蔬菜意象的出现是依附于"香草"这一大的意象系统的，很多蔬菜都没有特定的象征意义，比如"荷""芰"，其象征意义没有太大区别。但是在众多的香草形象中，"荪"却是比较特殊的一个，在《楚辞》中几乎就是楚王的特称。《离骚》中"荃不察余之中情兮，反信谗而齌怒"，王逸解释为："荃，香草，以谕君也。"①用"荪"或"荃"来喻君，根本原因还在于楚地的祭祀风俗。《九歌·少司命》有"夫人自有兮美子，荪何以兮愁苦……竦长剑兮拥幼艾，荪独宜兮为民正"的诗句，《九歌》是一组祭祀神灵的歌谣，少司命是主宰人间子嗣和儿童命运的神，"荪"是对少司命的尊称。至于为什么用"荪"来指代少司命，宋人罗愿在《尔雅翼》中说"少司命，君也，又主人之子孙，有荪之义焉。荪从孙，亦主子孙之义也"②。"夫人自有兮美子，

---

① 王逸注，洪兴祖补注《楚辞章句补注》，第9页。
② 罗愿《尔雅翼》，《影印文渊阁四库全书》本第222册，经济商务印书馆1986年版，第276页。

荪何以兮愁苦"，人人都有自己的好儿女，少司命您何必为此愁苦挂怀，这里表现出少司命对百姓子孙的关怀。《九歌》祭祀的神灵有十位，但"荪"单独喻指少司命，这里的唯一与尊贵和君王的地位有相似之处，并且君王掌管天下百姓，和少司命主宰人间子嗣，其权力与义务更有相通之处，所以"荪"喻指少司命，进而喻指君王也是情理之中了。"荪"作为君王的代指并不因为它的食用价值，但《楚辞》中多次提及此蔬菜，也说明了楚人对菖蒲的熟悉与喜爱。

图13　葹，即苍耳，一般视作恶草。图片来自网络。

《楚辞》中与"香草"意象群相对应的便是"恶草"意象了，"薋菉葹以盈室兮，判独离而不服"，菉、葹都是指恶草，比喻秽行恶习，其中"葹"就是卷耳。《诗经》中"采采卷耳，不盈顷筐"对卷耳的描写以蔬菜本身的属性为关照，虽没有明显表现出喜恶，但对于能供人们食用的野菜来说，《诗经》中的态度无疑是褒扬的，之所以在《楚辞》中苍耳由一种野菜变成一种"恶草"，这是由诗人不同的关注点所导致。苍耳嫩时可吃，但长大之后果实多刺，且叶子有异味，并不芳香。《楚辞》中对植物的分类更多是以其气味香臭及形态的美丑作为标准，分别象征美好的品德及污秽的德行，所以成熟的苍耳便不具备成为香草的资本了。这也表明与《诗经》相比,《楚辞》对蔬菜的关注更具有文学性,《诗经》对蔬菜的描写多是基于它能作为食物这一特点来写,其比喻象征也以蔬菜这个属性为基础;《楚辞》则把蔬菜仅仅作为外在审美的对象,和其他植物放在一起比较,其"能吃"这一属性已渐渐被忽略。虽然《大招》中亦有"醢豚苦狗,脍苴蓴只。吴酸蒿蒌,不沾薄只"这样对蔬菜食用价值的直接描写,但毕竟是个别案例,整个《楚辞》浪漫主义的艺术风格注定了蔬菜在诗句中的作用和其他香草芳花没有太大区别。

《楚辞》中蔬菜的象征意义更多和"香草"意象群交织在一起,虽然其食物属性并不能明显地显现,但《楚辞》多"名楚物",诗人抒情寄托意象的选取与楚地所产花草有紧密的关系,也能说明蔬菜作为一种物产对诗人诗文写作所产生的物质基础的作用。

第二章　秦汉诗歌蔬菜意象研究

　　秦汉时期是我国封建王朝的开端，国家统一带来了生产力极大的进步，这种进步在蔬菜的种植与采集中也有所反映。园圃业的发展使秦汉时期的蔬菜种类迅速增多，且产量丰富，已能基本满足人们的果腹之需，故而秦汉时期人们的野外采集已不限于野菜了，而是有了更多的追求。比如汉乐府及文人诗中经常出现"采桑""采芝"等意象，就有了纺织与求长生的需求，相对的采集蔬菜的描写就要少了很多。

　　秦汉时期文学形式的主流为赋和散文，诗歌的创作正经历一个衰落时期。秦代时间短暂，文学上值得称述的只有秦统一六国之前吕不韦及其门客所编的《吕氏春秋》和李斯的《谏逐客书》两种。两汉散文和辞赋进入鼎盛时期，贾谊、刘向、司马相如、杨雄、枚乘、班固、张衡、蔡邕等都是散文及辞赋写作的名家，而司马迁的历史散文《史记》，更是代表了我国古代历史散文的最高成就，鲁迅称之为"史家之绝唱，无韵之离骚"。相较而言，这个时期诗歌的创作就显得单薄，作家作品流传不多，但两汉乐府诗及东汉文人诗的创作仍然呈现出旺盛的生命力，可谓《诗经》《楚辞》之后我国诗歌史上又一壮景。本章所依据作品为两汉乐府诗和东汉文人诗两部分。

第一节　秦汉时期的蔬菜种类

　　从秦汉时期的文学作品及农书中，可以看出当时蔬菜种类的丰富程度。《急就篇》本是汉代教学童识字的书，为西汉元帝时黄门令史游作，就是这么一部儿童启蒙教材，其中所列蔬菜就有十五种之多，"葵韭葱薤蓼苏姜，芜荑盐豉醯酢酱。芸蒜荠芥茱萸香，老菁蘘荷冬日藏"。《急就篇》作为儿童读物，所列应多为生活中常见之物，相较于野菜，农家种植蔬菜似乎更应被优先写入，故大致可知道这十五种蔬菜应为园圃中所有。"《氾胜之书》辟专节叙述瓜、瓠、芋的种植方法。《四民月令》葱分为大小葱、胡葱，蒜

图 14　西汉时期几种外来蔬菜：黄瓜、大蒜、胡荽（芫荽）、苜蓿（紫花苜蓿）。图片来自网络。

分杂蒜、小蒜，此外还记载了豍豆、胡豆（即豇豆）、茈姜、（花）椒等蔬菜。张衡《南都赋》所罗列的园圃植物还包括蕺、蓛冥（大荠）、笋。"[1] 王褒《僮约》中"种姜养芋……种瓜作瓠，别茄披葱"[2]，可见当时蔬菜种植已是常事。此外见于其他文献的蔬菜种类还有芹、菘、

---

[1] 彭卫、杨振红《中国风俗通史·秦汉卷》，上海文艺出版社2002年版，第31页。
[2] 严可均校辑《全上古三代秦汉三国六朝文》，中华书局1958年版，第359页。

藕、荼、苋菜、芦菔（萝卜）、胡荽等。

西汉时期，张骞奉命出使西域，开通了丝绸之路，很多外来蔬菜被引进，这其中主要包括黄瓜、大蒜、胡荽、苜蓿等种类。《史记·大宛列传》中有关于苜蓿引进过程的记载："汉使取其实来，于是天子始种苜蓿、蒲陶肥饶地。及天马多，外国使来众，则离宫别观旁尽种蒲陶、苜蓿极望。"①苜蓿，一般情况下是作战马的饲料，但在春季其苗尚嫩之时，则是一种上等蔬菜。

综上所述，秦汉时期人们的主食蔬菜是葵、芜菁、芋、姜、韭、葱、藿、萝卜等，此外还有芹、菘、瓜瓠、藕、菱、蒲菜、竹笋、花椒、豆类、黄瓜、胡荽、苜蓿等，栽培蔬菜居多。

第二节　两汉乐府诗中的蔬菜描写

"两汉乐府诗是指由朝廷乐府系统或相当于乐府职能的音乐管理机关搜集、保留而流传下来的汉代诗歌"②，其诗歌作者，从帝王将相到平民百姓皆有，像司马相如这样的著名文人也曾参与乐府歌诗的创作。很多乐府歌辞在汉代以后还在沿用，宋郭茂倩把汉至唐的乐府诗搜集在一起，编为《乐府诗集》一书，从"郊庙歌辞"到"新乐府辞"共分为十二类，其中两汉乐府诗主要保存在郊庙歌辞、鼓吹曲辞、相和歌辞和杂歌谣辞中，以相和歌辞中为最多。

一、两汉乐府诗中蔬菜描写的现实主义精神

两汉乐府诗与《诗经》的现实主义精神有一脉相承的关系，《汉

---

① 司马迁撰，张大可注《史记新注》，第2043页。
② 袁行霈主编《中国文学史》第一卷，第188页。

书·艺文志》中说"自孝武立乐府而采歌谣,于是有代、赵之讴,秦、楚之风。皆感于哀乐,缘事而发"①。汉乐府的创作者对生活中的具体事件有所触动,发而为文,咏而成诗,与东汉何休所谓"饥者歌其食,劳者歌其事"②的《诗经》现实主义精神异曲同工。与《诗经》相比,两汉乐府诗对当时社会生活的反映更广泛也更具体,"它把笔触更加深入到了社会生活的各个方面,尤其是深入到下层社会生活的各个方面,去描写平民百姓的悲欢哀乐、求仙、饮酒、游玩、歌舞,也描写他们生活中的各种遭际"③。蔬菜作为世俗生活必需品,其在诗歌中的出现使得两汉乐府诗能够更全面更具体地展现汉时社会生活。

图15 [清]牛石慧《瓜蓏图》,现藏于故宫博物院。

两汉时期蔬菜种植业已经非常发达,虽然采集野菜的现象即使当今都未曾消失,但当时人们对蔬菜的需求已不太依赖野菜的采集,所以相对于《诗经》,园蔬则更多地出现在了这一时期的诗歌中。乐府

---

① 班固撰,马晓斌译注《汉书艺文志序译注》,中州古籍出版社1990年版,第55页。
② 李学勤主编《十三经注疏·春秋公羊传注疏》,第361页。
③ 赵敏俐《两汉诗歌研究》,商务印书馆2011年版,第49页。

古辞《君子行》中"瓜田不纳履"、《孤儿行》中"六月收瓜"、《长歌行》中"青青园中葵"等都是写的园中之蔬。当然乐府诗中所涉及的蔬菜种类还有很多,如《汝南鸿隙陂童谣》中"饭我豆食羹芋葵"、《古诗为焦仲卿妻作》中"指如削葱根"、《薤露》中"薤上露,何易晞"、《黄鹄歌》中"喔喋荷荇,出入蒹葭"、《江南》中"江南可采莲"等。相较其他意象,蔬菜在乐府诗歌中的出现频率不算太高,但有限的蔬菜描写仍为我们大致描绘了当时社会饮食状况的一个方面。

　　两汉乐府诗善于表现平民百姓的生活,在对他们饥寒交迫的生活状况的描写中表达诗歌创作者的同情与愤慨。相和歌辞中的《东门行》《妇病行》《孤儿行》表现的都是平民百姓的疾苦,是社会底层人民生活的真实写照。《孤儿行》中有这样一段描写:"三月蚕桑,六月收瓜。将是瓜车,来到还家。瓜车反覆,助我者少,啖瓜者多。原还我蒂,兄与嫂严,独且急归,当兴校计。"孤儿父母双亡,受尽哥嫂的虐待。六月瓜熟,孤儿一个人拉瓜回家,车子翻了,围观者却抢来吃,为了怕回去不好和哥嫂交代,竟然祈求别人把吃剩的瓜蒂归还给他,孤儿对哥嫂的惧怕可见一斑,围观者的冷漠也说明了当时底层人民生活的辛酸与悲苦。用"收瓜"这一具体事件反映当时社会的一个侧面,是乐府诗歌独特的艺术表现手法,也间接表现了当时园圃种植业的发达,创作者对园蔬足够熟悉才能在诗歌中运用自如。蔬菜在两汉乐府诗中作为其叙事的背景材料,用以表达创作者的感情,用下层人民生活所需之物表现他们的生活状况也是两汉乐府诗现实主义精神的极好体现。

　　诗歌现实主义精神的展现离不开现实生活中平常之物的描写,蔬菜的进入便使诗歌有了浓浓的世俗生活气息,从《诗经》中的"七月烹葵及菽"到汉乐府中"饭我豆食羹芋葵"莫不如是。两汉乐府诗借用蔬菜的描写不仅展现了汉时丰富的蔬菜种类,也表现了下层百姓的真实生活,很好地体现了现实主义精神。

二、两汉乐府诗中的蔬菜意象描写例析

两汉乐府诗中蔬菜的描写不算很多,但作为《诗经》《楚辞》之后一种重要的诗歌形式,汉乐府中所描写的一些蔬菜逐渐演变成一种特殊的文学意象,成为后世文人诗歌创作常用之典,如《江南》中"采莲"及《薤露》里的"薤露"。

(一)《江南》与"采莲"意象的发端

"采莲"是我国古代文学中比较重要的一个文学意象,唐朝是诗歌发展的高峰,唐诗中的"采莲"描写随处可见,如王勃《采莲曲》"塞外征夫犹未还,江南采莲今已暮"、王适《江上有怀》"采莲将欲寄同心,秋风落花空复情"、李白《采莲曲》"若耶溪傍采莲女,笑隔荷花共人语"、储光羲《泊江潭贻马校书》"采莲江上曲,今夕为君传"等。对于"采莲"意象的文学内涵,经典的解读有"描绘江南地区的水国风光,采莲女的生活情态和相思离别之情"[①]之说,而这一意象的发端便是汉乐府民歌《江南》:

  江南可采莲,莲叶何田田。鱼戏莲叶间,鱼戏莲叶东,鱼戏莲叶西,鱼戏莲叶南,鱼戏莲叶北。

《乐府解题》说:"《江南》古辞,盖美芳晨丽景,嬉游得时。若

---

① 朱东润主编《中国历代文学作品选》中编第一册,上海古籍出版社 1980 年版,第 5 页。

梁简文'桂楫晚应旋','唯'歌游戏也。"①从诗歌中也可看出，这应是采莲之时嬉戏游乐所唱的歌谣，那么究竟是什么人嬉戏呢？闻一多做出的解释是"'莲'谐'怜'声，这也是隐语的一种，这里是用鱼喻男，莲喻女，说鱼与莲戏，实等于说男与女戏"②。这种说法也得到了普遍的认可，即《江南》古辞实际上是一首情歌，是男女采莲嬉戏时所唱的歌谣，即使不看闻一多的解释，我们从后世诗歌对"采莲"意象的运用中也可看出其多和爱情有关。

图16 鱼戏莲叶间。图片来自网络。

南朝民歌中最著名的一首当为《西洲曲》，诗中描写了一位少女从初春到深秋、从现实到梦境，对钟爱之人的苦苦思念，洋溢着浓厚的生活气息和鲜明的感情色彩。其中"采莲南塘秋，莲花过人头。低头弄莲子，莲子清如水。置莲怀袖中，莲心彻底红"，句句有"莲"，"采莲"既是实写也是象征，把少女对爱人的怜爱之心写得含蓄又热烈，很值得品味。南朝民歌的"吴声歌"与"西曲歌"中也多有用"采莲"

---

① 郭茂倩《乐府诗集》，中华书局1979年版，第384页。
② 闻一多《闻一多全集》第一册，读书·生活·新知三联书店1982年版第121页。

来描写相思之情的诗句，如"郎见欲采我，我心欲怀莲""芙蓉始怀莲，何处觅同心""杀荷不断藕，莲心已复生""思欢久。不爱独枝莲，只惜同心藕"等。

梁武帝萧衍作《江南弄》七曲，其三曰《采莲曲》："游戏五湖采莲归，发花田叶芳袭衣，为君艳歌世所希。世所希，有如玉。江南弄，采莲曲。"《乐府诗集》卷五〇转引《古今乐录》说："《采莲曲》，和云：采莲渚，窈窕舞佳人。"[①]从这里开始，《采莲曲》就成为了一种专门的舞曲形式，由"窈窕佳人"表演以娱君主，采莲的劳动意味消逝。虽然从萧衍开始"采莲"成为一种歌舞游戏，但诗歌所写梁君王对美女佳人的赏玩仍脱不开男女欢爱的意味。《采莲曲》在梁朝以后渐渐流行，如梁武帝萧纲《采莲曲》"常闻蕖可爱，采撷欲为裙。叶滑不留线，心忙无假薰。千春谁与乐，唯有妾随君""桂楫兰桡浮碧水，江花玉面两相似"、梁元帝萧绎《采莲曲》"碧玉小家女，来嫁汝南王。莲花乱脸色，荷叶杂衣香。因持荐君子，愿袭芙蓉裳"、陈后主陈叔宝《采莲曲》"抵荷乱翠影，采袖新莲香。归时会被唤，且试入兰房"。诸如此类，无不充满着艳丽色情的味道。这当然和《江南》古辞中象征着男女爱情的"采莲"意象有关，《乐府诗集》在《江南》古辞的题解中也说"梁武帝作《江南弄》以代西曲，有《采莲》《采菱》，盖出于此"[②]。

由《江南》开始，到南朝民歌中的"莲"意象再到梁时《采莲曲》的流行，"采莲"已经成为我国文学中一个特殊的文学符号，后世文人多用此表达男女相思之情，其中《采莲曲》又多了些艳情的色彩。

（二）《薤露行》与"薤露"意象的发端

---

① 郭茂倩《乐府诗集》，第727页。
② 郭茂倩《乐府诗集》，第384页。

薤是我国古代的常食蔬菜，《黄帝内经·素问》中所提到的"五菜"：葵、韭、藿、薤、葱，薤就在其中。我国古诗文中薤的出现经常以"薤露"的形式，用以表达哀思，为挽歌中常用意象。"薤露"作为一种意象，其发端便是两汉乐府诗中的《薤露》一篇。

这里需要说明的是，虽然"薤露"意象着重点在"露"，用"露"的倏忽而逝比喻人的生命短暂，但是作为这个"露"的承载物，薤的选择应不是随意为之，这里有两点原因：一是薤在古代为重要的蔬菜，人们对薤有足够的了解与熟悉，薤已是人们生活中的常见之物；二是薤虽为普通蔬菜，但植株外形却优美可爱，薤叶长挂露珠，阳光下金光闪闪，又有"金薤"之说。总的来说，"薤露"意象的象征之意虽不来自其蔬菜属性，但没有蔬菜"薤"，这里的"露"也便不会被人们熟悉。

"相和歌辞"中《薤露》篇云：

薤上露，何易晞。露晞明朝更复落，人死一去何时归。

崔豹《古今注》曰："《薤露》《蒿里》并丧歌也。本出田横门人，横自杀，门人伤之，为作悲歌。言人命奄忽，如薤上之露，易晞灭也。亦谓人死魂魄归于蒿里，至汉武帝时，李延年分为二曲，《薤露》送王公贵人，《蒿里》送士大夫庶人。使挽柩者歌之，亦谓之挽歌。"① 《薤露》《蒿里》本为一篇，李延年分为二曲。《薤露》以薤上之露容易晒干喻人生命之短促，又以薤露朝朝复落反衬人的死难复生，其中的惋惜与无奈之情真挚感人。

---

① 崔豹《古今注》，商务印书馆1956年版，第12页。

《薤露》文辞感人，艺术水平很高，但作为挽歌，为葬礼上所唱，

图17　野薤。图片来自网络。

实用性更强。至魏晋时期，乐府不再采诗，文人开始借用乐府曲调来创制新辞，借题寓意，更注重文辞的抒情性，而忽略其实用性。曹操所作《薤露行》就是这种情况："贼臣持国柄，杀主灭宇京。荡覆帝基业，宗庙以燔丧。播越西迁移，号泣而且行。瞻彼洛城郭，微子为哀伤。"佞臣乱国、帝业荡覆，曹操面对这种政治混乱、民不聊生的景象而有"黍离"之叹。这里的《薤露行》诗中已不再出现"薤露"，而是借"薤露"所传达的对生命的哀叹之意来表达自己对国家破败的痛惜，所言之物不同但悲伤之情古今一致。曹操之后，魏晋时期还有一些文人拟作《薤露行》，大都和曹操一样，借用乐府旧题以感怀时事、抒发个人情怀，如曹植《薤露行》"人居一世间，忽若风吹尘"，这里虽不为挽歌，但是还是借用了"薤露"易晞的意象来感叹人生的短促，要尽力建功

立业,"骋我径寸翰,流藻垂华芬",实现远大抱负。

实际上,从《薤露》古辞开始,"薤露"便成为我国古代文学中一个特殊的文学符号,文人借"薤露"表达人生短暂之感或国破家亡的悲苦,其作为挽歌的实用性便不再突出。当然后世文人在作挽歌表达对亲友的哀悼时仍然喜欢用"薤露"这一意象,表达对友人骤逝的惋惜与哀痛,如唐代李峤《武三思挽歌》中"短歌伤薤曲,长暮泣松扃"、骆宾王《乐大夫挽词》中"昔去梅筇发,今来薤露晞"、钱起《故相国苗公挽歌》中"陇云仍作雨,薤露已成歌"、姚合《庄恪太子挽词》"薤露歌连哭,泉扉夜作晨"等。

作为一个文学符号,"薤露"发展到魏晋之后已经没有了"薤"的影子,文人写"薤露"主要是借《薤露》中所表现出的对生命短促的悲哀之感,用来自哀或者表达对友人的怀念。至于"薤"以一种蔬菜或者植物形式出现在文人的诗歌作品中,则已与诗歌中其他景物的描写殊无二致。

第三节　东汉文人诗中的蔬菜描写

东汉文人诗中极少有关于蔬菜的描写,代表东汉文人诗最高成就的《古诗十九首》中涉及蔬菜的也只一篇《涉江采芙蓉》,故对东汉文人诗中蔬菜的描写作简要处之。

《古诗十九首》有"五言之冠冕"的美誉,是东汉文人诗的最高成就,"标志着文人诗歌已逐渐摆脱了乐府诗的影响而形成自己的特色"[①]。

---

① 刘跃进《中国古代文人创作态势的形成》,《社会科学战线》,1992年3月。

《古诗十九首》除了游子之歌，便是思妇之词，抒发游子的羁旅情怀和思妇闺愁是它的基本内容。由于东汉文人诗中很少有涉及蔬菜的描写，故笔者单以《涉江采芙蓉》为例具体说明这一时期蔬菜入诗的情况。芙蓉就是莲花，莲花严格来说不能算是蔬菜，但是古人对莲花的关注还是源于对藕的认识。很显然，藕是一种重要的蔬菜，古人在学会审美之前总是先学会利用植物的食用价值，这是符合社会发展规律的。

先来看《涉江采芙蓉》这首诗的内容：

> 涉江采芙蓉，兰泽多芳草。采之欲遗谁，所思在远道。
> 还顾望旧乡，长路漫浩浩。同心而离居，忧伤以终老。

诗句的意思很好理解，诗中主人公采摘莲花却不知道送给谁，想到自己身在异乡，与同心之人离居，忧伤之情涌上心头。但这首诗的主人公到底是男子还是女子，也值得推敲。从五六句"还顾望旧乡，长路漫浩浩"来看，诗中主人公当为漂泊的游子，想念故乡，却远隔千里，长路漫漫，内心忧伤溢于言表。这样整首诗意思通顺，但过于平直，作为东汉文人诗最高成就的代表显得含蓄不够。

不妨从女子的角度来看这首诗，游子求宦京师，是在洛阳一带，是远离江南之地的，而"涉江采芙蓉，兰泽多芳草"则有着浓浓的江南水乡气息，故"涉江采芙蓉"之人为女子情理可通。前四句写女子在芳草连绵的江边采摘芙蓉花，想把它送给远在他乡的丈夫。"所思在远道"，相对于故乡来说"远道"一般常指代远离故乡的道路，所以思念之人在"远道"，当是女子思念远离家乡的丈夫。第六句角度一转，想象丈夫在异乡回望故乡的情景，以自己思念丈夫之情揣度丈夫思念自己之情，更像是电影"蒙太奇"的手法，两个场景同时显现，夫妻之间的恩爱之情无限放大，而此时的忧愁也无限放大，整首诗便有了张力。丈夫面对漫漫长路时产生的无助、飘零之感在女子这里得到回应，"同心而离居，忧伤以终老"，你漂泊在外思念故乡、思念同心之人，我何尝不是在闺中思念远道之人、思念同心的丈夫啊。这种"从对面曲揣彼意"的表现方式，与《诗经》"卷耳""陟岵"的主人公在悬想中显现丈夫骑马登山望乡、父母在云际呼唤儿子的幻境，正有着异曲同工之妙。后世文人多采用这种手法，写彼人对自己的思念来强化自己对彼人的思念，比如杜甫《月夜》中"今夜鄜州月，闺中只独看"以及柳永《八声甘州》中"想佳人、妆楼颙望，误几回天际识归舟"都是这种用法的典型案例。

  诗歌创作者对芙蓉花的选择也不是随意为之的。莲花在古代经常作为爱情、婚姻的象征。如前文所写，汉乐府《江南》中的"鱼戏莲叶"的景象，闻一多解释为"男与女戏"，也就是象征爱情。"莲"谐音"怜"，有爱怜之意，"莲"又喻女子，爱情、婚姻自然便是男子对女子的爱怜了，《涉江采芙蓉》中诗人用采摘莲花来表达丈夫和妻子之间的思念之情，实是精心选择的意象。后世也常用莲花来表现爱情及相思之情，张祜《白鼻騧》中"摘莲抛水上，郎意在浮花"、徐彦伯《采莲曲》中"既觅同心结，复采同心莲"、王適《江上有怀》"采莲将欲寄同心，秋风落花空复情"等都是这种用法。

第三章　魏晋南北朝诗歌蔬菜意象研究

魏晋南北朝虽为乱世，但封建经济仍得到了充分发展，生产力的进步使得当时人们食用的蔬菜种类相较前代更为丰富，专门蔬菜市场的出现，证明了当时蔬菜的种类之多及产量之大。从建安时代开始，文学创作渐渐进入自觉，"这时期文学创作的一个显著特点是：服务于政治教化的要求减弱了，文学变成个人的行为，抒发个人的生活体验和情感"①。正因如此，诗歌的创作在经历两汉的暂时消沉之后变得蔚为大观，优秀的诗人及作品大量涌现。蔬菜种类的丰富及诗人作品的增多，使"蔬菜入诗"这一文学现象在这个时期达到一个新的高度。

第一节　魏晋南北朝时期的蔬菜种类

汉代以后，随着生产力的发展及人们饮食水平的提高，蔬菜在日常饮食中的地位越来越重要，并且渐渐成为一种商品供作交易。梁昭明太子的侍读殷芸，字灌蔬，用"浇灌蔬菜"之意来作为自己的字，可见当时蔬菜种植业非常普及。《宋书》中记载："元景起自将帅，及当朝理务，虽非所长，而有弘雅之美。时在朝勋要，多事产业，唯元景独无所营。南岸有数十亩菜园，守园人卖得钱二万送还宅，元景曰：'我

---

① 袁行霈主编《中国古代文学史》第二卷，第7页。

图18 几种不同品种的茄子。图片来自网络。

立此园种菜，以供家中啖尔。乃复卖菜以取钱，夺百姓之利邪！'以钱乞守园人。"[1]由这段记载可以看出当时蔬菜的种植已非常普遍，普通百姓自不必说，连"起自将帅"的柳元景都有数十亩菜园，更重要的是所产蔬菜除供家中食用外还能有所剩余，供守园人拿去卖钱，其时蔬菜种植业的繁荣可见一斑。

北魏贾思勰所著《齐民要术》是我国现存最早最完整的一部农书，虽然书中主要是记录了黄河中下游地区农牧业生产的基本情况，但书中最后专列"五谷、果蓏、菜茹非中国无产者"一卷，对南方蔬菜的种类也做了详细记录，当然这里的"中国"是"指中国北方，即后魏的疆域，主要指汉水、淮河以北，不包括江淮以南，也不包括沙漠以北"[2]，故从此书中可大致了解魏晋南北朝时期人们蔬菜食用的情况。

《齐民要术》中所记载蔬菜种类多达几十种，主要有瓜（越瓜、胡瓜、冬瓜）、瓠、茄、芋、葵、蔓菁、菘（大白菜）、芦菔（萝卜）、蒜（胡蒜、

---

[1] 脱脱等《二十五史·宋书（七）》，学苑音像出版社2004年版，第59页。
[2] 贾思勰撰，缪启愉、缪桂龙译注《齐民要术译注》，上海古籍出版社2006年版，第699页。

小蒜、黄蒜、泽蒜)、薤、葱、韭、姜、芥(蜀芥、芥子)、芸薹(油菜)、胡荽、罗勒、荏、蓼、蘘荷、芹、苜蓿、苋、菌、雍菜、莼菜、菱芡、藕、菰等种植或水养蔬菜，另外还有蒌蒿、薇、苢、苴、蒲等一些野生蔬菜。除《齐民要术》外，魏晋南北朝时期史书、子部书籍及文学作品中都有大量关于蔬菜的描写。

图 19　从左至右依次为：菰、菰米、茭白。图片来自网络。

与前朝相比，有几种蔬菜在这一时期才被大量食用，需作特殊说明。茄子在汉代由印度传入我国，但到了魏晋南北朝才广泛种植。六朝建康附近有一地方因当地人善于种植茄子而名为"茄子浦"。《齐民要术》记载，茄子"大小如弹丸，中生食，味如小豆角"[①]。南朝梁沈约有一首《行园》诗，诗中云"紫茄纷烂漫，绿芋郁参差"，是比较早的关于茄子的吟咏。

菰原本是一种粮食作物，多产于温暖湿润之地，以长江中下游为主，秋季成熟，其果实称为"菰米"，又称"雕胡"。宋玉《讽赋》中有记载："主人之女，为臣炊雕胡之饭。"其后有些菰因感染上黑粉菌而不抽穗，但植株并无病象，只是茎部不断膨大，逐渐形成纺锤形的肉质茎，这

---

① 贾思勰撰，缪启愉、缪桂龙译注《齐民要术译注》，第159页。

就是现在食用的茭白。茭白肉质滑嫩、味道鲜美，《荆楚岁时记》中说"菰菜、地菌之流，作羹甚美"①。于是人们渐渐利用黑粉菌阻止菰米开花成熟，以获取这种蔬菜。关于菰菜，《世说新语》中亦有记载："张季鹰辟齐王东曹掾，在洛见秋风起，因思吴中菰菜羹、鲈鱼脍，曰：'人生贵得适意尔，何能羁宦数千里以要名爵！'遂命驾便归。"②可见当时的"菰"已由粮食作物进化为了蔬菜，并因滑嫩味美而驰名。

实际上，张翰的故事中更著名的一道菜是"莼羹"。《晋书》中关于这一故事有"翰因见秋风起，乃思吴中菰菜、莼羹、鲈鱼脍"③的记载，比《世说新语》中多出"莼羹"一菜，但正因这"莼羹""鲈鱼脍"，便成为后世文学中"莼鲈之思"典故的发端。莼菜又称露葵、水葵，用"葵"命名，取其滑美之意。《世说新语》"千里莼羹"篇记载："陆机诣王武子，武子前置数斛羊酪，指以示陆曰：'卿江东何以敌此？'陆云：'有千里莼羹，但未下盐豉耳。'"④陆机说用江东千里湖中的莼菜做羹，不用放盐豉都比羊酪好吃，虽有夸大之嫌，但可见莼羹的确味美无比，也可说明晋时江南之人对莼菜的食用已是非常普遍。

第二节　魏晋南北朝诗歌中的蔬菜意象

魏晋南北朝战乱不断、政权更迭频繁，传统的经世致用思想在这一时期受到了挑战。尤其到南北朝时期，很多文人的诗歌创作不再关

---

① 宗懔《荆楚岁时记》，岳麓书社1986年版，第60页。
② 刘义庆《世说新语》，时代文艺出版社2001年版，113页。
③ 房玄龄等《晋书》，中华书局2000年版，第60页。
④ 刘义庆《世说新语》，时代文艺出版社2001年版，第23页。

心政治转而关心生活，蔬菜作为生活的必备品，得到了比前代更多的描写与吟咏。

一、咏物诗中的蔬菜描写

魏晋南北朝诗人对蔬菜的关注度比前代高很多，从专门咏蔬菜的诗歌的出现就可看出。咏物诗在前代已有，至魏晋南北朝时期大量出现，蔬菜也成为其中重要吟咏对象之一。屈原《橘颂》是我国文人创作的第一首咏物诗，诗中作者借橘树赞美坚贞不移的品格，后世的咏物诗也继承了这种托物言志的传统。晋张华《荷诗》：

荷生绿泉中，碧叶齐如规。回风荡流雾，珠水逐条垂。
照灼此金塘，藻曜君玉池。不愁世赏绝，但畏盛明移。

"荷"可作蔬菜，当然这是就荷的地下茎"藕"来说的。具体到"荷"，其在诗歌中几乎都以观赏植物的形式出现。张华咏荷诗，前六句都是对荷花形态的赞美，从荷叶的圆润到叶上水珠滑落的优雅再到荷花的光彩夺目，张华借荷的美丽比喻自己的才华，最后"不愁世赏绝，但畏盛明移"，表达对君主赏识的期盼，其积极求仕心态表露无遗。"西晋诗人多以才华自负，他们努力驰骋文思，以展现自己的才华。"[①] 从张华这首《荷诗》中可见其对自己才华的自信，也可见西晋文人对功名的热衷。

当然，魏晋南北朝诗人对蔬菜的关注是多方面的，最直接的就是关注蔬菜的植株形态及烹调口味，这种诗作表达了对蔬菜最本真的热爱，和张华《荷诗》有着明显的不同。梁沈约的《咏菰诗》就是这种类型，

---

① 袁行霈主编《中国古代文学史》第二卷，第43页。

"结根布洲渚,垂叶满皋泽。匹彼露葵羹,可以留上客",诗中对菰菜的生长地点及叶子的形态都做了说明,最后以露葵羹即莼羹作比,表明菰菜嫩滑美味,足以招待尊贵的客人,饱含对菰菜的喜爱之情,而没有其他复杂的感情寄托。对蔬菜味道的赞美本是诗歌创作比较初级的状态,但正是这种淳朴的写作才更显示出蔬菜作为食材的价值。

有些蔬菜进入诗歌已久,随着文学的发展,已被赋予特定的文学内涵,诗人往往通过吟咏这些蔬菜,来抒发自己特定的感情。"莲"与"怜"谐音,自汉乐府《江南》"江南可采莲"开始,后世文人多用莲花表达爱意,甚至很多诗歌直接以"咏同心莲"为名。梁昭明太子萧统的《咏同心莲诗》"同逾并根草,双异独鸣鸾。以兹代萱草,必使愁人欢"、隋杜公瞻的《咏同心芙蓉诗》"名莲自可念,况复两心同",都是这种类型。陆机的《园葵诗》中,诗人吟咏葵菜"朝荣东北倾,夕颖西南晞",借用了由葵菜倾日习性所延伸出的忠君内涵,表达对司马氏的忠诚。

虽然魏晋南北朝诗歌中对蔬菜的吟咏仍多用来表达诗人的某种特殊情感,与前代咏物诗并没有很大不同,但是通篇围绕某一种蔬菜作专门描写的诗作的出现,却表现出此时文人对蔬菜超出前人的喜爱与重视,这也是蔬菜意象在诗歌中描写的一大进步。

二、山水田园诗中的蔬菜描写

西晋末年,玄学兴盛,"这是一种思辨的哲学,对宇宙、人生和人的思维都进行了纯哲学的思考"[①],这种思考在士人行为的外现便是魏晋风流。魏晋风流讲究追求艺术化的人生,就是打破儒家入世准则的人的本来面目,通过诗文表现自己的本真。陶渊明把这种艺术化

---

① 袁行霈主编《中国古代文学史》第二卷,第10页。

的人生放置在田园之中，借田园来远离世俗的束缚，达到人生的"自然"。而晋宋之交的谢灵运却把这种"自然"寄托在山水之中，在对山水风景进行细致描绘之余发表自己的玄学理论。田间园圃与山峦水泽中多有园蔬及野菜的身影，故山水田园诗中自然少不了对蔬菜的描写，表达诗人对自然的崇尚与熟悉。

（一）陶渊明田园诗中的蔬菜描写

陶渊明四十二岁辞去彭泽县令，"性本爱丘山"的他不能适应世俗官场，而归隐田园、躬耕陇亩则是他顺应自己天性，追求生命本真的最好选择。陶渊明的诗歌不同于东晋兴盛的玄言诗，只是空洞地哲理思辨，他是在对日常田园生活的描写中表达自己的人生思考，而蔬菜作为农家生活的必备之物自然也成为了陶渊明描写的对象。陶渊明开创了田园诗这一新的诗歌题材，在诗中他真正地与田园融为了一体，写出了自己归隐生活的乐与忧。他所作的《和郭主簿》（其一）是他田园生活最好的展现：

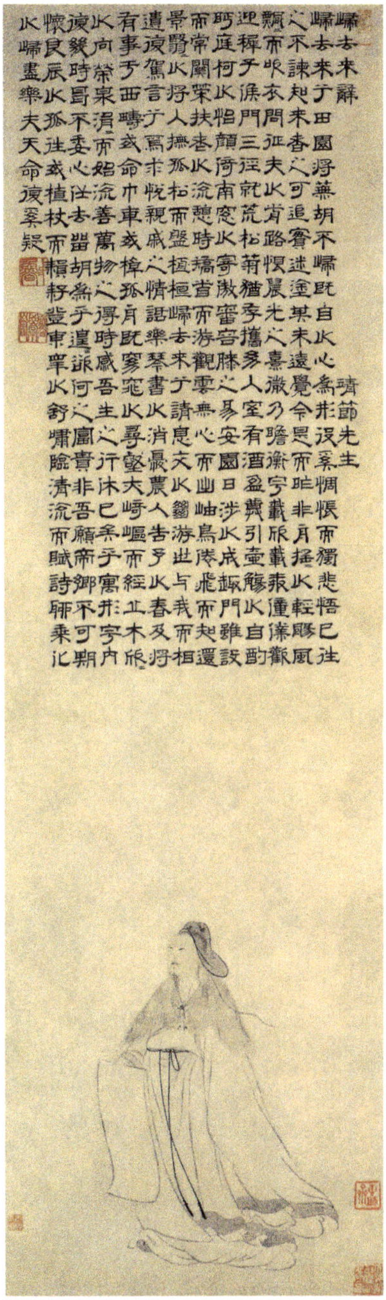

图20　[明]王仲玉《陶渊明像》。现藏于故宫博物院。

蔼蔼堂前林，中夏贮清阴。

凯风因时来，回飙开我襟。

息交游闲业，卧起弄书琴。园蔬有余滋，旧谷犹储今。

营己良有极，过足非所钦。春秋作美酒，酒熟吾自斟。

弱子戏我侧，学语未成音。此事真复乐，聊用忘华簪。

遥遥望白云，怀古一何深。①

看书抚琴、弄子为乐，陶渊明的归隐生活充满着闲适与欢愉，但这种乐并不只是田园生活所有，"园蔬"的描写才是这首诗的关键所在，相比书、琴、酒，种植蔬菜更接近田园生活的本真。园中蔬菜"不尽的滋长繁殖"②、仓中仍有旧年的余粮，"年年有余"这是农民对美好生活的企盼，陶渊明在诗中特意提到这一点，说明了他对田园生活的热爱与忠诚，他是真正以一个农民的身份来生活与劳作的。这样的描写还见于他的《读山海经》诗中，"欢然酌春酒，摘我园中蔬"，从自家园中摘取下酒之菜，田园生活的悠游可见一斑。

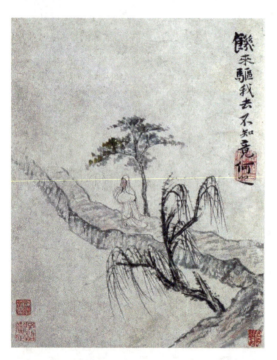

图21 [清]石涛《陶渊明诗意画册》之"饥来驱我去，不知竟何之"。

---

① 逯钦立校注《陶渊明集》，中华书局1979年版，第60页。
② 逯钦立校注《陶渊明集》，中华书局1979年版，第60页。

田园生活有乐也有苦，陶渊明并不总是存有余粮，很多时候他是饿肚子的，甚至需要出门乞食，正如其《乞食》诗中所言"饥来驱我去，不知竟何之！行行至斯里，叩门拙言辞"，其落魄困窘至此。这时蔬菜又是他贫寒生活的最好见证，在《咏贫士》诗中写到"采莒足朝餐""藜羹常乏斟"，"莒"当为"稆"，和藜一起都是低贱的野菜，连野菜都不能常常得到，其生活的艰辛可想而知，诗名为"咏贫士"，这里的贫士难道不也是陶渊明自己吗？

田园生活总离不开田间耕作，而陶渊明的诗作也对此有所描写。《归园田居》写到"种豆南山下，草盛豆苗稀。晨兴理荒秽，带月荷锄归"，豆苗即是"藿"，可作蔬菜。陶渊明崇尚自然，这里的"自然"一是指大自然，也就是陶渊明归隐的田园；二是指顺应自己的本性。诗人亲身参加劳动既是对自然的亲近，又不违背自己归耕田园的本心，正如诗中所写"衣沾不足惜，但使愿无违"，而正是对"豆苗"的描写才使得陶渊明的劳作显得具体可感、传情真切。

陶渊明的诗歌用朴实的语言、白描的手法讲述着自己的躬耕生活，处处显现其"安贫乐道"与"崇尚自然"的人生观，情理浑融，正如苏轼所说"质而实绮，癯而实腴"，具有很高的文学艺术价值。蔬菜在陶诗中既是其耕作的对象，又是其田园生活闲适与落魄的见证，对诗人感情的抒发起到了不可替代的作用，是其诗歌艺术价值的具体体现之一。

陶渊明以后，南朝罕有真正的田园诗人。但鲍照、沈约、庾信等仍创作了不少田园诗，亦多涉及蔬菜的描写，如鲍照《秋夜诗》中"麻垄方结叶，瓜田已扫箨"、沈约《行园诗》中"寒瓜方卧垄，秋菰亦满陂。紫茄纷烂熳，绿芋郁参差。初菘向堪把，时韭日离离"、庾信《归田诗》中"苦李无人摘,秋瓜不直钱"等。魏晋南北朝田园诗的创作及对蔬菜描写的重视,孕育了唐朝田园诗的胚胎,唐朝王绩《食后》"菜剪三秋绿,飧炊百日黄"、王维《田园乐》"南园露葵朝折,东谷黄粱夜舂"、杜甫《废畦》"秋蔬拥霜露,岂敢惜凋残"等都是对魏晋南北朝田园诗的继承与发展。

(二)山水诗中的蔬菜描写

与田园诗不同,山水诗对蔬菜的关注点不在其"能吃",而在其植株外观,这里的蔬菜已和其他可供观赏的植物没有什么不同,都是作为诗歌中景物描写的一部分而存在。

中国历史上第一首完整的山水诗是曹操的《观沧海》,"但真正大力创作山水诗,并在当时及对后世产生巨大影响的,则是谢灵运"[①]。刘勰在《文心雕龙·明诗》中说:"宋初文咏,体有因革,庄老告退,而山水方滋,俪采百字之偶,争价一句之奇。辞必穷力而追新,此近世之所竞也。"[②]谢灵运的山水诗正符合了刘勰所谓宋初诗歌"情必极貌以写物"的特点,他对山水景物的观察非常细致,对细节的把握也非常到位,并且在诗中极力把其描摹出来。谢灵运的诗歌虽然对景物的描写异常精妙,但很难达到情景交融的境界,诗的最后还往往谈玄或发感喟,留有一条玄言的尾巴。

基于谢灵运山水诗的写作特点,蔬菜在其诗中往往以艳丽多姿的香草形象出现,颜色形态描写细致生动,但少了陶渊明诗歌中的人情味与亲切感。《于南山往北山经湖中瞻眺诗》中"初篁苞绿箨,新蒲含紫茸",《登上戍石鼓山诗》中"白芷竞新苕,绿苹齐初叶",《酬

---

① 袁行霈主编《中国古代文学史》第二卷,第87页。
② 刘勰撰,王峰注释《文心雕龙》,第31页。

从弟惠连诗》中"山桃发红萼，野蕨渐紫苞"，其中"蒲""苹""蕨"这三种蔬菜都写到了颜色，且用"含""齐""渐"三个动词写出了初生蔬菜的可爱形态，艺术水平很高，让人不得不佩服谢灵运对微小之物的观察之细与描摹之精。蔬菜在这里既丢掉其"食材"的属性，也并不隐含特殊的意义，只是单纯地作为一种长得好看的植物，供谢灵运赏玩。谢灵运对蔬菜的描写较之前人并无多少有价值的发展，但其对蔬菜植株本身审美属性的发掘仍是值得肯定的。

谢灵运之后，谢朓对山水诗的发展做出了重要贡献。他继承了谢灵运山水诗清新、细致的特点，又在景物的描写中加入了感情的成分，通过对山水景物的描写抒发自己的情感，做到了情景交融。《间坐》诗中有一联"紫葵窗外舒，青荷池上出"，同样是对蔬菜的描写，相较谢灵运来说，谢朓的用词就更有情趣，或者说更有感情，这里的"舒"字不但写出了嫩芽新展的葵菜生机无限的样子，又表现出诗人心情的舒畅闲适。同样的还有《在郡卧病呈沈尚书诗》中"夏李沉朱实，秋藕折轻丝"、《山下馆诗》中"红莲摇弱荇，丹藤绕新竹"等，对蔬菜的描写都赋予了人的情感，使之活了起来。

谢灵运、谢朓之外，很多魏晋南北朝诗人都有山水诗的创作，其中也多涉及蔬菜的描写，如柳恽《赠吴均诗二首》中"山桃落晚红，野蕨开初紫"、吴均《同柳吴兴何山》中"逶迤川上草，参差涧里薇"、江淹《池上酬刘记室诗》中"紫荷渐曲池，皋兰覆径路"、江总《卞山楚庙诗》中"闲阶薙宿荠，古木断悬萝"等。

山水诗中对蔬菜的描写更注重其外在形态，所以植株形态优美或者名字文雅的蔬菜往往较多地被写入诗歌，如莲、葵、蕨、薇、荠等，而像萝卜、瓜瓠、芋头、茄子等比较粗笨的蔬菜则更多地出现在田园诗中。

三、魏晋南北朝诗歌中重要蔬菜意象例析

魏晋南北朝诗歌中蔬菜出现的频率很高,除谢灵运等部分诗人的山水诗中对蔬菜仅就植株外观进行单纯审美外,大部分诗歌中蔬菜意象都有着特殊的文学内涵。

"莲"与"怜"谐音,表示"爱怜","藕"与"偶"谐音,有"佳偶"之义,故莲花与藕在诗歌中经常被用来描写爱情,这一特点在南朝民歌中表现尤其突出。南朝各国主要位于吴、楚之地,河湖众多,很适宜莲藕的生长,采莲亦是此地常见的劳作内容,故南朝民歌中经常出现莲、藕的形象,而大多情况下都是表达男女爱慕相思之情。像"下有并根藕,上生并头莲""芙蓉始怀莲,何处觅同心""低头弄莲子,莲子青如水。置莲怀袖中,莲心彻底红""不爱独枝莲,只惜同心藕""湖燥芙蓉萎,莲汝藕欲死"等,不胜枚举。

图22　莲、藕。图片来自网络。

蒌蒿、蘩、藜、藿等都是一些低贱的野菜,诗人常借此自比,表现自己身份的低微及生活的贫寒。阮籍《咏怀诗》中"河上有丈人,纬萧弃明珠。甘彼藜藿食,乐是蓬蒿庐",食藜藿而觉甘,表现河上丈人安贫乐道的品质,当然也是诗人的自喻。陶渊明《咏贫士》"藜

羹常乏斟"及何承天《君马篇》"疲民甘藜藿"等，表现了诗人自己或黎民百姓的困苦生活。而江淹的"况我葵藿志""有道在葵藿"，这里的"葵藿"则代表了诗人地位的低微。

荠菜植株较小，所以诗人常把远处的树比作荠，突出其"细小"，表明远望之义。这一用法最著名的当是唐朝孟浩然《秋登兰山寄张五》诗中所写的"天边树若荠，江畔洲如月"一联。但在魏晋南北朝诗歌中已经出现把江边树木比作荠菜的用法，如何逊《南还道中送赠刘谘议别诗》中"岸荠生寒叶，村海落早花"、戴暠《度关山》中"今上关山望，长安树如荠"、薛道衡《敬酬杨仆射山斋独坐诗》中"遥原树若荠，远水舟如叶"等，表现远望的同时，流露出淡淡的乡愁。

图23　藜（灰菜）。图片来自网络。

葵菜因其叶子具有倾阳的特性，所以在诗中常用来表示对君主的忠诚。"采薇"作为一种文学意象，一是用来表示羁旅行役之苦，二是表现隐士的高洁情操。这两种蔬菜意象在本文第四章会做具体阐释，在此不再赘述。

第三节 魏晋南北朝诗歌中蔬菜描写的"文学自觉性"表现

我国文学在魏晋时期进入自觉时代，表现在诗歌中就是诗人更加关注自身的价值，着重抒发个人的情感，并对诗歌的语言、形式有了更多"美"的追求。这一时期诗歌中蔬菜的描写也表现出了文学自觉性的特点，蔬菜意象在诗中的出现有了更加丰富的形式及意义，并且很多蔬菜种类作为景物有了更为"光彩"的外观。

"文学自觉"这一概念最早是由日本汉学家铃木虎雄提出的，他在《中国诗论史》一书中说"魏的时代是中国文学的自觉时代"[①]。鲁迅也曾引用这个观点，"曹丕的一个时代可说是'文学的自觉时代'，或如近代所说是为艺术而艺术的一派"[②]，他认为从曹丕开始文学进入了一个自觉时代，而他主要的论据应是曹丕所著的《典论·论文》一文。

曹丕在《典论·论文》中对不同的文学体裁做了区分并且说出它们各自的风格特点，"盖奏议宜雅，书论宜理，铭诔尚实，诗赋欲丽"，有了明确的文体意识是"文学自觉"的一个非常重要的表现。其中"诗赋欲丽"与陆机《文赋》中所说"诗缘情而绮靡"有异曲同工之妙，与以往"诗言志"的诗教观不同，这里从审美的角度对诗歌的创作提

---

① 铃木虎雄《中国诗论史》，广西人民出版社1989年版，第37页。
② 鲁迅《而已集》，人民文学出版社1980年版，第100页。

出了要求，反映在后世文人的诗歌创作中就是音韵更加和谐、语词更加艳丽，即所谓的为艺术而艺术。

魏晋南北朝诗歌中的蔬菜描写很好地反映了诗歌在语言形式上的审美追求，最明显的例子就是谢灵运山水诗中对蔬菜的描写。谢灵运善于观察，其山水诗中对景物的描摹具有高超的技巧，具体到蔬菜形象的展现则是能抓住蔬菜植株形态及颜色等细节，并作如实地刻画，诗句整齐、意象清新，如"初篁苞绿箨，新蒲含紫茸""山桃发红萼，野蕨渐紫苞""云霞收夕霏，芰荷迭映蔚"等。当然不止谢灵运，这一时期，从曹丕以后，很多诗人都对诗文的创作有了更高的审美追求，蔬菜在诗文中的出现更多是作为被赏玩的对象，故表现在文字上就有了艳丽的色彩。齐梁时期"永明体"诗歌出现，这一时期的诗歌创作有"四声八病"之说，讲究音韵和谐、诗句对仗、"俪采百字之偶"①，为后来律诗的产生奠定了基础。沈约的《行园诗》"寒瓜方卧垅，秋菰亦满陂。紫茄纷烂熳，绿芋郁参差"，"卧""满""紫""绿"的运用不仅为我们展现了一幅生机盎然且色彩绚烂的园圃景象，表现了诗人对生活的热爱，且诗句对仗非常工整，韵律和谐，艺术性很高。谢朓的"紫葵窗外舒，青荷池上出"、何逊的"石蒲生促节，严树落高花"、吴均的"逶迤川上草，参差涧里薇"等对蔬菜的描写也都有这种特点。梁宫体诗中对水生蔬菜莲、荇、菱、藕、蒲等的描写，如梁简文帝萧纲的"叶乱由牵荇，丝飘为折莲"、庾肩吾的"绿荷生绮叶，丹藤上细苗"、徐陵的"嫩竹犹含粉，初荷未聚尘"等，色彩艳丽之外，对仗已有唐人风范。

文学的自觉除了表现在对文体的重视外，更重要的是表现为人的

---

① 刘勰撰，王峰注释《文心雕龙》，第31页。

觉醒。李泽厚在《美的历程》中对人的觉醒解释为"……人的觉醒，即在怀疑和否定旧有传统标准和信仰价值的条件下，人对自己的生命、意义、命运的重新发现、思索、把握和追求"①。整个魏晋南北朝战争不断、朝代更迭频繁，很多文人都经历过辗转流离、漂泊无依的生活，大一统王朝的覆灭使得传统的儒家思想统治渐趋瓦解，加之玄学及佛学的兴盛，这一时期的文人对自身生命有了更多的关注及追问，继而在诗文中表现出不同的生命价值观，蔬菜意象在其诗歌中的描写也对展现个人情感起到了重要的作用。

《薤露行》是一首汉乐府民歌，用薤叶上的露水容易晒干比喻生命的短暂，常被用来当作挽歌。曹操和曹植也都写过《薤露行》，但不是用作挽歌，而是表达个人对时事及个体生命的感慨。曹操《薤露行》"贼臣持国柄，杀主灭宇京。荡覆帝基业，宗庙以燔丧"，表达自己对贼臣乱国、帝业荡覆的痛心与愤慨；而曹植更进一步，"骋我径寸翰，流藻垂华芬"，用《薤露行》来表现个人志于立功立言的雄心。同样用"薤露易晞"之意抒发生命短暂的感慨，曹植比汉乐府更关注人生价值的实现，而不是哀叹别人或者整个人类的生命倏逝，其个人对生命的自觉感悟反映到文章中便有了文学自觉的意味。

张华《荷诗》："照灼此金塘，藻曜君玉池。不愁世赏绝，但畏盛明移。"用荷的光彩比喻自己的才华，"但畏盛明移"表达对君王赏识的期盼与担忧，可见其积极用世之心。与张华不同，陶渊明对生命真谛的理解是"自然"，故他"不为五斗米折腰"，毅然辞官、归隐田园，"欢然酌春酒，摘我园中蔬""新葵郁北埔，嘉穟养南畴"，这里的蔬菜描写就回归了"食材"的属性，成为诗人悠闲的田园生活的象征。当

---

① 李泽厚《美的历程》，中国社会科学出版社1984年版，第111页。

然并不是所有人都能如陶渊明般如此洒脱地看待生命，陆机就放不下自己的贵族身份，朝代更迭，作为旧贵族的他便感到孤零与悲伤。其《园葵诗二首》中写到："翩翩晚凋葵，孤生寄北蕃。被蒙覆露惠，微躯后时残。"这里的葵就成为诗人孤独与感伤的寄托了。

总之，人的觉醒与文学的自觉是魏晋南北朝"文学自觉时代"的两个重要特征，诗歌的创作更倾向抒发诗人自己的情感，且在语言艺术上有了更高的审美追求。蔬菜意象在诗歌中的出现有着多种形式，作为审美对象或者感情寄托之物，都有着"文学自觉"性的特征。

第四章 蔬菜意象发展演进情况例析

最初蔬菜形象能够进入诗歌，更多的是因为蔬菜可以"吃"，另外便是有些蔬菜颜色鲜艳、形态优雅，受到了诗人的关注。后经过文学的不断发展以及人们对蔬菜习性的渐渐熟识，很多蔬菜便有了比喻意，用来含蓄地表达诗人的内心情感。千百年来，经过诗人的不断吟咏，很多的蔬菜形象在诗歌中成为一种固定表达，如写到"葵"就隐含了它的"向阳"特性，并引申为对君主的忠诚；写到莼菜便蕴含着思乡归隐的情绪；而"采薇"则象征隐士的高洁品质。诸如此类，蔬菜变成了一种特殊的文学符号，隐含固定的文化内涵。下面就以"葵"和"薇"两类蔬菜意象为例，具体分析蔬菜意象在诗歌中的发展变化情况。

第一节 "葵"意象研究

葵是我国古代非常重要的一种蔬菜，至少元代以前，葵始终是古人餐桌上首推的菜蔬。之后由于蔬菜品种的增加，葵才慢慢退出蔬菜的行列。到明代，李时珍在《本草纲目》中已将"葵"列为草类。葵不仅是古代重要的菜蔬，也是重要的文学符号，和我国古诗文中其他文学意象一样，葵也经历了从食用蔬菜到特殊文学意象的演变过程。

一、"葵"义辨析

由于以"葵"为名的植物及蔬菜种类繁多,加之很多又有相似的特性,所以对文学作品中出现的"葵",古今注释者常常出现讹误。"葵"在古代诗文中出现的频率很高,我们最为熟悉的当为汉乐府诗歌《长歌行》中"青青园中葵,朝露待日晞"的诗句。对于这句诗中的"葵",很多人都习惯性地把它解释为向日葵,包括朱东润在《中国历代文学作品选》中也将此"葵"解释为"向日葵"①,这很明显是错误的。向日葵是一种油料作物,原产美洲,明中后期才从欧洲传入我国,故而汉代是不可能有这种作物的。所以,在讨论"葵"意象的发展脉络之前对"葵"做一个名物上的辨析是很有必要的。

许慎在《说文解字》中对"葵"的解释为"葵,菜也"②。许慎的解释略显模糊,但传达出很重要的一个信息,那就是"葵"在古代是作为蔬菜食用的。"葵菜"在我国食用及栽培的历史非常悠久,《诗经·豳风·七月》有"七月烹葵及菽"③的诗句,可见早在诗经时代,葵已经是古人寻常食用的菜蔬了。葵不仅食用历史悠久,并且在我国古代食用蔬菜中的地位也是极高的。我国第一本系统的医学著作《黄帝内经》中有"五菜"之说,"葵"位居首位。北魏贾思勰在《齐民要术·蔬类》中也将"葵"列为首篇,并附有详细的种植与烹作方法。元代王祯《农书》提到:"葵为百菜之主,备四时之馔,本丰而耐旱,味甘而无毒。供食之余,可为菹腊;枯枿之遗,可为榜簇;子若根则能疗疾,咸无弃材,诚蔬茹之上品,民生之资助也。"对葵的褒奖可谓极矣。

---

① 朱东润主编《中国历代文学作品选》上编第一册,第 405 页。
② 许慎《说文解字·艸部》,中华书局 1963 年版,第 15 页。
③ 程俊英《诗经译注》,第 268 页。

据当今学者考证，古代所称"葵菜"当为今天锦葵科的冬寒菜，又叫冬苋菜，爽滑可口，古代食用普遍。对于这种常见且重要的菜蔬，为什么在后世诗文中出现时却常常被误读呢，笔者认为有以下几点原因：首先，元代以后由于蔬菜品种日渐繁多，且人们又认为葵菜"性太滑利，不益人"，以至于葵菜渐渐退出蔬菜的行列，现今只四川、湖南、江西等地少有种植。葵菜从"百菜之主"转变成寻常野菜，后

图24　冬葵。图片来自网络。

世之人自然对之了解渐少，在对"葵"的注释上犯以今律古的错误也是在所难免。其次，古人食菜以爽滑为佳，而葵菜恰以滑嫩味美著称，于是很多味美爽利的蔬菜都被冠以"葵"字，正如吴其濬《植物名实图考》中所云"古人于菜之滑者多曰葵"[①]，如凫葵、落葵、楚葵、菫葵等，但其实大部分并不属于葵菜。名字中带"葵"的蔬菜品种繁多，非有专业水平之人难以一一辨识，故后世文人注释"葵"时多有讹误就不难理解了。另外一个重要的原因便是向日葵在我国的引入，向日葵花盘能随着太阳旋转，与葵菜叶子的倾日性非常相似，其"向日葵"之名也应来源于此，又由于向日葵在我国种植普遍，很多人识此"葵"而不认彼"葵"，以至于诗文中将"葵"误释为"向日葵"的情况最多。

---

① 吴其濬《植物名实图考》，第426页。

二、"葵"意象的发展变化

"葵"因其味美爽滑、颜色翠绿而常被诗人吟咏,从《诗经》的"七月烹葵及菽"对葵简单地提及到汉乐府《长歌行》中"青青园中葵"对葵青翠之色的赞美,葵正从一种食用蔬菜渐渐转变成诗人写景咏物的常用物象。西晋陆机的《园葵诗》"种葵北园中,葵生郁萋萋。朝荣东北倾,夕颖西南晞"对葵菜的外观及叶子倾日的特征有着细致生动的描写。鲍照更是有《园葵赋》:"主人拂黄冠,拭藜杖,布蔬种,平圻壤……下葳蕤而被迳,上参差而覆畤,承朝阳之丽景,得倾柯之所投。……柔滑芬芳,消淋逐水,润胃调肠。"对葵菜的种植过程、外观特征及其口感效用有着详细的描述,可见诗人对葵菜的熟悉程度。

图25　落葵(木耳菜)。图片来自网络。

正是由于当时之人对葵菜的熟悉与喜爱,"葵"才能从一种普通的蔬菜登上文学的大雅之堂。其他还有如陶渊明《和胡西曹示顾贼曹诗》中"流目视西园,晔晔荣紫葵"、李峤《和同府李祭酒休沐田居》中"迎秋谷黍黄,含露园葵绿"、杜甫《佐还山后寄三首其二》中"味岂同金菊,香宜配绿葵"等,饱含对葵的喜爱。

"葵"进入文学并且最终成为一个特殊的文学符号,除了味道鲜美、颜色可爱之外，更重要的原因是其叶片阔大、向日而倾，以保护足根部不受灼伤的生物特性。其实很多植物都有向阳性，而唯独突出葵菜，也从侧面说明了葵菜在古代蔬菜中的重要地位。

《左传·成公十七年》记载："齐庆克通于声孟子，与妇人蒙衣乘辇，而入于闳。鲍牵见之，以告国武子……孟子诉之曰：高鲍将不纳君而立公子角。国子知之。秋七月壬寅，刖鲍牵而逐高无咎……后仲尼曰：鲍庄子之知不如葵。葵犹能卫其足。"杜预在注中曰："葵倾叶向日，以蔽其根。"[①]这是关于葵叶"倾日卫足"的最早记载，从此葵菜被逐渐赋予"人性"，称"卫足葵"。后世诗人常借葵菜之能卫足来反衬自己的命途多舛、难以自保的境遇。如李白在《流夜郎题葵叶》中写道："惭君能卫足，叹我远移根。白日如分照，还归守故园。"全诗意思很简单，前两句，用葵叶尚能保护自己的足根来反衬作者无力保身、流放他乡的悲苦与愤慨；后两句，表明作者的希望，盼望朝廷赦免他回故园和亲人团聚。在这里"葵"已不是食用蔬菜的身份了，而是成为了作者感伤身世的寄托之物，当然这种寄托也是基于葵菜"卫足"的特性，正如"感时花溅泪，恨别鸟惊心"，李白流放见葵菜而悲伤，此种情感千古同一。此外，张九龄《郡舍南有园畦杂树聊以永日》中"成蹊谢李径，卫足感葵阴"、刘禹锡《韩十八侍御见示岳阳楼别窦司直诗，因令属和重以自述，故足成六十二韵》中"卫足不如葵，漏川空叹蚁"等也是这种用法。

葵菜向日的特征更被我国古代文人拿进诗文用以表达对圣人之道及对君主的追随与忠心。《淮南子·说林》中记载："圣人之一道，犹

---

① 阮元《十三经注疏》，上海古籍出版社1997年版，第1921页。

葵之与日也。虽不能与终始哉，其向之诚也。"①追随圣人之道就像葵叶随阳而转，贵在诚心。这里"葵"的象征意义已经不偏重于"卫足"了，而是来喻指人们对美好神圣事情的诚心向往。葵的"卫足"与"倾日"是同一事情的两个方面，从卫足到倾日、从被动防御到主动追求，也表现了我国古人积极向上的处世心态。

然而，从诚心向道延伸出的忠君思想才是我国古代诗文最为常用的"葵"的意象。曹植在《求通亲亲表》中写道："若葵藿之倾叶太阳，虽不为之回光，然终向之者诚也。臣窃自比葵藿，若降天地之施，垂三光之明者，实在陛下。"曹植以葵藿自比，表达对文帝的忠诚之心。后世文人亦常用"葵藿"之典来向君主表白忠心。比较著名的是杜甫在《自京赴奉先县咏怀五百字》中的"葵藿倾太阳，物性固莫夺"两句，诗句意思很好理解，诗人说自己对皇上的忠诚之心就像葵藿倾日，是出于自己的本性。这里"葵""藿"连用历来注释者都有自己的见解，冯至编选的《杜甫诗选》解释为"葵藿：低贱的植物，杜甫自比。葵是向日葵，常倾向日光，比喻忠君。藿，草类，虽不向日，因葵而连类及之"②；肖涤非认为"'藿'是豆叶，葵向日，藿并不向日，这是一种'偏义复词'"③。两家都认为葵向日而藿不向日，笔者认为这种说法有待商榷，冯至认为葵是向日葵，固然是错的，但葵向日的特性不需赘述。藿即是豆苗，豆叶有没有向日性呢，答案是肯定的，绝大部分植物都具有向光性、向水性及向肥性，这是植物的特性，豆叶自然也不会例外，唯一的解释是豆叶没有葵叶阔大且向阳性没有葵

---

① 张双棣《淮南子校释》，北京大学出版社1997年版，第1743页。
② 冯至编选《杜甫诗选》，人民文学出版社1956年版，第36页。
③ 肖涤非《杜甫研究》，山东人民出版社1956年版，第47页。

图 26　向日葵。图片来自网络。

叶明显,以至于人们自然地认为"藿"只是被连类举之的附属之物。总结起来,笔者认为"葵藿"连用有两层意思,一是诗人用低贱的植物自比,以示君主的尊贵,还有就是用葵藿倾日的特性来比喻自己对君主的忠诚。从曹植开始,"葵藿"连用已经成为一个特殊的文学意象,后世文人常用此典向君主或者上级表示忠诚渴慕之心,以期获得征用,如李峤《日》中"倾心比葵藿,朝夕奉光曦"、白居易《郡斋暇日忆庐山草堂,兼寄二林僧社三十韵,多叙贬官已来出处之意》中"莲静方依水,葵枯重仰阳"、唐彦谦《留别》中"花染离筵泪,葵倾报国心"等。当然,也有诗人用"葵藿"之低贱比喻自身之渺小、处境之卑微,或者表达自己甘愿平凡之心,如江淹《游黄檗山诗》中"秦皇慕隐沦,汉武愿长年。皆负雄豪威,弃剑为名山。况我葵藿志,松木横眼前"就是一例,诗人认为以秦始皇和汉武帝的雄才大略尚且求仙问道,自己渺小如葵藿更有理由来巡山求仙了。张九龄《杂诗》中"酷在兰将蕙,甘从葵与藿"、刘叉《与孟东野》中"寒衣草木皮，饥饭葵藿根"等也是此种用法。

从"百菜之主"到"忠君之心"，"葵"意象在诗歌创作中经历了由写实到象征的转变。葵菜由真正的佐餐之菜演化成诗人表达情感的寄托之物，继而成为固定的文学符号，这也是我国文学意象演进过程的一般规律。

图27　锦葵。图片来自网络。

图28　蜀葵。图片来自网络。

图29　黄秋葵。图片来自网络。

第二节 "采薇"意象研究

作为一种蔬菜,"薇"一直被列入野菜的行列,上古之人食用较多,后来由于生产力的发展、蔬菜种类增多,人们就很少食用了。但作为中国古代文学中一个特殊的意象符号,"薇"则是蔬菜从实物到文学意象转变较早且影响较为深远的一种。

图 30　薇(大巢菜)。图片来自网络。

那么,"薇"到底为何物?首先它应是一种蔬菜,《毛传》云"薇,菜也"。《尔雅注疏》中对"薇"的解释为:"薇,垂水。注,生于水边……疏,草生于水滨而枝叶垂于水者曰薇,故注云生于水边也。"[①]很明显,

---

① 李学勤主编《十三经注疏·尔雅注疏》,第257页。

这里所说的"薇"是一种生于水边的野菜。但这种说法似乎并不可靠，《说文解字》解释为"薇，菜也，似藿，从艸，微声"。藿即是豆类植物的叶子，豆类自然是不会生于水边。陆玑《毛诗草木鸟兽虫鱼疏》中的说法更确切地指明薇非水生野菜，而是陆生蔬菜，"薇，山菜也，茎叶似小豆，蔓生，其味亦如小豆"。吴其濬在《植物名实图考长编》中对"薇"有更为详细明确的解释："按薇为野豌豆，自是确诂，然亦有结实不结实之分：不结实者，茎、叶可食，所谓巢菜是也；结实者可春为面，即《野菜谱》野菉豆也。此惟乡人能辨之尔。"①可见古人所谓"薇"应为野豌豆或者巢菜。

和上古其他野菜一样，薇最早除了供食用外，主要的作用便是祭祀。《仪礼·士虞礼》有云："铏芼用苦若薇有滑。夏用葵，冬用苣。"②《仪礼·公食大夫礼》亦有"铏芼牛藿羊苦豕薇皆有滑"③的记载。周代是典型的宗法治社会，对祖先的祭祀特别注重，其贡品中肉羹是必不可少的，肉羹一般需加野菜调制，即为铏芼。"铏芼用苦若薇有滑"就是说肉羹一般加苦荼或者薇菜，取其滑嫩，盛于铏，做贡品。而不同的肉羹所用的野菜也不一样，牛肉一般选用豆叶，羊肉用苦荼，猪肉则用薇菜。由此可见，上古时代薇菜是一种重要的祭祀蔬菜。

薇菜作为古人的食用蔬菜，又是祭祀的必备贡品，在文学作品中自然也多被吟咏。从《诗经》开始，薇菜逐渐从一种野菜演变为象征戍卒军旅艰辛及隐士高洁情操的文学符号，也就是后世常用的"采薇"意象。"采薇"意象的形成有两个源头，其一是《诗经·小雅》中的"采

---

① 吴其濬《植物名实图考长编》，商务印书馆1959年版，第283页。
② 李学勤主编《十三经注疏·仪礼注疏》，北京大学出版社1999年版，第816页。
③ 李学勤主编《十三经注疏·仪礼注疏》，北京大学出版社1999年版，第504页。

薇篇",另一个则是伯夷叔齐饿死首阳山的传说。

一、《诗经·采薇》与"采薇"意象

《诗经》中涉及"采薇"的共有三篇,分别为《国风·召南·草虫》《小雅·采薇》《小雅·四月》。"采薇"首先是作为古人的劳动场景出现的,《草虫》中的"陟彼南山,言采其薇"及《四月》中的"山有蕨薇,隰有杞桋",包括《采薇》中的"采薇采薇,薇亦作止"都是描写的古人上山采薇的场景。诗经时代整体的社会生产力低下,加之王公贵族对贫民百姓的压迫,薇这种不算名贵的野菜自然成为了百姓的常食之蔬。从这一点来看,采薇从一开始便和贫民艰苦的生活联系在一起,而以"采薇"起兴的诗歌多少也会包含对贵族压迫、社会战乱及生活艰辛的抱怨。而思妇、征夫多是下层百姓,其对家乡亲人的思念也会寄托在采摘薇菜的劳作中。比如《草虫》便是一首关于思妇的作品,诗中有"陟彼南山,言采其蕨。未见君子,我心伤悲"的句子,写思妇上山望君,没有看见丈夫,只见满山薇菜,感时光流逝,加深对丈夫的思念,以致内心伤悲。而《采薇》中更是直接以"采薇"起兴,并且以薇的"作""柔""刚"的变化,表现时间的流逝,把对家人的思念、对夷狄的仇恨、对军队的自豪之情全部融入采薇的劳作之中。

具体来看《小雅·采薇》:

采薇采薇。薇亦作止。曰归曰归。岁亦莫止。靡室靡家。獫狁之故。不遑启居。狁之故。

采薇采薇。薇亦柔止。曰归曰归。心亦忧止。忧心烈烈。载饥载渴。我戍未定。靡使归聘。

采薇采薇。薇亦刚止。曰归曰归。岁亦阳止。王事靡盬。

不遑启处。忧心孔疚。我行不来。

彼尔维何。维常之华。彼路斯何。君子之车。戎车既驾。四牡业业。岂敢定居。一月三捷。

驾彼四牡。四牡骙骙。君子所依。小人所腓。四牡翼翼。象弭鱼服。岂不日戒。狁孔棘。

昔我往矣。杨柳依依。今我来思。雨雪霏霏。行道迟迟。载渴载饥。我心伤悲。莫知我哀。

图31 [宋]马和之《小雅鹿鸣之什图》卷，第七段：采薇（局部）。

《小雅·采薇》六章章八句，是《诗经》中的名篇，不仅开中国战争诗歌写作的先河，更成为中国文学史中"采薇"意象的发端。

对于此诗的主旨，历来的文人学者争论不休，大致有三种解释：一是遣戍役之说，二是劳还师之说，还有一种观点认为"《采薇》描写了远征战士罢战归来，在回乡途中，抚今追昔，回想在军中的情况和心情，反映了狁入侵给人民带来的苦痛以及诗人对家人的思念"①。《诗序》："文王之时，西有昆夷之患，北有玁狁之难。以天子之命，命将，以守卫中国。故歌采薇以遣之，出车以劳还，杕杜以勤归也。"应该说，这是对《采薇》"遣戍役说"最早最完备的解释。而"劳还师"之说由《毛传》提出，明人姚舜牧在其《重订诗经疑问》一书中也认为："《诗序》，遣戍役也；《诗传》，劳师也。《传》较胜于《序》。"②第三种说法源自姚际恒所著的《诗经通论》，书中提出"此（《采薇》）戍役归还之诗，《小序》谓遣戍役，非"③，认为这首诗是戍卒还家途中所唱的歌谣。

这三种阐释争论的焦点是创作这首诗的时间，到底是出师之前还是之后，还是戍卒归家之时。笔者认为，在讨论"采薇"意象的发端这个问题上，这三种观点是没有实质意义的。因为不管是遣戍役还是劳还师，诗歌文本是固定的，而"采薇"意象在后世之所以有了象征戍卒征旅艰辛的意义，仅从诗歌内容上就能看出，而不牵涉创作时间。比如，这首诗有六章，可分为两部分来看，前五章是对戍卒征旅生活的描写，最后一章写征人归途上的心情。不管这首诗是写于战前还是战后，戍卒艰辛的征旅生活是不会变的，也就是说诗中前五章所描写的情景，不管是对战时生活的预估还是对征旅生活的回忆，它都不是假的。

这首诗前三章均以"采薇"起兴，而又有变化，"薇亦作止"是说薇菜刚刚发芽的状态，"薇亦柔止"是写薇菜渐渐长大变得柔嫩，而"薇亦刚止"则是写薇菜变得坚硬，已经成熟。诗歌以薇菜的生长

---

① 王琳、施马琪《"薇"与〈诗经·采薇〉的主旨》，《文山学院学报》2012年4月。
② 姚舜牧《重订诗经疑问》，上海古籍出版社1987年版，第690页。
③ 姚际恒《诗经通论》，上海古籍出版社2002年版，第126页。

周期来暗示戍卒征途中的时光流转，时间不断推移，戍卒却始终"我行不来"，归家之思可想而知。这三章连用三个"曰归曰归"，一唱三叹，把戍卒对家乡的思念之情表达得淋漓尽致，而其间又饱含着对无休止的战事的牢骚、抱怨。然而，到底是什么原因使戍卒不能还家呢，"王事靡盬"，战事还没有结束怎能回家呢？而这一切最根本还是"狎狁之故"，夷狄的入侵使戍卒年复一年的征战迁徙、"我戍未定"、不得还家。戍卒对外敌的仇视不言而喻。

第四章和第五章还是写的征旅生活，但表现的角度又有不同。前三章借"采薇"写时间的推移，表达戍卒军旅生活的艰辛及对家乡的思念，而第四、第五章通过写军队的雄壮、军备的精良，在"一月三捷"中流露出戍卒为国征战的自豪之情及必胜的决心。

末章用"杨柳依依"写出戍卒离家时正值春光大好，乐景衬哀情，更显离家之悲。然而"今我来思，雨雪霏霏"却不是以哀景写乐情，回家自然是喜，但更多的却是悲凉。本诗最后四句"行道迟迟，载渴载饥。我心伤悲，莫知我哀"。归家路途的艰辛使"我心伤悲"，而笔者认为戍卒对残酷战争的反思及"近乡情更怯"的心情才是其伤悲的真正原因。这么看来，虽然本诗包含了戍卒对家乡的思念、对卫国战争的自豪及对夷狄的仇恨等诸多情感因素，但"我心伤悲，莫知我哀"，卒章显志，表达了当时人民浓重的反战情绪。

从《小雅·采薇》开始，后世文人往往用"采薇"来写战争生活，借以表达对战争的谴责、对家乡的思念或者也用来表达对保家卫国的自豪之情。自此，"薇"便逐渐从一种野菜演变为戍卒军旅生活的象征，成为中国古代文学中最重要的文学符号之一。如晋朝张华的《劳还师歌》中"征夫信勤瘁，自古咏采薇"就表达了对征夫艰辛生活的感慨。

二、"采薇"意象与隐士情操

"采薇"作为一个文学符号，除用以表现战争生活外，自古文人运用最多的还是它的另一个内涵，那就是隐士高洁情操的象征，而这源自伯夷叔齐的故事。《史记·伯夷列传》对伯夷叔齐的故事有较为详细的叙述：

> 伯夷、叔齐，孤竹君之二子也。父欲立叔齐，及父卒，叔齐让伯夷……武王已平殷乱，天下宗周，而伯夷、叔齐耻之，义不食周粟，隐于首阳山，采薇而食之。及饿且死，作歌。其辞曰："登彼西山兮，采其薇矣。以暴易暴兮，不知其非矣。神农、虞、夏忽焉没兮，我安适归矣？于嗟徂兮，命之衰矣！"遂饿死于首阳山。

文中包括伯夷叔齐让国、耻食周粟、西山采薇、饿死首阳山几个情节，而真正让伯夷叔齐留名后世的是他们义不食周粟，最终因常年食薇菜而饿死首阳山的隐者形象。其隐者的形象更包含着他们让国的高风亮节、不食周粟的坚贞高洁以及他们安于贫寒的隐逸情怀等诸多文化因素。"西山采薇"的情节被后世文人一再传诵，而"采薇"便成为了伯夷叔齐精神的象征。

相比"采薇"作为戍卒征旅艰辛的象征，古今文人更多地用"采薇"来象征隐逸生活，表达安贫乐道、忠贞高洁的情操。如王绩《野望》：

> 东皋薄暮望，徙倚欲何依。树树皆秋色，山山唯落晖。
> 牧人驱犊返，猎马带禽归。相顾无相识，长歌怀采薇。

诗中描写了安静闲适的生活场景,这里的"采薇"便是隐逸生活的象征。

图32 [宋]李唐《采薇图》(局部)。现藏于故宫博物院。

当然,"伯夷叔齐精神"也并不仅限于表现隐者的高洁情怀,司马迁《史记》"七十列传"独把《伯夷列传》放在首位,当有把"伯夷叔齐"精神当作古今君子德行标杆之意,而古今文人也多把坚守德操、安贫乐道的精神注入到"采薇"意象中去。杜甫《草堂》诗"饮啄愧残生,食薇不敢馀",就表达了杜甫安于贫困生活、坚守名节不为生活而放弃自己理想的精神。

  "采薇"作为文学意象外，其文化内涵还延伸到艺术领域，并有了新的发展。南宋时期，李唐作《采薇图》，画中伯夷双手抱膝，目光迥然，叔齐上身前倾，表示愿意相随。作者在民族危亡之际创此画作，除了表达对伯夷叔齐精神的敬仰外，更多地借伯夷叔齐义不仕周的忠贞影射当时一些人的变节投降。这里的"采薇"由表现隐逸情怀转变为展现民族气节，是创作者爱国情怀的展现，拓展了薇意象的文化内涵。

  总之，薇从野菜变为中国的"文化符号"，其所承载的文化内涵不断丰富，在文学上象征戍卒征旅生活及隐士高洁情怀，在艺术方面也成为创作者自身情操气节的寄托。蔬菜由物象演化为意象，是"蔬菜入诗"现象的重要环节，也能侧面窥探中国古代文学发展的演进历程。

结　语

中国自古以农立国，"民以食为天"，古人对"吃"的重视可谓极矣。蔬菜作为主食之外的重要辅助食材，在日常生活中自是不可或缺，而源自生活的诗歌作品当然也从最初就对蔬菜有了关注。

本文以时间顺序为线索，具体探讨了从《诗经》到魏晋南北朝诗歌中蔬菜意象的发生、发展、变化情况：《诗经》中的蔬菜意象仍与原始的生殖崇拜与祖宗祭祀有关系，但诗中的蔬菜描写已有较高的艺术水平；《楚辞》中的蔬菜基本上是以香草的形式出现，是抒情主人公高洁精神的象征；秦汉时期，诗歌衰落，汉乐府是这一时期比较重要的诗歌形式，乐府民歌中的蔬菜描写反映了当时的社会生活状况，除此之外，很多对我国文学产生重要影响的蔬菜意象也在此发端；魏晋南北朝时期是文学自觉的时代，蔬菜在诗歌中的描写呈现出多样化的趋势，且表现出人的觉醒与"文的自觉"的特性。

蔬菜在诗歌中的作用，一方面是以食物或者植物的形象真实地出现在诗歌中，充当背景或者被吟咏对象；另一方面则是虚拟的存在，蔬菜以一种文学象征符号的形式，寄托着诗人各种不同的情感。很多蔬菜最初都是以真实的形象出现在诗歌中，但随着文学的发展，很多便脱去了"食物"的外衣，成为一种特殊的文学意象，这时在诗歌中便发挥着第二种作用了。但是不管哪个时代的诗歌作品，都是这两种形象并存的，即使这些蔬菜已经被赋予了特殊内涵。

蔬菜意象作为植物意象中的一个分支，有理由也有必要对其进行深入探讨，通过对诗歌中蔬菜意象的研究，可以了解世俗生活对诗歌创作的影响，分析文学与现实的相互作用关系；同时也为我们分析诗歌植物意象提供了一个新的视角，分析诗歌中的蔬菜意象总会和其他植物意象发生交叉，但有比较就会有收获，对常见的植物意象从新的角度来分析，可以使这个植物意象的内涵更丰富更完整。

当然，本论题对"蔬菜入诗"现象的研究还很不充分，不足之处甚多，且囿于才力，常有词不达意之处。本论题从广度及深度上都仍有极大的发掘价值，值得进行更加深入的研究与分析。

征引文献目录

说明：

一、凡本文征引的各类专著、文集、资料汇编及学位论文、期刊论文均在此列，其他一般参考阅读文献不予列入。

二、征引书目按书名首字母排序，征引论文按作者姓名首字母排序。

一、书籍类

1. 《楚辞补注》，[宋]洪兴祖，北京：中华书局，1983年。

2. 《楚辞文化背景研究》，赵辉，武汉：湖北教育出版社，1995年。

3. 《楚辞译注（图文本）》，董楚平，上海：上海古籍出版社，2006年。

4. 《楚辞植物图鉴》，潘富俊，上海：上海书店出版社，2003年。

5. 《尔雅注疏》，[晋]郭璞，上海：上海古籍出版社，1990年。

6. 《而已集》，鲁迅，北京：人民文学出版社，1980年。

7. 《公元前我国食用蔬菜的种类探讨》，酆裕洹，北京：中国农业出版社，1960年。

8. 《汉唐饮食文化史》，黎虎主编，北京：北京师范大学出版社，1998年。

9. 《晋书》，[唐]房玄龄等，北京：中华书局，2000年。

10.《救荒本草》，[明]朱橚，北京：中华书局，1959年。

11.《离骚草木疏》，[宋]吴仁杰，北京：中华书局，1985年。

12.《两汉乐府诗研究》，陈利辉，北京：社会科学文献出版社，2013年。

13.《两汉诗歌研究》，赵敏俐，北京：商务印书馆，2011年。

14.《毛诗草木鸟兽虫鱼疏》，[南朝]陆玑，北京：中华书局，1985年。

15.《齐民要术校释》，[北魏]贾思勰，著石声汉校释，北京：中华书局，2009年。

16.《全上古三代秦汉三国六朝文》，[清]严可均，北京：中华书局，1958年。

17.《全唐诗》增订本，[清]彭定求等编，北京：中华书局，1999年。

18.《史记》，[汉]司马迁，北京：中华书局，1959年。

19.《诗集传》，[宋]朱熹，上海：上海古籍出版社，1980年。

20.《诗经译注》，程俊英，上海：上海古籍出版社，1985年。

21.《诗经译注》，周振甫，北京：中华书局，2010年。

22.《诗经原始》，[清]方玉润撰，李先耕点校，北京：中华书局，1986年。

23.《诗经植物图鉴》，潘富俊，上海：上海书店出版社，2003年。

24.《十三经注疏》，李学勤主编，孔颖达等注疏，北京：北京大学出版社，1999年。

25.《世说新语》，[南朝宋]刘义庆，长春：时代文艺出版社，2001年。

26.《食用本草》，吴文青主编，北京：中国医药科技出版社，2003年。

27.《说文解字注》，［汉］许慎撰，［清］段玉裁注，上海：上海古籍出版社，1981 年。

28.《四时纂要校释》，［唐］韩鄂著，缪启愉校释，北京：中国农业出版社，1981 年。

29.《宋书》，［元］脱脱等，北京：学苑音像出版社，2004 年。

30.《太平广记》，［宋］李昉，北京：中华书局，1961 年。

31.《太平御览》，［宋］李昉，北京：中华书局，1960 年。

32.《陶渊明集》，逯钦立校注，北京：中华书局，1979 年。

33.《文心雕龙》，［梁］刘勰撰，王峰注释，北京：华夏出版社，2002 年。

34.《先秦汉魏晋南北朝诗》，逯钦立，北京：中华书局，1983 年。

35.《艺文类聚》，［唐］欧阳询，上海：中华书局，1965 年。

36.《饮食与中国文化》，王仁湘，北京：人民出版社，1993 年。

37.《影印文渊阁四库全书》，上海：上海古籍出版社，1987 年。

38.《植物名实图考》，［清］吴其濬，北京：商务印书馆，1957 年。

39.《植物名实图考长编》，［清］吴其濬，北京：商务印书馆，1959 年。

40.《中国风俗通史》，陈绍棣著，陈高华、徐吉军主编，上海：上海文艺出版社，2003 年。

41.《中国诗论史》，［日］铃木虎雄，桂林：广西人民出版社，1989 年。

42.《中国文学史》，袁行霈主编，北京：高等教育出版社，2005 年。

43.《中国饮食文化史》，赵荣光，上海：上海人民出版社，2006 年。

二、学位论文

1. 柴波《秦汉饮食文化》,西北大学硕士学位论文,2001年5月。

2. 陈波玲《先唐采摘诗歌研究》,上海师范大学硕士学位论文,2011年4月。

3. 陈金章《汉乐府民俗文化探微》,福建师范大学硕士学位论文,2007年6月。

4. 高歌《中国古代花卉饮食研究》,郑州大学硕士学位论文,2006年5月。

5. 贾军《植物意象研究》,东北林业大学博士学位论文,2011年12月。

6. 蒋胜波《〈诗经〉农祭诗研究》,山东师范大学硕士学位论文,2011年4月。

7. 雷晨《〈诗经〉植物意境研究》,北京林业大学硕士学位论文,2012年6月。

8. 李杰《魏晋南北朝时期的饮食文化》,山东大学硕士学位论文,2008年4月。

9. 李拓《〈楚辞〉植物意象实证研究》,河南大学硕士学位论文,2010年5月。

10. 李霞《〈诗经〉的农事生活》,四川师范大学硕士学位论文,2013年5月。

11. 罗丽《中国古代农事诗研究》,西北农林科技大学硕士学位论文,2002年6月。

12. 吕华亮《〈诗经〉名物与〈诗经〉成就》,山东大学博士学位论文，2008年5月。

13. 马海波《〈招魂〉与〈大招〉研究》，东北师范大学硕士学位论文，2012年5月。

14. 孙秀华《〈诗经〉采集文化研究》，山东大学博士学位论文，2012年5月。

15. 涂庆红《〈诗经〉风俗的归类研究》，四川师范大学硕士学位论文，2002年5月。

16. 王红玉《〈诗经·豳风·七月〉研究》，山西大学硕士学位论文，2010年6月。

17. 张秋丽《屈赋植物文化研究》，延边大学硕士学位论文，2008年5月。

18. 赵新雅《从〈诗经〉的比兴意象看周代民俗与文化观念》，信阳师范学院硕士学位论文，2014年5月。

19. 钟志强《六朝咏物诗研究》，漳州师范学院硕士学位论文，2010年6月。

三、期刊论文

1. 白秀兰《简析〈诗经〉的艺术特色》，《陶瓷研究与职业教育》，2009年3月。

2. 陈彩勤《菜·野蔬·菜——兼论野菜的祭祀作用》，《中国农史》，1997年第3期。

3. 陈文华《魏晋隋唐时期我国田园诗的产生和发展》，《农业考古》，2004年第1期。

4. 崔建荣《三曹诗对乐府古辞的继承与演变——以〈薤露行〉为例》，《河北北方学院学报（社会科学版）》，2009年12月。

5. 杜瑞平、刘硕《薤上露何易晞，蒿里千载有余哀——从挽歌的角度看〈薤露〉、〈蒿里〉的演变》，《中北大学学报（社会科学版）》，2007年第5期。

6. 方崇婧、徐柏青《〈离骚〉中"香草美人"意象及其与楚文化的关系》，《湖北师范学院学报（哲学社会科学版）》，2014年第2期。

7. 胡颖峰《农业文明与中国古典诗词的蔬菜书写》，《农业考古》，2012年第4期。

8. 李尚礼《〈诗经〉修辞手法举隅》，《运城高专学报》，1992年第1期。

9. 李艳《〈说文解字〉所收"葵"义考》，《郑州航空工业管理学院学报（社会科学版）》，2010年4月。

10. 李增林《古代诗文中的"葵"字解——兼谈"葵菽"即"葵藿"》，《宁夏大学学报》，1982年第4期。

11. 刘自宇《〈诗经〉艺术特点诠释与归述》，《语文学刊》，2009年11月。

12. 申怡然《论汉乐府民歌和〈古诗十九首〉之真实》，《文学界（理论版）》，2012年第5期。

13. 孙秀华《〈古诗十九首〉植物意象统观及文化意蕴诠释》，《宁夏社会科学》，2010年9月。

14. 谭思键《中国古代挽歌考》，《江西教育学院学报》，1991年第1期。

15. 王淳航、李天石《论六朝时期的蔬菜种植与流转》，《南京师大学报（社会科学版）》，2011年9月。

16. 吴宏聪《人的觉醒与文的自觉——重读鲁迅〈魏晋风度及文章

与药及酒之关系〉》,《中山大学学报(社会科学版)》,2001年第6期。

17. 武丽娜《从汉乐府看汉代社会生活》,《金田》,2014年第4期。

18. 熊良智《试论楚辞"荃""荪"喻君的原始意象》,《四川师范大学学报(社会科学版)》,2006年第5期。

19. 尹建章、曹文江《简论〈诗经〉的艺术构思》,《郑州大学学报》,1989年第3期。

20. 余华青《略论秦汉时期的园圃业》,《历史研究》,1983年第3期。

21. 俞香顺《荷花〈楚辞〉原型意义探讨》,《云梦学刊》,2003年6月。

22. 张安蜜《〈涉江采芙蓉〉新解》,《甘肃广播电视大学学报》,2014年12月。

23. 张崇琛《"薇"与〈诗经〉中的"采薇"诗》,《齐鲁学刊》,2002年第4期。

24. 赵红娟《葵与古诗文及信仰习俗考辨》,《浙江社会科学》,2003年第4期。

25. 赵沛霖《〈诗经〉艺术成就研究的历史与现状》,《青海师范大学学报(社会科学版)》,1989年第3期。

26. 诸葛忆兵《"采莲"杂考——兼谈"采莲"类题材唐宋诗词的阅读理解》,《文学遗产》,2003年第5期。

论梅花纸帐及其他

——纸帐、纸衣、纸被生活应用、文学书写和文化意义的阐释

胥树婷 著

目 录

绪　论……………………………………………………………261

第一章　纸制品的历史发展及主要产地………………………267
  第一节　纸制品的历史发展过程……………………………267
  第二节　纸制品的主要产地…………………………………278

第二章　纸制品的分类、形制与用法…………………………284
  第一节　纸制品的分类………………………………………284
  第二节　纸制品的形制………………………………………288
  第三节　纸制品的用法………………………………………294

第三章　纸制品的文学书写历程………………………………302
  第一节　纸制品的文学书写概述……………………………302
  第二节　史书方志对纸制品的记载…………………………308
  第三节　文学作品对纸制品的吟咏…………………………310

第四章　纸帐的生活情景和文学意趣…………………………317
  第一节　纸帐特征及文学表现………………………………317
  第二节　纸帐梅花与文人之雅………………………………325
  第三节　纸帐蒲团与文人之隐………………………………346
  第四节　小　结………………………………………………357

第五章　纸衣、纸被的生活情景和文学意趣…………………359

  第一节 纸衣的生活情景和文学意趣……………………359

  第二节 纸被的生活情景和文学意趣……………………368

  第三节 小 结……………………………………………382

第六章 纸制品的社会、文学、文化意义 …………………**386**

  第一节 纸制品的社会意义……………………………386

  第二节 纸制品的文学意义……………………………390

  第三节 纸制品的文化意义……………………………393

征引文献目录………………………………………………………**397**

绪 论

所谓纸制品，刘仁庆先生定义为："仅限于使用纸来制作的各种生活艺术物品，例如纸鸢、纸衣、纸冠、纸牌、纸鹤、纸扇、纸脸谱等。"[①] 唐宋时期在人口剧增，传统纤维资源短缺情况下，逐渐出现了以纸来制作衣冠、衾枕、帐幕等生活用品的情况。它们传统上并非以纸制作，而是特定历史条件下出现的名物。这些纸制品上承绵麻制品，下被棉制品逼退历史舞台，只是短期内出现的替代性生活用品。由于时间、精力有限，本文所论并非所有纸制品，而是专论了纸帐、纸衣、纸被这三种名品，特别研究了这三种纸制品的生活运用、文学书写与文化意义。

一、国内外关于该课题的研究现状及趋势

目前尚未发现关于纸制品的专题论文研究。纵观现有涉及该选题的相关资料，主要有两方面，一是综合性研究，二是个案研究。

（一）综合性研究

综合性研究大多是从古代造纸术的精湛水平入手研究纸制品，代表性著作有刘仁庆《中国古纸谱》，王菊花《中国古代造纸工程技术史》，潘吉星《中国造纸史》《中国造纸技术史稿》，戴家璋《中国造纸技术简史》，卢嘉锡主编、潘吉星著《中国科学技术史·造纸与印刷卷》，钱存训著、郑如斯编订《中国纸和印刷文化史》，魏明孔主编、胡小

---

① 刘仁庆《纸制品知多少》，《天津造纸》2011年第4期。

鹏著《中国手工业经济通史·宋元卷》，张大伟、曹江红《造纸史话》等。这些专著均是反映古代造纸技术的提高及成就，并未延伸到文学、文化层面。另外，魏华仙《宋代四类物品的生产和消费研究》中，阐述了宋代纸张的生产流通及消费情况，还详细介绍了宋代纸制品的种类、制作和使用方法，并把宋代纸制品分为军用纸甲、生活纸制品（衣着用品、床上用品、盖房及其他用品）、娱乐纸制品三大类，对本文的借鉴意义较大。冯彤《和纸的艺术》介绍了现代日本"和纸"制成纸衣的情况，为纸制品的跨地域研究提供新的视角。综合性研究还包括对纸制品的地域性研究，如丁春梅《宋至明清福建纸的生产、销售及其用途的演迁》，廖媛雨《史话江西纸张文化》，宁金《民国时期广西专业村兴起初探》等分别介绍了纸制品在福建、江西、广西等地域的运用情况。

（二）个案研究

扬之水《终朝采蓝：古名物寻微》考证古诗文名物，从文到物，或从物到文，介绍了纸被、纸衣及纸帐三种名物。游修龄《农史研究文集》辑录了《纸衣和纸被》一文，解释了纸制品在唐宋时兴起的原因，对本文具有很大的指导意义。

对纸帐的个案研究成果较多，倾蓝紫《浣花纸里水墨词：唐诗宋词的细节之美》中有《山家清事，梅花纸帐》文，分析了诗词、戏曲中的梅花纸帐意象。尹文《中国床榻艺术史》在第七章《温柔梦乡中的锦衾绣帐》指出明清阶段的雕花大床是由梅花纸帐演化而来，对了解古人的床俗和床榻历史很有帮助。扬之水《宋人居室的冬和夏》也是从床榻艺术和家纺艺术的角度出发，突出宋人居室之雅。有关纸帐意象研究的非学术型文章也有零星几篇，孟晖《梅花纸帐》载《缤纷家居》2008年第2期，认为梅花纸帐就是"以纸作帐，帐内悬设梅枝"，忽视了画梅纸帐也称为梅花纸帐。他还有《梅花纸帐里的冬天》一文载于《中华手工》2011年第11期，详细分析了宋人在梅花纸帐内的细微布置，指出了宋人以花果之香熏帐的雅居生活。《深圳商报》2009年01月09日，第C04版有《梅花纸帐》一文，《杭州日报》2009年05月26日第B11版有《纸帐梅香》一文，均从日常所用角度介绍了梅花纸帐一物。但上述研究依然没有对纸帐追根溯源，也没有系统地将纸帐与文人、文学、文化等问题结合起来。

对纸衣的个案研究不多，其中有《光明日报》1962年4月17日杨具的《谈纸衣》一文，说明那时纸衣已引起人们的注意。李露露《海南黎族的树皮布》指出楮冠和榖布衣，就是"由树皮制成的衣冠产品"，但并未指出树皮布对纸制品的启发作用。刘仁庆《衣服用纸做》仍是以纸衣的盛行突出造纸技艺之纯熟。吴学栋《古代纸衣的文献研究》通过梳理各种文献史料，考察了唐宋时期纸衣的制作原料、制作技术及应用状况，并将纸衣分为"作殓服"与"日常服装"两大类，对本文的纸衣意象研究有重要启发意义。柳敏《唐宋时期的纸衣》注重从史料角度出发，对纸衣的出现、形制、应用等问题进行梳理、阐释，但几乎未提诗词中的纸衣意象。赵习晴《浅谈丧葬中纸的艺术》对研究纸衣作殓服之用有所启发。

对于纸被的个案研究也不多，蔡鸿生《宋代名产"纸被"》以纸被为名物，以诗词作文献，考究纸被的质料、色泽、产地和功能，已经涉及诗词中的纸被意象。随后扬之水发文《也说纸被兼及纸衣》，再次以诗词为材料对蔡鸿生一文进行讨论和补充，但两人均缺乏对纸被文化意义的挖掘。

总之，涉及纸被、纸衣、纸帐的期刊论文仅零星几篇，而专项研究如硕士、博士论文及专著均未可见。现存研究多从社会学角度指出纸制品的存在和意义，很少从文学层面上去讨论和细究。但值得一提的是，这些论文中的研究方法和参考资料对本专题的写作有较大的借鉴意义。从以上的研究现状可看出，许多学者已经对古代造纸术和纸制品的发展与革新进行了整理，并取得了一定的成果，但对纸制品的专项研究还未尽全面系统。第一，在相关论文中，对纸制品的起源、用法未尽详细探讨，如对纸衣的不同种类，纸甲、纸襦、纸袄、纸裘等未做细致划分。第二，相关著作和论文大多停留在对纸制品意象的现象描述上，整体地、深入地对纸制品所承载的文人心理进行研究的文章较少。第三，大多学者是从经济学、社会学的角度来论述纸制品在造纸业发展过程中所起的功用，对纸制品的文学与文化研究有待深入。本文试图在前代学者已有成果的基础上，对纸制品尤其是纸帐、纸被、纸衣这三种意象进行全面深入的梳理研究，重点讨论这三种生活用品与文学作品之间的关系及其所产生的民俗文化效应。

二、本课题研究内容和创新之处

从选题上说，纸制品的文学表现尤其繁多，作为古人清贫与清雅生活的体现，具有重要的文化与文学价值，然而后世却几无关注，故而本课题的专项系统研究，具有一定的创新意义。另外，随着科技的发展和人们生活水平的提高，日常生活中虽不再使用纸制的帘帐、被子和衣服，但它们仍会被运用到医学、农业等其他领域，故本专题的研究也具有一定的现实意义。

从方法视野上说，本课题把文学研究与经济学、造纸业等结合起来，是文史交叉的研究。

从内容上说，本文的主要创新之处在于：一方面对纸帐、纸被、纸衣的起源及发展情况进行了梳理；另一方面强调了它们作为清贫、清雅之物的文学和文化意义。本课题将针对这两个方面进行深入研究。另外，对纸制品的历时研究是前人所少涉及的，所以期待更多学者的深化和加强。

三、纸制品文学文化研究的意义

首先，有利于推动对纸制品的名物研究。衣食住行是人们的基本生活需要。通过梳理文献史料不难发现，纸衣、纸帐、纸甲、纸被、纸冠等纸制品在我国古代运用十分广泛。先秦，以树皮绩布制衣已有先例，原宪居鲁时，以"楮冠、黎杖"应门，生活清苦，却安贫乐道，为后人所称颂。两汉蔡伦以"树肤"等材料改进造纸术，使得纸与树皮布同源，对以纸制衣有重要启发，此时的榖皮衣已是纸衣原型。魏晋时期，有穿纸衣下葬实例，开薄葬之风。唐末纸被、纸帐进入日常使用。两宋头戴纸冠、身穿纸衣、夜盖纸被、张设纸帐者不乏名人大家。元明清时，纸制品的实际使用减少，插梅、画梅的纸帐为明清的雕花大床所替代，拒风保暖的纸衣却用于殓服或祭祀。可以说，纸制品的名物研究，对了解中国古代的服饰文化及家纺文化有着重要意义。然而，当今学术界对这类名物研究甚少，研究成果不多。例如，纸帐只是作为中国床榻艺术或是造纸成就的一部分来进行梳理，并未将其作为一个完整的、独立的研究对象来重视对待，也缺乏对其历史发展，地理产地，产品形制、用法和特点的把握。因此，把纸制品作为一个独立的意象和题材来研究，可加深对这一类名物的了解和认识。

其次，有利于推动对纸制品意象的文学研究。纸帐、纸衣、纸被是生活用品，但却进入文学书写，并广为流传。史书、方志、诗词、散文、戏曲、小说均有涉及，史书方志谈及纸制品为张扬人物之清贫和地方土产特色。诗词将纸制品作为意象的吟咏作品数不胜数，佳作颇多，影响亦大。小说、戏曲中的纸制品也成为烘托人物处境、描摹环境的重要道具。对纸制品的文学研究，不但能拓宽咏物诗的研究视野，更能了解创作者的生活状况，反窥创作者的精神面貌、思想情趣和创作心理。

最后，有利于推动对纸制品的文化研究。纸制品具有一定的宗教文化、丧葬文化及文人文化内涵和意义。元明清阶段，纸制品逐渐退出历史舞台，但文人对纸帐、纸被、纸衣的吟咏热情依然不减。对于具有清贫、幽逸、隐逸、简朴等符号意义的纸制品，后世对它的审美文化研究微乎其微。本题将通过对诗词文的把握，还原古人的服饰起居状况，再现纸帐、纸被、纸衣的真实面貌，为古代造纸术的鼎盛发展提供辅证材料。这是从历史学、经济学再到文学、文化学上的贯穿和跨越，对当今社会的医学、农学、服装设计等方面具有一定的启发意义。

综上所述，将纸制品作为研究对象，对名物研究、文学及文化研究很有帮助。以下是我的详细论述，所有文字都是在我的硕士学位论文《论纸帐、纸衣、纸被——生活应用、文学书写和文化意义的阐释》的基础上修订完成的。原论文选题最初是由梅花纸帐的问题开始的，逐步引申开来，而形成目前对相关生活纸制品问题全面讨论的格局。2016年5月，我的学位论文在南京师范大学文学院通过答辩。

第一章 纸制品的历史发展及主要产地

早在西汉,我国已发明用麻类植物的纤维造纸。东汉时期,蔡伦革新造纸术,开始使用树皮造纸,为后来纸制品的制作提供了实用耐磨的原材料。南北朝时,已有穿着纸衣的实例。随着造纸技术的发展和人口的急剧增长,唐宋两代纸制品大范围流行,在数量和种类上都达到了顶峰。然而入元后,棉花的引进和种植促使棉制品投入使用,纸制品逐渐退出人们的视野。

第一节 纸制品的历史发展过程

先秦两汉已经出现"树皮"制品,是纸制品的萌芽期。随后树皮衣进一步发展,直接启发以纸代布制作衣物。唐宋阶段是纸制品发展的鼎盛期,此时纸制品种类丰富,使用阶层颇广。至元明清时期,棉花的出现促使纸制品逐渐退出了历史舞台,成为历史名词。

一、先秦两汉萌芽期

在造纸术发明之前的远古时代,我国南部和西南部少数民族即生产出独特的"树皮布"。那时人们将楮树皮经水沤制、捶打,制作衣物,这种无纺织过程所制成的薄片被称为"树皮布"。当今时代,黎族树皮布已经成为国家级非物质文化遗产。而历史文献对"树皮布"

图01 大麻。图片来自网络。

制作的衣帽亦有记载。春秋时代，有用楮皮制作的冠冕，叫作"楮冠"。据汉韩婴《韩诗外传》载，原宪在鲁国时异常贫困，当子贡乘肥马、衣轻裘前来拜见时，他不改其色，以"楮冠、黎杖而应门"[1]。此时的楮冠应为树皮布所制。

东汉蔡伦改进造纸术，《后汉书·蔡伦传》记载，蔡伦"造意用树肤（皮）、麻头及敝布、鱼网以为纸"[2]。大麻（参见图01）[3]的茎皮可用以织麻布或纺线，也可用来编织渔网和造纸。三国董巴《大汉舆服志》记载，蔡侯纸所用"树肤"即"木皮，名榖纸"。蔡伦将楮皮捣碎，经沤制、蒸煮反应之后用来制纸。正因如此，韩愈《毛颖传》将纸尊称为"褚先生（一说楮先生）"，宋方岳、谢枋得等文人还将其称为"楮夫子"。后世常以"楮"字代指"纸"字，故而纸衣、纸被、纸帐也被称为楮衣、楮被、楮帐。蔡伦生于今湖南耒阳，当地也

---

[1] 韩婴《韩诗外传》诗外传卷一。
[2] 范晔《后汉书》，卷一八〇。
[3] 本书所引图片很多来自网络。因本书属于学术研究著作，所有引征图片皆是为了学术研究，不用于营利，故相关图片之引用均无法向有关作者支付酬金，祈请相关图片拍摄者和作者海涵。谨在此向图片的拍摄者、作者、上传图片的网友表示诚挚的谢意。本书其他章节也存在类似引用网络图片的情况，不再详细说明。

确实栽种楮树，人们除用楮树皮制作树皮纸以外，还将其用于"捶制树皮布"①，制作衣物。而且，"树皮布"所用材料及制造过程与造纸工序极其相似，从这个意义上说，"树皮布"有可能启发蔡伦对造纸原料进行更新。后来，人们将表面更加光滑的楮皮纸制成服饰、被褥、帐幔便不足为奇。《后汉书》卷一一六《南蛮西南夷列传》记载，神话人物盘瓠死后，他的后代便"织绩木皮，染以草实，好五色衣服，制裁皆有尾形"。汉时，"盘瓠"民族制作的色彩斑斓的衣服乃"织绩木皮"而成，属树皮衣一种。《后汉书》还载，东汉廉吏南阳太守羊续，资藏只"布衾、敝祇裯，盐、麦数斛而已"②。其中"祇裯"后世多误认为是"纸裯"二字。明黄汝亨作《廉吏传》写到羊续曰："其资藏惟有布衾、敝纸裯，盐、麦数斛而已。"清张英《渊鉴类函》在服饰部写到羊续时也是"布衾、敝纸裯"而已，后世诗文也有"人生何必作羊续，廉吏岂皆黄

图 02　蔡伦像。图片来自网络。

---

① 钱存训《中国纸和印刷文化史》，广西师范大学出版社2004年版，第8页。
② 范晔《后汉书》卷三一。

纸袍"①之语,都将"祗裯"讹传成"纸裯",其实不然。《说文解字注》曰:"祗,祗裯,短衣也……后汉羊续传:'其资藏惟有布衾、弊祗裯。'"②"祗"音为"dī"乃贴身短衣。笔者目前所见资料,尚未发现先秦两汉时期的"楮衣"或"纸衣"称谓。只是此时类似纸衣的"树皮布"已有使用,并在很大程度上启发了后世以纸代布制作衣物。可以说,先秦两汉时期正是纸制生活用品的萌芽阶段。

二、魏晋阶段发展期

魏晋南北朝时,"纸"与"布"关系密切,两字常于一起使用。东晋著名历史学家虞预《请秘府纸表》云:"秘府中有布纸三万余枚,不任所给。愚欲请四百枚,付著作史,书写起居注。"文中用"布纸"一词,难分是"布"还是"纸",但从文名推测,这种"布纸"应为"纸"。造纸界学者曾把晋嵇含《南方草木状》一书中的"竹疏布"引伸为"竹纸",作为晋代有竹纸的证据③。三国吴人陆玑在《毛诗草木鸟兽虫鱼疏》中指出:"穀,幽州人谓之穀桑,或曰楮桑;荆、扬、交、广谓之穀;中州人谓之楮桑……今江南人绩其皮以为布,又捣以为纸,谓之穀皮纸。"④东晋顾微(一说裴渊)《广州记》记载"取穀树皮熟捶,堪为纸。盖蛮夷不蚕,乃被之为褐也"⑤,可惜原书已佚,只在《文房四谱》中尚留只言片语。穀树皮既可绩之成布,还可捣之为纸,蛮夷不养蚕缫丝,便以此制作衣服、被褥。此时,布与纸可以互通使用,

---

① 蒋超伯《附和作》,《二知轩诗续钞》卷三。
② 许慎撰,段玉裁注《说文解字注》卷八篇上,上海古籍出版社1981年版,第391页。
③ 袁翰青《中国化学史论文集》,三联书店1956年版,第112页。
④ 陆玑《毛诗草木鸟兽虫鱼疏》卷上,中华书局1985年版,第29~30页。
⑤ 苏易简《中华生活经典文房四谱》,中华书局2011年版,第226页。

纸制品与树皮制品处于交替出现的阶段。

造纸术在魏晋时期得到快速提升，剡溪藤纸更是天下闻名。后世诗词歌赋中对藤纸所制纸制品多有称颂，如"剡藤如雪胜冰纨""剡藤十幅暖藏春"等。但真正意义上的纸衣是在晋代出现的。据宋释惠洪《石门文字禅》记载隋朝感应佛舍利塔形成时说道：

> 晋建兴二年。长沙县之西一里二十步，有千叶青莲实两本生于陆地，掘之丈余，莲之根茎自瓦棺而出。发棺而视，但纸衣拴索，而莲实生头颅齿颊间。有铭棺上曰："僧不知名氏，唯诵《妙法莲华经》已数万部。既化，遗言以纸为衣，瓦棺葬于此郡。"以其事闻朝廷，有旨建寺其上，号"莲华"，今长沙驿即寺故基也。[1]

这是目前所见最早使用纸衣的实例，以"纸衣"作殓服，或始于此时。后代僧人有效仿此无名僧者，或生者以纸为衣，或亡者以纸衣下葬。后周太祖郭威将崩之时，下令以"纸衣、瓦棺"下葬，传为美谈。英国科学技术史专家李约瑟曾说，纸张在中国"不迟于5或6世纪开始制造衣着"[2]，实际恐怕比他预测的要早几个世纪。

三、唐宋繁荣鼎盛期

唐宋两代是纸制品的繁荣发展时期。唐以前，人口基数小，汉代曾达到6000万人。魏晋南北朝时，复杂的政治环境致使人口跌至4000

---

[1] 释惠洪《石门文字禅》卷二一，《影印文渊阁四库全书》第1116册，第427页。
[2] 李约瑟《中国科学技术史》第五卷《纸和印刷》，科学出版社2011年版，第76页、第109页。

图03　棉花。棉花成熟时裂开，露出柔软的纤维。图片来自网络。

万人，但历代君主都大力提倡种植桑麻，故而衣着压力不是很大。唐以来，人口剧增，加重了对衣着的需求。宋代战争频繁，既拉低了人们的消费水平，也影响了农业生产。此时，纤维资源愈益拘窘，棉花尚未引进，传统制衣材料如麻、葛、丝等纤维资源供应不足。这时，与传统纤维资源需要人工栽培不同，造纸所用原料主要为树皮、竹、藤等，多属野生，不受人力资源短缺的限制。材料的易得与廉价，促使唐宋民间造纸业发展壮大，为纸制品的大批量生产提供了良好契机。纸与纺织品属性相类，都是纤维制造的薄片，为纸制品成为生活用品提供可能，何况历史上已有制作"榖（谷）皮衣"之例。元明清时期，虽人口急剧增长，但棉花的大面积种植，缓和了人口膨胀与衣着短缺之间的矛盾。正如农史学家游修龄先生所说："唯有唐宋两朝的六百年间，长江流域的人口明显大增，农田垦辟努力发展，主要用来解决粮食问题，衣着的问题就显得较为紧张。恰好在这个时期正是中国造纸业和造纸技术大发展的时期……一些缺衣少被的人，自然想到利用纸张来做纸衣、纸袄、纸被，以资御寒。"①

从笔者目前所搜资料来看，"楮衣"这一称谓可能见于唐初。据班固《汉书·王莽传》记载，王莽身高七尺五寸，喜爱"以氂装衣"②。颜师古为"氂"作注，现今有两种说法，注"氂"一曰可装"楮衣"中，二曰可装"褚衣"中。清陈廷敬、张玉书《康熙字典》引师古注曰："毛之强曲者曰氂，以装楮衣中，令其张起也。"③用的是"楮衣"二字。明于慎行对此事亦有记载，明时俗间有以氂毛编织裙摆以令其张起者，他在读《王莽传》时发现王莽喜欢以氂毛装楮衣中④，乃知古亦有之。另桂馥《说文解字义证》"氂"条引师古注用的也是"装楮衣中"⑤。然值得探究的是，中华书局本简体《汉书》乃书颜师古注为"毛之强曲者曰氂，以装褚衣中，令其张起也"。即用"褚衣"。清张玉书原撰、马涛主编版《康熙字典》用"褚衣"。从现在可搜资料来看，多认为颜师古注"氂"为装"褚衣"而非"楮衣"。

楮衣始为楮树皮所制，后多指纸衣。而"褚"有两种意思：一为绵衣，用丝绵所装，即宋朱弁《送春》诗"风烟节物眼中稀，三月人犹恋褚衣"之谓。褚的另一种意思是与"楮"同，即纸的别称。韩愈《毛颖传》："颖与绛人陈玄、弘农陶泓及会稽褚先生（一作"楮先生"）友善，

---

① 游修龄编著《农史研究文集》，中国农业出版社1999年版，第443页。
② 班固《汉书·王莽传》，中华书局2007年版，第1041页。
③ 陈廷敬、张玉书等编撰《康熙字典》，中国书店2010版，第1105页。
④ 于慎行《榖山笔尘》卷一五。
⑤ 桂馥《说文解字义证四》，中华书局1987年版，第37页。

相推致，其出处必偕。"①韩文以笔、砚、纸拟人，此处所写的毛颖、陶泓、褚先生三位应分别是指笔、砚、纸。缘此"褚先生"与陆游描写纸被诗"一寒仍赖褚先生"②异曲同工，乃为纸的别称。《续资治通鉴》卷一一九载："始，豫僣位，作褚币，自一千至百千，皆题其末曰：'过八年不在行用。'"③褚币亦纸币。如此一来，"褚"与"楮"均可指代纸。

笔者认为，王莽"以氂装衣"只意味着他用了硬毛在裙裾之中令衣服蓬松张开，《汉书》并未详细解释王莽所装是什么材质的衣物。毕竟王莽身份尊贵，穿着楮衣未免太过寒酸。颜师古乃唐初学者，根据他所注释的内容只能判断，"楮衣"一词在唐初可能已经出现，但仍有待考证。

图04　楮树。图出［清］吴其濬《植物名实图考》。

---

① 韩愈《毛颖传》，《唐宋八大家文钞》卷八。
② 陆游《村居日饮酒对梅花醉则拥纸衾熟睡甚自适也》，《剑南诗稿校注》第3册，第1630页。
③ 毕沅《续资治通鉴》，岳麓书社2008年版，第66页。

那么唐宋时期，纸制品的繁荣发展主要有以下几个方面的表现：

（一）使用阶层广

可以说，这个时期的纸制品上自王孙贵族，下到平民百姓，文到书生墨客，武到士兵官员，入世红尘俗士，出世和尚方士，都离不开纸制品的运用。纸制品已然成为人们日常生活中不可或缺的一部分。以纸衣为例，有穿着纸衣的犯人，唐名臣狄仁杰被诬下狱时，曾"裂衾帛书冤，置楮衣中"[①]；有穿着纸衣的和尚，唐大历年间，有僧人苦行，不衣蚕口衣，"常衣纸衣，时人呼为纸衣禅师"[②]；也有穿着纸衣的官吏，大历二年（767年），淮西节度使李忠臣进兵入华州（今陕西华阴），烧杀抢掠，财物殆尽，"官吏至有着纸衣"者。从这几则材料也可管窥，唐时穿着纸衣的，或为牢狱之人，或为山居之人，或是官吏迫不得已而为之，属中下层阶级所为。纸被更是只有"经济困难的人才用"[③]，是迫于生计的无奈之举。但于宋代，纸帐、纸被则是大众化的，是士大夫卧室中再寻常不过的设置。

（二）有关纸制品的文学吟咏百花齐放

纸制品被广泛记载于方志、传记、墓志铭、诗词以及佛教典籍中。它们成为唐宋时期纸制品繁荣发展的重要文献资料和证据。魏晋时期，纸意象已被吟咏和歌颂，西晋傅咸《纸赋》、南北朝梁宣帝《咏纸》等都是代表性的单篇作品。北宋时期苏易简《文房四谱·纸谱》是世界上最早的[④]研究纸的专著，对纸衣的来源、制法已经作了详细的介绍。唐宋时期，使用纸制品意象作的诗词更是数不胜数，其间不乏名家之作。

---

① 嵇璜《钦定续通志》卷二二二，《影印文渊阁四库全书》第395册，第453页。
② 李昉《太平广记》卷二八九妖妄二，中华书局1961年版，第2297页。
③ 游修龄《纸衣和纸被》，《古今农业》1996年第1期。
④ 潘吉星《中国造纸技术史稿》，文物出版社1979年版，第107页。

唐五代徐夤开专咏纸帐、纸被意象之始，苏轼曾作单篇专咏纸帐，陆游甚至在《雨》《道室晨起》《夜坐》等20篇诗作中运用纸帐这一意象。此外，题在纸帐上的诗词，尤其是咏梅之作也令纸制品意象熠熠生辉，璀璨夺目。而这些吟咏作品，除见证唐宋纸制品的繁荣发展外，更是成为我国诗词文学的瑰宝。

四、元明清时消退期

元以后，棉制品的出现和流行，迫使纸制品逐渐消退，但仍偶有使用。至清代，广东长乐仍在生产"浣之至再不坏"[①]的纸衣；浙江荻浦仍生产桑皮纸，可"叠而为帐"[②]；贵州有"柔软光滑"[③]的土产纸席。清代方志中还记载了岭南、广东、澳门等地使用纸被的实例。值得一提的是，据清吴震方《岭南杂记》记载，清阮元《（道光）广东通志》与清王初桐《奁史》中均有关于"西洋纸被"[④]的记载。清印光任、张汝霖《（乾隆）澳门记略》还记载了澳门地区使用纸被御寒的例子。综上可见，清代纸制品在使用地域上有所扩大。现代社会纸被发展余音未绝，然多用于医疗设施，并不为日常所用。明清时期，有关纸衣的文献记载已经很少了[⑤]，但纸衣的零部件却开始投入使用。明太祖时期曾出现过一种纸衣领，可一日一换，"风行一时"[⑥]。清宣统年间还出现过以纸为下襟的"纸官服"[⑦]，用以缩减制衣费用。

---

① 屈大均《广东新语》卷一五，中华书局1985年版，第428页。
② 嵇曾筠《（雍正）浙江通志》卷一二〇，《影印文渊阁四库全书》第521册，第610页。
③ 曹庭栋《老老恒言》卷四，《丛书集成续编》第81册，第430页。
④ 吴震方《岭南杂记》下卷，中华书局1985年版，第51页。
⑤ 柳敏《唐宋时期的纸衣》，《文史杂志》2002年第1期。
⑥ 张大伟、曹江红《造纸史话》，社会科学文献出版社2011年版，第118页。
⑦ 刘仁庆《纸制品知多少》，《天津造纸》2011年第4期。

此时穿着纸衣便已十分稀奇，有狷介放诞之士便制纸衣冠"以标异"①。清末俞樾有《日本陈子德以其国所出纸布见赠为赋纸布诗》曰："宋时苏易简，曾撰《文房谱》，谓纸可为衣，其法传自古……以上并苏说，我疑或谰语。"诗人甚至怀疑纸衣乃古人杜撰，并非实存。直到日本陈子德以纸衣实物见赠，诗人始信纸可为衣。但当诗人裁缝制好纸衣之后，却是"聊可诧朋侣，人笑太觕麤"，被亲朋好友嘲笑一番。其实，明清阶段的纸衣常作祭祀之用，如今每逢"中元节"，福建等地区还保留着焚烧纸衣的风俗。纸制品的不易保存，使得人们在使用过程中不断进行突破和创新。明清阶段，人们开始将梅花图案雕刻在木制床具上，原来的梅花纸帐演变成梅开二度、梅开五福的"雕花大床"②。发展至清，包括梅花纸帐在内的各种纸制品逐渐"淡出历史舞台"③，几乎无存。

虽然明清时期纸制品的使用仍"余风不绝"，但它们或不断变体，或直接消逝，终归大势已去，"罕有遗存"④。棉花的引进和种植是促使纸制品消退的最主要因素。据农史学家游修龄先生研究，宋以前，长江和黄河流域尚未种植棉花，人们穿着以丝织品或麻织品为主。元以后，棉花在全国推广种植，人们的衣着转为"以棉织品为主"⑤。棉花与纸相比，优势凸显。一来棉花无须经过沤制、蒸煮等分离纤维的工序，生产方便；二来棉花"吸湿性"较好，舒适透气。故而，无论是生产者还是使用者，都倾向于选择棉制品而非纸制品。

---

① 李介《天香阁随笔》卷一，中华书局1985年版，第11页。
② 尹文《中国床榻艺术史》，东南大学出版社2010年版，第116页。
③ 吴学栋《古代纸衣的文献研究》，《黑龙江造纸》2012年第1期。
④ 蔡鸿生《宋代名产"纸被"》，《文史知识》2002年第10期。
⑤ 游修龄编著《农史研究文集》，中国农业出版社1999年版，第443页。

当然，纸制品的消退也与它们自身的缺陷相关。纸制品透气性较差，闷热难耐。北宋苏易简曾指出："山居者常以纸为衣……衣者不出十年，面黄而气促，绝嗜欲之虑，且不宜浴，盖外风不入，而内气不出也。"①宋代诗人华岳在诗中描写自己患疮时"两腿热疮今又发，休将纸被把头蒙"②也是这个原因。故而，无论是纸衣还是纸被，毕竟是贴身之物，不宜长期使用。而且纸制品遇水易坏，洗涤不便，保存时间亦无法和棉布相比，故逐渐被淘汰③。

第二节　纸制品的主要产地

纸制品的主要产地一般集中在长江中下游的中东部地区，如福建、江西、安徽、浙江等地。从地域上来看，这些地区气候暖热湿润，依山傍水，植被茂盛，适合多种植物生长。其中野藤、楮树、桑树、毛竹等都是制造纸张的理想材料，故而造纸行业发达，盛产纸制品。

一、福建长汀、邵武

福建汀州盛产纸帐，清穆彰阿编撰《（嘉庆）大清一统志》在"土产"条记载："纸帐，长汀县出。"长汀别称"汀州"，地处福建省龙岩市西部山区，位于武夷山南麓，西与江西接壤。自然地理优势得天独厚，森林覆盖率达74%，其中还有大面积的竹林、楮树林。据考，唐时，长汀已开始用楮树、野藤造纸。竹纸和楮纸的大量生产也直接催生了纸

---

① 苏易简《纸谱》，《文房四谱》卷四，中华书局2011年版，第207页。
② 华岳《矮斋杂咏·患疮》，《翠微南征录》卷一〇，《宋集珍本丛刊》第78册，第182页。
③ 《造纸史话》编写组编《造纸史话》，上海科学技术出版社1983年版，第113页。

制品的加工制作。晚唐进士徐夤入汀州躲避战乱，隐居在水村山郭之间，有《纸帐》《纸被》诗。徐夤便是第一个把纸帐作为意象进行专咏的文人。

纸被出福建，记载于方志之中。有学者据《八闽通志》统计，明代福建八个府中有两个府以制造纸被而出名：一为邵武府，明黄仲昭编纂的《（弘治）八闽通志》记载楮衾"即纸被，俱出邵武县"[1]，既已指出纸被出福建之语；《（弘治）八闽通志》还记载，邵武县有飞猿岭，"其地产纸衾"[2]。二为建宁府，"纸被以楮树为之……出瓯宁、建阳、松溪、崇安四县"，皆是闽北地区。山地为主的地形和温暖湿润的气候条件，使得福建生长着丰富的植物资源，有丰富的造纸原料和配料，故手工造纸业十分发达。明代福建纸所制的纸制品"第一"[3]当为纸被，并且多以楮纸为之，颇为著名。

二、江西建昌、南城

江西生产纸帐。清曹庭栋《老老恒言》记载"纸可作帐出江右"[4]。江西与福建长汀接壤，植被生长具有同样得天独厚的条件。与此同时，江西是中国重要的木材、毛竹产地。廉价的原材料来源促使江西造纸业繁荣发展，据考，明初江西手工造纸业已遍布各地。清曾燠《江西诗征》中，搜集到江西人如陈杰、姚勉、刘诜、莫兆椿等，均有与纸帐意象相关的诗作存世。

江西还生产纸被，尤以建昌纸被最为著名。清曹庭栋《老老恒言》

---

[1] 黄仲昭编纂《（弘治）八闽通志》卷二六，《北京图书馆古籍珍本丛刊》第34册，第347页。

[2] 黄仲昭编纂《（弘治）八闽通志》卷一〇，《北京图书馆古籍珍本丛刊》第34册，第140页。

[3] 丁春梅《宋至明清福建纸的生产、销售及其用途的演迁》，《莆田学院学报》2006年第1期。

[4] 曹庭栋《老老恒言》卷四，《丛书集成续编》第81册，第428页。

记载，江右建昌（今永修）"产纸大而厚，柔软作被，细腻如茧，面、里俱可用之，薄装以绵，已极温暖"①。后世诗词有关于建昌纸被的吟咏，多提及江西"盱江"一地，如宋刘子翚《吕居仁惠建昌纸被》"尝闻盱江藤"②、宋李正民《建昌寄纸被》"捣楮为衾被，盱江远寄将"、元刘诜《彭琦初用坡翁纸帐韵，惠建昌纸衾，次韵二首为谢》"盱溪水暖楮藤连"等。盱江发源于江西省广昌县，流经南丰、南城、临川等地，江水、江边方便沤制树皮，故多造纸制品。因盱江流经南城，宋元明时建昌管辖南城，故建昌纸被还有南城纸被之细分。南城当地人也称纸被为"白单"③，但文学记载甚少。江西麻姑山在南城，属建昌，宋萧立之《送陈广文西山楮衾》有"麻姑山前砧杵鸣"④之句，描述了南城生产纸被的场景。与福建纸被相比，在制作原料上，江西纸被多为当地"藤纸所作"，福建则多楮纸所为。

三、浙江安吉、剡溪

浙江安吉桑皮纸可以制帐。安吉，今浙江湖州辖县之一，层峦叠嶂、翠竹绵延，植被覆盖率与森林覆盖率都非常高，是制作纸制品的理想之地。清《（雍正）浙江通志》引《（嘉靖）安吉州志》载："荻浦多桑皮纸，叠而为帐，有若鱼鳞，正所谓'梅花纸帐'也。"⑤湖州当地居民以桑树皮为原料，制作桑皮纸。这种纸具有防虫御寒、坚固柔

---

① 曹庭栋《老老恒言》卷四，《丛书集成续编》第81册，第432页。
② 刘子翚《吕居仁惠建昌纸被》，《屏山集》卷一三，《影印文渊阁四库全书》第1134册，第462页。
③ 周紫芝有《次韵德庄惠南城纸衾且示妙句》诗，自注曰"南城谓纸衾为白单"。
④ 萧立之《送陈广文西山楮衾》，《萧冰崖诗集拾遗》卷上，《续修四库全书》第1321册，第19页。
⑤ 嵇曾筠《（雍正）浙江通志》卷一二〇，《影印文渊阁四库全书》第521册，第610页。

韧等特点，成为制作纸帐的上选材料。纸帐在浙江以剡溪最为著名。剡溪纸的原材料以野藤为主，故也常称为"藤纸"。剡溪一带依山傍水，盛产野藤，文载剡溪之上"多古藤"，是造纸的理想之地。藤纸除用于书写之外，也可用以制帐、制被。后世对于剡溪藤纸所制作的纸帐多有吟咏：

> 新制溪藤半样宽，日光玉洁照衣冠。（沈梦麟《纸帐》，《花溪集》卷三）
>
> 清悬四壁剡溪霜，高卧梅花月半床。（谢宗可《纸帐》，《影印文渊阁四库全书》本）
>
> 剡藤十幅暖藏春，想象南枝带雪分。（高得旸《赋山阴刘丞梅花纸帐》，《节庵集》卷五）
>
> 剡藤裁素帱，坐使诸尘隔。（高启《赋永上人纸帐》，《高太史大全集》卷六）
>
> 剡藤如雪胜冰纨，障得秋风四面寒。（徐𤊹《自作纸帐戏题》，《鳌峰集》卷二五）

这些诗句多是夸赞剡纸所制纸制品的高妙之处。剡溪藤纸有一种名为"敲冰纸"。浙江剡溪溪水清洁，冬天水质尤其明澈，山上又多楮藤。此纸相传是在敲冰时取冬水沤制而成，最为精美，故名为"敲冰纸"。用此纸制作纸帐，要"百幅"相连才能厚密。然而可惜的是，正是由于藤纸洁白强韧，质地优良，需求量大，而当地人砍伐无度，又不注意培植，最终导致野藤几乎灭绝的惨状。唐人舒元舆曾感慨写下《悲剡溪古藤文》，抒发无奈之情。长此以往，至宋及以后，剡溪藤纸竟至灭绝，甚至成为一个"历史名词"[1]。还需注意的是，"剡溪纸"并非只产于剡溪，凭靠剡溪之便利、贴邻之县，如奉化等，所产之纸，有时亦以剡纸名之。

图05 浙江剡溪。剡溪夹岸青山，草木良多，溪水逶迤，水源丰富，是制纸的重要场地。图片来自网络。

从记载来看，纸衣的制作材料离不开楮纸和剡溪纸。宋神宗熙宁八年（1075年），淮浙大饥，朝廷便遣近臣安抚，于是提刑司便督促诸郡"多造纸袄，以衣贫民"。制衣之处，便在淮浙一带。释真可《纸袄歌》夸赞说天上六铢衣，人间宫锦袍，都不如纸袄"溪藤道味高"。浙江余杭由拳村还生产耐磨的由拳纸，"两浙地区"多以此纸制作纸衣，可见，纸衣的生产产地也集中在楮纸和剡溪纸盛产的地方。

除福建、江西、浙江三省外，安徽六安英山县（今隶属湖北省黄冈市）英山纸也可制帐。明曹昭在《新增格古要论》中指出英山纸"直

---

[1] 张大伟、曹江红编著《造纸史话》，社会科学文献出版社2011年版，第50页。

隶庐州府六安州英山县出榜纸，好作纸帐"①。英山纸元代已有，但后世对其记载不多，特点记载亦不详，不知何故。苏易简《文房四谱·纸谱》还指出今安徽黄山的黟县与歙县，生产"纸衣段"，裁剪之后可以用来补缀纸衣。可见，安徽的一些地区也曾生产纸制品。

---

① 曹昭《新增格古要论》卷九，中华书局1985年版，第175页。

第二章 纸制品的分类、形制与用法

本文所论纸制品，乃是短时间内出现，并暂时替代绵麻制品的生活用品。它们可分为服饰与家纺两大类，且各自的形制和用法也不相同。本章将对纸制品进行分类，介绍其产品形制，揭示它们渗透到经济、商业、生活、文化中的情况梗概，并着重细致描述纸帐、纸被、纸衣三种纸制品的具体用法。根据它们种类和用途的差异，后世文学在吟咏时也各有侧重。

第一节 纸制品的分类

纸张除在书籍、艺术、文房、交易媒介中充当重要角色外，也可制作家庭日用品。魏晋时期，纸于特定时期内已经开始替代丝帛、绢织物、麻制品等材料，在服饰、家纺等领域中各司其职。笔者按照制作难易、实际应用和文学吟咏等要素，把纸制品分为服饰和家纺两大类。

一、服饰类

服饰类的纸制生活用品，包括纸冠、纸衣、纸履、纸腰带、纸衣领等。服饰类的纸制品最早可追溯到先秦时期远古人民用树皮布制作的衣冠。汉韩婴《韩诗外传》载，原宪居鲁国时，头戴"楮冠"，即为楮树皮所制。

唐宋时期，纸冠也曾成为僧道装束，释契嵩六十多岁时，以"楮冠布服"[①]栖于高楼之上专诵佛经。文人受到释道文化的影响，对僧道服饰也效仿之。宋王禹偁《道服》诗云"楮冠布褐皂纱巾"，陆游《行年》亦云"楮弁新裁就，翛然学道装"，自注"新作两楮冠"，这些都是文人学僧慕道的外在表现。欧阳修、苏轼等大文豪在书信中也曾提及楮冠之用。至清，原宪"楮冠、黎杖"甚至还成为君子不忧贫的典故传唱不断，经久不衰。

图06　纸帽或纸冠，新疆发现的唐代纸制品（李约瑟主编《中国科学技术史》第五卷"化学及相关技术"第一分册"纸和印刷"，钱存训著，刘祖慰译，科学出版社2011年版，第99页）。

相较纸冠而言，纸履的文字记载甚少，《太平御览》记载，景帝有疾时为试探觇者，将鹅杀而埋之，并将妇人的"纸履、服物着其上"[②]，能说出所埋鬼神形象者，即有重赏。此时的纸履也应为树皮布所制。然在新疆吐鲁番出土的唐代纸履实物，应为"真纸"所造。但因纸防水性、耐磨性不够理想，故而纸履似乎"不切实用"[③]，在日常生活

---

① 释契嵩《镡津集》镡津文集卷八，《影印文渊阁四库全书》第1091册，第486页。
② 李昉《太平御览》卷七三四，中华书局1985年版，第3254页。
③ 潘吉星《中国造纸史》，上海人民出版社2009年版，第210页。

中使用不多,文字记载零星可见。纸衣按制作厚薄来分有纸裘、纸袄、纸衫之属;按制作长短来分,还有纸袍、纸裯等的区别,种类繁多,后文将有详述。

二、家纺类

家纺一类的纸制用品,包括纸帐、纸帘、纸被、纸枕、纸席等,即以纸来充当日常生活中的家居产品。

关于纸枕的形制和制作方法,苏易简《文房四谱》记载:"摄生者尤忌枕高。宜枕纸二百幅,每三日去一幅。渐次取之,迨至告尽,则可不俟枕而寝也。若如是,则脑血不减,神光愈盛矣。"①纸枕的

图07 费元禄。图片来自网络。

养生之效,颇得文人称颂。明费元禄曾作《纸枕铭》,称纸枕"寂静非玄,冲和惟白",赞其洁白静谧。纸枕还在丧葬中充当冥器,史上也有"俗用纸枕"②让死者枕之的实例。纸制床上用品还有纸席,据清曹庭栋《老老恒言》载,贵州有土产纸席,长宽与普通卧席相等,但却比寻常纸

---

① 苏易简《纸谱》,《文房四谱》卷四,中华书局2011年版,第225页。
② 徐乾学《读礼通考》卷九七,《影印文渊阁四库全书》第114册,第352页。

张要厚。然纸席"质虽细而颇硬,卧不能安",故而流传不广,文献记载不多。

纸帐、纸帘等在家居用品中充当家具角色,使用颇广,吟咏亦多。纸帐按颜色来分,有红纸帐、黄纸帐、白纸帐之别。其中,红纸帐曾在喜庆时充当贺礼之用,黄纸帐却在丧礼中当作祭品,白纸帐乃是平常日用。纸帐还常以帐身所画内容命名,如"百花纸帐""梅花纸帐"等。纸帐在形态上有平帐、斗帐之分。平帐使用范围大,斗帐是一种上狭下宽的床帐,常将四角攒尖,形似覆斗,故名为斗帐。斗帐不及平帐流行,虽有文学吟咏,但见之甚少。元邓雅《赋谢仲宁纸帐》"裁作斗帐同君清"[①]、明费元禄《纸帐梅花》"画梅横斗帐"、明邓渼《咏纸帐》"斗帐自初制"等诗词均有记载。

家纺类纸制品还有纸幕、纸帷、纸帘等种类,在形式上与纸帐有相同之处。《说文·巾部》载:"帷,在旁曰帷。"汉刘熙《释名·释床帐》:"帷,围也,所以自障围也。幕,幕络也,在表之称也。小幕曰帘,张在人上,帘帘然也。幔,漫也,漫漫相连缀之言也。帐,张也,张施于床上也。小帐曰斗,形如覆斗也。"《释名》指出了床帐的几种形式,其中纸幕,在上曰幕,覆也。明末董说《即事用前韵》"樵笠悬窗纸幕垂"、《春日》"猎猎凄风纸幕垂",清林佶《游清源山十四叠韵》"旅人拥被听鸡鸣,倏见曦光透纸幕"等诗词均提及纸幕一物。帷,在旁曰帷,大多用布制作,类似今天的帘子。纸帷是指以纸环绕四周的遮蔽物。黄庭坚《别刘静翁序》记载刘静翁"其人如孤云野鹤,来亦无心,去无定所",周身行李只"纸帷、布被、琴、鹤"而已,

---

① 邓雅《赋谢仲宁纸帐》,《玉笥集》卷八,《影印文渊阁四库全书》第1222册,第737页。

颇为潇洒。明王世贞《乡进士曹茂来先生七十序》歌颂曹先生素清淡泊，居所唯有"素屏、纸帷、竹榻"等，极为简陋。《释名》将幕、帷与帐同置于"床帐"条释义。《广雅》曰："帷幕，帐也。"有时，幕、帷与帐很难区分，文人也常将其混用。

纸帘张设于窗上或门上，诗词吟咏较"纸帷""纸幕"丰富。南宋诗人韩淲家中设有纸帘，他的《下帘兀坐咏雪》《正月初三日》诗均提及纸帘一物。其中，《正月初三日》诗还记述新年之时，韩淲与友人在"薄暮明灯下纸帘"的环境中品茗细语的闲情逸致。陆游《初寒》诗曰："重帘御晚吹，密瓦护晨霜。"他在此诗中自注曰："小室今年冬初，增瓦三百个，三面窗皆设纸帘。"初寒之时，诗人以纸帘设于窗上，以作挡风御寒之用，可见，纸帘在南宋时期也颇为流行。

第二节　纸制品的形制

纸制品因其在日常生活中的角色、用途不同，形制也千姿百态，形态各异。纸制品的制法因物而异，但按照制作纸制品时使用纸张的数量和种类不同，大体也可分为类纸制作、半纸制作、全纸制作三种制法。

一、类纸制作

早期纸制品如楮衣、楮冠等为"树皮布"所作。钱存训先生将这种"树皮布"称为"假纸"，认为它作为纸的模型，在制造材料和制作工序上与纸相类。据此，笔者将这些"树皮布"所制纸制品归为"类纸制作"的纸制品，其中以楮冠、榖皮衣（也作谷皮衣）为代表。楮冠，即用

图 08　原宪（图片来源于《孔门七十二贤像传》，上海古籍出版社 2009 年版，插图：戴敦邦、周一新）。

楮树皮制作的冠冕。春秋时期原宪曾以"楮冠、黎杖"应门，传为佳话。《后汉书·南蛮西南夷列传》记载武陵人"织绩木皮，染以草实，好五色衣服，制裁皆有尾形"，绩皮成布，裁作衣服，仍为树皮衣。南朝梁代陶弘景著《名医别录》也说："楮，此即今构树也。南人呼榖纸亦为楮纸，武陵人作榖皮衣，甚坚好尔。"早期纸制品，原料大多以楮树皮、榖树皮为主，经过沤制、捶打、绩布、裁剪、缝合等一系列制作过程，制成实物，用于日常生活。人们有的还对"树皮布"进行染色，使得服饰在实用同时兼具美观。后世也有以植物皮制作服饰的例子，苏东坡曾感慨岭南"食者竹笋……衣者竹皮，书者竹纸"[①]，岭南人以"竹皮"为衣，竹亦可为纸，故竹皮所制衣物也属"类纸制作"。

二、半纸制作

有些纸制品是纸和其他材料或混合、或组合而成，属"半纸制作"。纸帐是纸与木组成的纸制品，常以立体的状态呈现出来，其中梅花纸帐是对一整套卧具的合称，是以纸为面，以木为骨的纸制品。据林洪《山家清事》记载，"梅花纸帐"只帐身为纸所制，相关组件有四黑漆柱、左右横木、后黑漆板、前小踏床等物，整体构成与木质材料息息相关。梅帐于帐之外，还挂半锡瓶，插梅花枝。纸帐后面设有从顶到地的黑漆板，以资闲暇时清坐靠背。在纸帐的两侧或是床的两侧还设有一条横木，用来悬挂衣服。帐前设有小踏床，在小踏床的左边摆放有香鼎，燃紫藤香。床上用品为"布单、楮衾、菊枕、蒲褥"，这些材料和家具组合而成的一整套卧具才被称为"梅花纸帐"。

另外，纸与布组合而成的纸制品也颇多，如纸帐、纸被、纸帽、纸甲等。明高濂《遵生八笺》载纸帐："用藤皮茧纸缠于木上，以索缠紧，

---

① 苏轼《记岭南竹》，孔凡礼点校《苏轼文集》，中华书局1986年版，第2365页。

图09 竹。图片来自网络。

勒作皱纹,不用糊,以线折缝缝之,顶不用纸,以稀布为顶,取其透气。或画以梅花,或画以蝴蝶,自是分外清致。"[1]明《(嘉靖)安吉州志》"纸帐"条载曰:"荻浦多桑皮纸,叠而为帐,有若鱼鳞,正所谓梅花纸帐也。"[2]从这两条记载可知,纸帐是经多层纸张叠合,并要勒作如鱼鳞般的皱纹增加弹性,使其柔软,不易崩坏。帐身为藤皮纸、桑皮纸等均可,帐顶为透气稀布,也并非全纸所制。纸帐十分厚实,是受制作材料和制作方法所致。宋林洪《山家清事》和明高濂《遵生八笺》"纸帐"条均指出,纸帐所用之纸是"藤皮茧纸",但并未点明所用纸张的具体数量。我们从后世所咏纸帐的诗词中可以窥见,制作纸帐大约需要

---

[1] 高濂《遵生八笺》卷八,《影印文渊阁四库全书》第871册,第522页。
[2] 嵇曾筠《(雍正)浙江通志》卷一二〇,《影印文渊阁四库全书》第521页。

"十幅"藤皮纸或"百幅"敲冰纸之多。宋苏颂对纸帐的专咏中指出"百幅敲冰密属连",敲冰纸相对轻薄,也可用来书写,宋王十朋"剡溪百幅敲冰纸,换得临池小草书"[①]说的正是这种纸。苏颂认为纸帐是由百幅"敲冰纸"紧紧密密联结而成,十分结实耐用。元邓雅称赞敲冰纸制作的纸帐是"溪藤百幅净如练"[②],咏叹它洁白如练,干净明澈,可以遥想使用之人也必高风亮节。但这种纸较为轻薄,制作纸帐时需"百幅"之多,耗费巨大,寻常人家多不易得。

纸帐还可用"十幅"剡溪藤纸制作而成,文人在诗词中多有体现,"十幅溪藤""溪藤十幅""剡藤十幅"等甚至成为吟咏纸帐的专有名词。诗词中除详细刻画"百幅""十幅"之外,还有些诗人以"数幅"来代替,以"数幅溪藤绝点瑕""数幅秋藤拂地齐"等来描述纸帐的制法。借此推断,纸帐所用纸张绝非一张,而是"数幅""十幅"甚至"百幅"。

现存文献并未记载纸冠的制法,但考古学家发现新疆出土的唐代纸帽是用厚纸"覆以黑色丝绸粘合而成"[③],并非全部用纸张制作。有些纸被也是用部分精良耐磨的纸张制作而成的。宋苏轼《物类相感志·衣服》还记载了纸被的护理方法:"纸被旧而毛起者将破,用黄蜀葵梗五七根,捶碎水浸涎刷之则如新。或用木槿针叶捣水刷之亦妙。"可见当时的纸张还具防水功效。纸被需用大而厚的楮纸揉软之后,"面、里俱可用之,薄装以绵",才更保暖。由被里、被面俱可用之也可推断,有些纸被的被面或被里也可用布。即使被里、被面均用纸,内絮也掺

---

① 王十朋《剡纸赠嘉叟以诗为谢次韵》,《全宋诗》第36册,第22788页。
② 邓雅《赋谢仲宁纸帐》,《玉笥集》卷八,《影印文渊阁四库全书》第1222册,第737页。
③ 钱存训著,郑如斯编订《中国纸和印刷文化史》,广西师范大学出版社2004年版,第103页。

和其他材料作为填充物，并非全纸所制。

图10　黄蜀葵。据苏轼《物类相感志》所载，用黄蜀葵梗捶碎之后加水洗刷纸被，便可使纸被焕然一新。图片来自网络。

士兵上战场时所穿的纸衣有纸手臂、纸甲、纸铠等，它们也是由纸张和其他材料混合制作而成的。《新唐书·徐商传》记载，唐宣宗时徐商领兵与突厥作战"襞纸为铠，劲矢不能洞"。纸铠，属纸衣一种，但并非为日常所用。明代茅元仪在《武备志》中提及，南方低湿，阴雨天气多，铁甲笨重且易锈烂，故用绢布与纸绵制作纸甲，再内衬绵布，可提高保护能力，箭不能入。他提出制作纸甲时要长短合适，"太长则田泥不便，太短则不能蔽身"，讲究颇多。《武备志》还详述了纸手臂的制作方法，是由布、棉花、茧纸、绢线等材料混合而成，并非全纸制作。衣袖中部需减少纸张材料，制作轻薄，方便手臂屈伸。

三、全纸制作

全纸制作的纸制品有纸衣、纸枕、纸席等。其中，纸衣的制作方法相对复杂，宋苏易简《文房四谱·纸谱》载：

> 亦尝闻造纸衣法，每一百幅用胡桃、乳香各一两煮之，不尔，蒸之亦妙。如蒸之，即恒洒乳香等水，令热熟，阴干，用箭干横卷而顺蹙之，然患其补缀繁碎，今黟、歙中有人造纸衣段，可如大门阔许。近士大夫征行，亦有衣之。①

据苏易简描述，百幅纸张制作的纸衣才更结实耐穿。在制作过程中，纸衣需用乳香等材料加以蒸煮，待阴干之后制造褶皱，用以增加服饰的弹性，使之不易崩裂。苏易简不但记录了纸衣的制作方法，还介绍利用纸衣段"补缀"纸衣的窍门。另据《老老恒言》记载："贵州土产有纸席……乃为紧卷以杵槌热，柔软光滑，竟同绒制。"②制纸席所用纸张比平常所用厚十倍左右，要经过不断捶打，直至柔软，方可舒适使用。

第三节　纸制品的用法

纸制品类别不同，用途各异。本节只论纸帐、纸被、纸衣三种纸制品在平常日用、祭祀冥器、馈赠济贫、修仙炼道中的四种用法。值得注意的是，平常日用的纸制品与具有符号意义的纸制品在具体使用

---

① 苏易简《纸谱》，《文房四谱》卷四，中华书局2011年版，第208页。
② 曹庭栋《老老恒言》卷四，《丛书集成续编》第81册，第430页。

过程中应有区别。本节所研究的纸制品的用法是指纸制品实物的具体使用方式,并非在诗词吟咏中出现的意象内涵使用。纸制品符号意义的使用方法将在后文中有叙述,此处不作具体说明。

一、平常日用

纸帐、纸被、纸衣三种纸制品均为平常日用之物。从使用时间上来说,纸帐四季均可使用,然冬季尤多。春天可用纸帐抵御初春之寒。夏天纸帐既可"纱厨罩暑笼香雾"[①],还可以通过张设纸帐以避蚊。秋天不但可以使"秋蚊无路得贪缘"[②],还能"障得秋风四面寒"。纸帐浓密厚重,在冬天能有效抵御寒风入侵,故有"纸帐寒来暖"之说。从使用地点上来看,卧室之中"藜床纸帐朝眠稳","书斋"[③]、舟中张设纸帐足以耐寒绝尘。纸帐是挡风防尘、抗寒保暖、避蚊防暑、障翳眼目、美化居室的绝佳平常日用品之一,故江湖清客、僧道文士、官吏贫民皆有青睐者。

与纸帐不同,纸被体型小可随身携带,故在旅途中常作御寒之用。元马臻作《旅兴》曰"火慢筠笼楮被温",便是旅途中所用。清闵麟嗣《黄山志定本》卷二记载游人登临黄山三天子都时,山高天冷,为抵抗寒冷,便"以楮衾自随"。纸衣的使用更是广泛,宋至明清,贫民百姓、大臣官吏、禅师道士、文人士大夫等各阶层皆有穿着纸衣者。战乱纷争、生灵涂炭之时,官吏"至有着纸衣,或数日不食者"。僧道之人以穿着纸衣为修行。"纸衣禅师""纸衣道者"终日穿着,甚至以"纸衣"

---

① 周瑛《纸帐》,《翠渠摘稿》卷七,《影印文渊阁四库全书》第 1254 册,第 868 页。

② 杨守阯《高叟·纸帐》,《石仓历代诗选》卷四二八,《影印文渊阁四库全书》第 1392 册,第 681 页。

③ 苏辙《和柳子玉纸帐》,《栾城集》卷四,上海古籍出版社 1987 年版,第 82 页。

为名。文人士大夫虽也穿着纸衣，但时常倍感羞愧。陆游曾以纸为衣，他在《雨寒戏作》中写道："何惭纸作襦。"正因穿着纸衣是让人"惭愧"之事，诗人才用高标绝尘的态度去乐观看待，足见文人士大夫虽也有穿着纸衣者，但仍显寒酸困窘。

二、祭祀冥器

纸衣、纸被、纸帐除寻常日用外，还被当作祭祀的冥器。据目前所见资料，穿着纸衣下葬的时间要早于焚烧纸衣以祭祀的时间。晋代有无名僧以纸衣下葬，后在其墓地遗址之上建莲花寺，此事被记载于《石门文字禅》中。后周太祖郭威崇尚节俭，将死之时，遗命养子柴荣"我死当衣以纸衣，敛以瓦棺，速营葬，勿久留宫中"，以纸衣下葬之风自此始也。故而，金李俊民在《抄纸疏》一文中总结道："焚纸钱而祭，唐之遗事；用纸衣而葬，周之俭风，习以为常，俗莫能易。"① 祭祀之时焚烧纸衣的风俗由来已久，而且影响甚大。《朱子语类》记载，古人下葬以玉币为主，至玄宗王玙时期以纸钱代替，后

图11 祭祀之时焚烧纸衣、纸钱。图片来自网络。

---

① 李俊民《抄纸疏》，《庄靖集》卷一〇，《影印文渊阁四库全书》第1190册，第665页。

《唐礼书》载范传正言"唯颜鲁公、张司业家祭不用纸钱，故衣冠效之。而国初言礼者错看，遂作纸衣冠"①。范传正乃唐德宗贞元十年（794年）甲戌科陈讽榜进士第二人。据他所言，颜真卿与张籍二人，以焚烧"故衣冠"代替纸钱用以家祭，但宋人却错看成"纸衣冠"，自此便将错就错，后世遂有"送寒衣"风俗。在时间上，"送寒衣"之俗大体有"前中元一二日""十月一日""中元"当日几种说法，至今江西吉安仍有农历七月十五焚烧纸衣祭祀的风俗，福建方言甚至将中元节称为"烧纸衣节"。

纸帐、纸被作为冥器使用，文献记载不多。据《宋会要·礼三一》记载，宋太祖建隆二年（961年）六月二日，皇太后（昭宪皇后）崩于滋德殿，二十五日，其所用吉凶仪仗，除常规外，还包括"钱山舆、黄白纸帐各二"②。另据《宋史·礼志》载，太祖干德初改葬宣祖，在其所用冥器中亦有"黄白纸帐"。据笔者所见资料，黄白纸帐乃是宋初皇家丧礼中的冥器，民间尚未发现以纸帐作为冥器的文献记载。百姓中只有以纸被包裹尸体下葬的例子，如清蔡衍鎤《瘗孩泣》序曰："藻儿生子，五日而殇，俗，凡殇者，楮衾裹葬床下，冀将来再投母腹。"③但纸被用于下葬的文献记载甚是稀少，只零星可见。

三、馈赠济贫

纸帐、纸衣、纸被常被当作礼物于贫士之间相互赠送，文人以纸制品为切入点常有相互酬唱赠答之作。相关作品内容多样，宋刘应时《佑上人制纸帐作诗谢之》为收到纸帐作诗答谢；宋裘万顷《皖山纸帐送

---

① 黎靖德《朱子语类》卷一三八，中华书局1986年版，第3287页。
② 徐松《宋会要辑稿》礼三一，中华书局1957年版，第1155页。
③ 蔡衍鎤《瘗孩泣》，《操斋集》卷四，《清代诗文集汇编》第208册，第28页。

宋居士》为送出纸帐以诗相记；宋邹浩《简仲益求纸帐》为缺乏纸帐作诗相求。纸被在文人中被相互赠送的现象更为常见，诗词记载颇丰。宋李新《谢王司户惠纸被》、宋刘子翚《吕居仁惠建昌纸被》，宋陆游《谢朱元晦寄纸被》、宋陈起《次黄伯厚惠纸衾韵》、宋谢枋得《谢张四居士惠纸衾》、元胡助《谢饶士悦惠楮衾二首》等均是代表性作品。谢枋得甚至写有《谢人惠纸衾启》一文，表达对友人雪中送炭的深切感激之情。以纸被相送已然成为文人之间相互往来的情谊见证。

图12　居养院。居养院是宋代收容穷民并提供食宿救济的设施之一。图片来自网络。

墓志铭、个人传记中还记载了一些名人乐善好施，以纸衣、纸被救济他人的慈善之举。宋谢维新《古今合璧事类备要》记述了南宋余崇龟爱民如子，在守卫江州之时，突遇大雪，丐者无以御寒，便"给以楮衾"①。据《(雍正)浙江通志》引《(万历)温州府志》载，温州陈大有乐善好施，"冬寒施楮衾"②与贫苦之人。宋代有个名为傅瑾的县丞，为人偶傥，好为义事，若有病而贫者，隆寒无覆，便"施以楮衾"③。在宋代，不仅个人、官吏会用纸制品济世安民，社会保障组织也常将纸衣、纸被用作社会救济。宋代会稽设有照顾鳏寡孤独者的"居养院"，每到寒冬之时"惟给纸衣及薪火"。据此，纸制品虽成为社会救济的重要物资，但也从侧面说明，使用纸制品之人身份地位不高，生活境况并不富裕的事实。

四、修仙炼道

纸衣、纸被、纸帐作为清贫之物，在僧道的服饰、居室内十分流行。文献记载中，有因穿纸衣而扬名立万的僧道。唐大历中，有一僧，"称为苦行，不衣缯絮布绝之类。常衣纸衣，时人呼为纸衣禅师"。宋高宗时期，有从日本而来的"彼国僧"，名转智，"不衣丝绵，常服纸衣，号纸衣和尚"④。宋程珌在《临安府五丈观音胜相寺记》中记载："有西竺僧曰转智，冰炎一楮袍，人呼纸衣道者，走海南诸国，至日本。适吴忠懿王用五金铸千万塔，以五百遣使者颁日本，使者还，智附舶归。"⑤从这两则材料可知，纸衣和尚与纸衣道者本是同一人。后世为纸衣道者画图、作诗者不乏名家。元好问尚有《题纸衣道者图》《马

---

① 谢维新《古今合璧事类备要》后集卷七三，《影印文渊阁四库全书》第939册，第318页。
② 嵇曾筠《(雍正)浙江通志》卷一八九，《影印文渊阁四库全书》第524册，第230页。
③ 陈文蔚《傅县丞墓志铭》，《陈克斋集》卷一二，《影印文渊阁四库全书》第1171册，第91页。
④ 王象之《舆地纪胜》卷二，浙江古籍出版社2012年版，第87页。
⑤ 曾枣庄、刘琳主编《全宋文》，巴蜀书社1989年版，第297册，第131页。

云卿画纸衣道者像》两首七律诗，夸赞道人穿着纸衣"太古清风匝地来，纸衣长往亦悠哉"。纸被、纸帐也是僧道常用之物。宋代庆云府蓬莱圆禅师，"新缝纸被烘来暖"①，住山三十年，足不越阃，俗道之人尊仰其名。纸制品既为僧道所用，也受文人争相追捧。文人在吟咏纸帐时再发出"纸帐梅花绝类僧""纸帐素屏遮，全似僧家"的感慨，便在情理之中。

僧道、山居者喜用纸制品的原因有二：一是为了"不衣蚕口衣"。宋苏易简在《文房四谱·纸谱》中指出："山居者常以纸为衣，盖遵释氏云，'不衣蚕口衣'者也。"②在棉花未引进之前，丝织物来自于养蚕缫丝，僧道衣纸衣，取其不杀生之故也。二是为了苦行得道。林洪在《山家清事》"梅花纸帐"条载"古语云：'服药千朝，不如独宿一宵'"正是此意。此外，山居者、文人使用纸制品也是苦行的一种表现。朱熹弟子徐文卿，生卒年不详，字思远，江西人，著有《萧秋诗集》，可惜已散佚。刘克庄《后村诗话》续集卷一收录他《绝句》一首曰："纸衣竹几一蒲团，闭户燃萁自屈盘，诵彻《离骚》二千五，不知月落夜深寒。"叶适据此诗评价徐思远有"冻饿自守之乐"，刘克庄认为这一评价并不夸张。僧道修仙炼道，文人埋头苦读，均要劳其筋骨、饿其体肤，以纸衣、纸被苦行，方能保持头脑清醒，有所得道。

纸衣、纸被、纸帐除上述几大用处外，还有一些其他用法，但对日常生活影响不大。纸制品本是清贫之物，有官吏故意使用，以证清廉。清彭元端、刘凤诰在《五代史记注》中记载，五代李观象为节度副使

---

① 释普济《天童交禅师法嗣》，《五灯会元》卷一八，中华书局1984年版，第1218页。

② 苏易简《纸谱》，《文房四谱》卷四，中华书局2011年版，第207页。

时，恐惧及祸，于是"乃寝纸帐、卧纸被"[①]，清苦自励，以求知遇。纸帐还可当作寿礼使用，元代王逢曾用红纸帐作为寿礼献给当时的知事太夫人，并作诗曰"正为夫人寿，高堂快雪晴"，以表祝贺。但纸制品在这些领域的用法乃偶尔为之，不成体系。

---

① 彭元端、刘凤诰《五代史记注》，《续修四库全书》第292册，第85页。

第三章 纸制品的文学书写历程

伴随着纸制品的产生、发展和消亡，有关纸制品意象的文学吟咏也相继出现。僧人道士、士大夫、江湖文人三大创作群体成为纸制品文学书写的三大主力。与此同时，史书、方志、散文、戏曲、小说等作品中，都有对纸制品的记载和传唱。

第一节 纸制品的文学书写概述

据目前所见资料，最早出现在诗词作品中的纸制品意象是纸衣。唐李贺《绿章封事·为吴道士夜醮作》有"短衣小冠作尘土"①之语，清陈本礼注曰："道士建醮，必为亡者招魂……必庭设楮衣冠，与冥镪同化，所谓'短衣小冠作尘土'也。"②道士在做道场时，必焚烧楮衣以慰亡人，以纸衣祭祀之风可见端倪。李贺诗中的"短衣小冠"是纸衣、纸冠意象在诗词中的运用，但并未见其全称。另唐代还有一则材料称，唐诗人孙合《哭方玄英先生》诗中有"死著弊衣裳"之句，然宋计有功《唐诗纪事》记载孙合哭方干诗为"死着纸衣裳"。《全唐诗》《全五代诗》均记录为前者，笔者认为前者较为可靠。最初在诗中以"纸被""纸帐"意象创作诗词始于晚唐。诗僧齐己《夏日草

---

① 李贺《协律钩玄》，《李长吉文集》，上海古籍出版社1994年版，第24页。
② 李贺撰，陈本礼笺注《协律钩玄》，《续修四库全书》第1311册，第443页。

堂作》有"沙泉带草堂，纸帐卷空床"之句，首次将纸帐意象用于诗词。晚唐五代诗人徐夤有《纸帐》《纸被》诗，第一次将纸制品作为题材，作诗专咏。同时，徐夤也成为对纸制品进行诗歌专咏的第一人。此时，纸制品虽有使用，但较为稀少且显得寒酸，对纸制品的文学吟咏作品也为数不多。

入宋以来，有关纸制品的文献记载越来越多，文学吟咏更是佳作迭起。宋释惠洪《石门文字禅》记载，晋代无名僧人遗命"以纸为衣"下葬，乃是宋人记载晋人事迹，于晋代文献中尚未发现有此记录。宋李昉《太平广记》还收录了两则故事与唐代纸制品有关。一则引《广异记》载太原人王琦，在唐肃宗干元年间，到江陵时遇鬼索要衣服，于是"乃令家人造纸衣数十对，又为绯绿等衫，庭中焚之，鬼着而散，疾亦寻愈"，以纸衣祭祀之事；另一则引《辨疑志》对唐大历年间纸衣禅师的记载。这三处资料均是宋人记载前代有关纸衣的逸事趣闻、野史传说。北宋苏易简《文房四谱·纸谱》约成书于北宋雍熙三年（986年），是中国乃至全世界最早的有关纸的专著。卷四《纸谱》卷对纸衣的产地、制作、加工、特点等作了专门的介绍。至南宋，纸制品意象发展蔚为大观，诗词、散文、戏曲、史书、方志等都存有对纸制品的记录，数量庞大。经笔者不完全统计，纸被意象（包括纸被、楮被、纸衾、楮衾四种称呼）在宋代诗词中有一百六七十条记录。而纸帐意象（包括纸帐、楮帐、梅帐、梅花帐四个常用词条），在唐代诗词文中还只有两三条记载，数量甚少。然在宋代诗词里面竟达三百条之多，文学吟咏明显上升。历代高僧传记、墓志铭中还留下不同数量提及纸制品意象的散文。另有言及纸制品，但不见全称字样的文学作品数量可观。明清时期，伴随着纸制品实物的消退，诗词中多提及纸制品意象而已，专咏纸制品的诗词数量已不及两宋时期。其中，纸帐作为文学典故仍有传唱；纸被则几乎不再出现；纸衣成为中元节祭祀之物，多载于方志，诗词吟咏则不常见。纸制品的文学书写到此告一段落。

纵观有关纸制品意象的文学创作，主要有以下三大群体：

一、僧人道士

在对纸制品意象进行文学书写的群体中，僧人创作颇丰。晚唐诗僧齐已将纸帐意象首用诗歌之中，表现佛门静谧。北宋名僧禅师的人物传记，常提到高僧对纸制品的运用。宋赞宁和尚著有《宋高僧传》，记载宗渊禅师以"纸衣一袭葬焉"的俭约之举；宋释惠洪《僧宝传》、宋释道原《景德传灯录》均记载了"纸衣和尚"逸闻轶事之始末，颇为传神。宋释志磐《佛祖统纪》回忆恩师"在山常纸衣"的简朴生活；宋释普济《五灯会元》，乃佛教禅宗史书，更不乏对禅师使用纸制品艰苦朴素形象的记载。他们多以散文形式，或是记录佛门大师以纸制品苦行，有冻饿自守之乐；或是记载高僧以纸制品下葬，有俭朴薄葬之风；或是记录诗僧在"机缘"语录、铭记箴歌、赞颂偈诗中运用纸制品意象的奇思妙想。

僧道之人在诗词中运用纸制品意象，常和蒲团意象组合在一起，共同书写修道生活中的刻苦与趣味。宋代释道潜与苏轼交好，在《次韵李端叔题孔方平书斋壁》诗中已将"纸帐蒲团"意象组合起来使用。南宋时期，僧人以纸制品意象为诗者增多。宋释居简专咏《纸帐》诗曰："晴云垂地著蒲团。"将纸帐比作"晴云"。宋释文珦《天地之间有此身》诗曰："纸帐蒲团趣更真。"将纸帐与蒲团意象紧密联合，共同指代归隐之意。诗僧的加入让纸帐与蒲团意象的组合更为常见，使得纸帐成为佛门苦行修习的象征。纸衣也是佛门道观常设之物，但多在僧道传记中提及，诗词歌赋吟咏并不多见。

二、江湖文人

初始阶段，江湖文人对纸制品进行文学书写所占比重最大。南宋时期，对纸制品意象的吟咏进入辉煌阶段，包恢、蔡戡、陈傅良、陈杰、方蒙仲、陆游、刘克庄等人均有诗作流传。从诗人籍贯上来看，以福建、江西、浙江、安徽等地居多，均为纸制品盛产之地。南宋后期书商陈起编撰《江湖小集》《江湖后集》，收录了一批江湖诗人的诗作，"江湖诗派"也因此而得名。他们身份卑微，处境不优，或为平民布衣，或是下层官吏，多以江湖习气标榜。赵崇嶓、储泳、王谌、叶绍翁、严粲、何应龙、敖陶孙、徐集孙、沈说等人使用纸制品意象的诗作即被收入《江湖集》中。江湖文人沈说讲述自己制作纸被是"剪得山南半段云"，以夸张手法称赞纸被之白，将纸被比作山南的白云。王谌在魂牵梦绕的纸帐中安宁静谧，抒"结茅终隐此"[1]之愿。江湖诗人时时透露出欣羡隐逸、不愿以权贵为伍的情绪，常常想过"拂衣归去白云闲""纸帐佳眠晓日团"的潇洒生活。叶绍翁使用纸帐蒲团"静学观身法"[2]，表达了江湖文人鄙弃仕途的强烈感情。陈起自己的作品《芸居乙稿》中，也不乏有纸制品意象的运用。

江湖诗派中既擅写纸制品意象，又颇负盛名的诗人是刘克庄。他满怀抱负，却深感年老体衰，只能"纸帐素屏遮，全似僧家"。过着疏淡的生活，有壮志难酬之悲。南宋林洪著有《山家清事》一书，首次记载了"梅花纸帐"的详细制法。林洪长期寓居杭州，一直以江湖

---

[1] 王谌《宿北山》，《江湖小集》，《影印文渊阁四库全书》第1357册，第881页。
[2] 叶绍翁《纸帐》，《江湖小集》，《影印文渊阁四库全书》第1357册，第73页。

隐士标榜，是江湖文人的代表。他喜好考查江湖清客独特的衣食起居用品，梅花纸帐便是其中一例。值得一提的是，据笔者目前所见资料，经《全宋诗》检索，约在南宋高宗、孝宗时期，蔡戡、程洵、王质等人在诗中开始将纸帐与梅花组合在一起进行文学创作，"梅花纸帐"（又名"梅花帐""梅帐""纸帐梅花""纸帐梅"）才成为纸帐的一类进入文学吟咏。王质《满江红·听琴》曰："纸帐梅花，有丛桂、又有修竹。"[①]程洵《用前韵入闽》曰："山中有高士，纸帐梅花冷。"[②]二人将"梅花""修竹""高士"等清雅形象与纸帐结合，让抒情主人公高雅人格色彩不断被强化。梅花纸帐原是江湖清客幽逸生活所用，后逐渐流行开来，受大众追捧，歌咏最多。可以说南宋时期，纸帐清贫与清雅的双重象征意义已经基本定型。

三、士大夫群体

士大夫在困厄中常使用纸制品意象表达隐逸情怀，他们中有些就是隐逸文人。《纸谱》记载北宋时期士大夫"征行"，即在远行或从军打仗时，偶有穿着纸衣的现象。纸制品进入文学书写后，吟咏纸制品意象的士大夫甚至不乏苏轼、苏辙、苏过、朱敦儒等名人大家。他们都是在仕途不尽人意后，便以无可奈何的简朴生活宽慰自己，流露出隐逸情怀。宋神宗熙宁三年（1070年），苏轼上书批评王安石新法后，深感仕途艰险，主动请求外任杭州通判，途经镇江金山，作《自金山放船至焦山》诗，有句曰："自言久客忘乡井，只有弥勒为同龛，困眠得就纸帐暖，饱食未厌山蔬甘。"诗中苏轼感慨自己不能见容于朝廷，表达了他对禅意山林、简朴宁静生活的向往。苏轼存留《次韵柳子玉

---

① 王质《雪山集》，《宋集珍本丛刊》第61册，第670页。
② 傅璇琮《全宋诗》，北京大学出版社，第46册，第28902页。

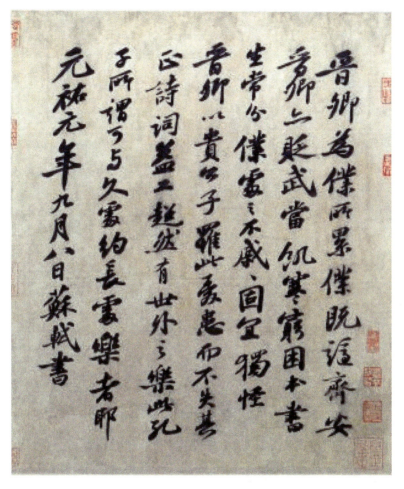

图13 《题王诜诗帖》,宋代苏轼书。故宫博物院藏。

二首·纸帐》诗,与苏辙《和柳子玉纸帐》诗,同为描述清贫的生活状态。这几首唱和之作,也成为苏轼、苏辙与柳瑾之间戚友情谊的见证。苏轼逝世后,苏过为父守丧,结茅为庐,过起了近似隐士的贫寒生活。他在《山居苦寒》诗中,描述自己以纸被赠予邻家八十余岁的老妪一事,生活景况很是凄凉。北宋末年的朱敦儒吟咏纸制品意象颇多。他在靖康、建炎年间,隐居故乡,常以梅花自喻,不与群芳争艳。他将纸制品意象运用于《诉衷情》《菩萨蛮》《鼓笛令》《鹧鸪天·岁暮》等词作中。

朱敦儒描写纸帐"道人还了鸳鸯债,纸帐梅花醉梦间",甚至成为描写纸帐的名句佳篇。

文人士大夫不但将纸制品意象推入文学书写,还将纸制品作为礼物于亲友间相互赠送,表达美好情谊。陆游在困窘之时,朱熹曾将纸被慷慨相赠,陆游作《谢朱元晦寄纸被》二首诗作以表谢意。可见,在日常使用与文学书写上,士大夫群体对纸制品的普及和推广都产生了不可替代的作用。

第二节 史书方志对纸制品的记载

纸制品被史书记载不多,一般或是讲述帝王崇尚节俭的范例,或是记载王公贵族祭祀之物的陈设,或是铭记官吏清俭廉洁的作风,但总体上缺乏对纸制品在平民实际生活中使用情况的反映。方志中的纸制品意象更多是对风土人情、民俗名物的宣传,颇具地方特色。

一、史书对纸制品的记载

纸制生活用品在史书中略有提及,尤其是在记述历史人物言行作风时,常用纸制品加以表现。薛居正《旧五代史》、欧阳修《新五代史》、司马光《资治通鉴》、宋濂《元史》等,均提及以"纸衣"下葬之事,尤将后周太祖郭威以"纸衣、瓦棺"下葬立为节俭典范,号召后代帝王学习效法。《五代史记注》记载五代李观象惧怕周行逢太过严酷,恐祸及自身,于是"寝纸帐、卧纸被"以示简朴,此举果真为他赢得了周行逢的信任。元脱脱《宋史》中多次记载皇室家族凶礼配置之一即有纸帐。史书中的纸制品大多转化贫寒窘迫的意味,变成简朴节俭的象征，有教养风化之用。

二、方志对纸制品的记载

方志在记载著名人物逸闻轶事时常运用纸制品意象。从南宋开始，纸制品已于方志中出现。南宋孝宗淳熙二年（1175年）罗愿编撰的《（淳熙）新安志》，首次将纸衣记载于方志之中，它是现存徽州乃至安徽省唯一的宋代志书。《（淳熙）新安志》卷一〇有"纸"条，记载了山居者常服纸衣的原因、功效以及纸衣不透气的后果，也指出了纸衣的制作过程、制造产地、使用阶层等方面重要内容，对研究纸衣具有重要的文献参考价值。成书于南宋孝宗淳熙九年（1182年），署名梁克家的《（淳熙）三山志》，即福州地方志，也有关于纸衣的记载。据卷四〇"土俗类"交待，福州当地的盂兰盆会，有"焚纸衣"之俗。据载，在中元节前一二日，福州各家各户都"具酒馔享祭，逐位为纸衣焚献"。以上两种方志的成书年代相隔不远，以此表明，日常所穿纸衣与祭祀所用纸衣几乎是同时发展的。随之，南宋宁宗年间施宿编撰的《（嘉泰）会稽志》记载会稽县设有"居养院"，与现在的社会保障机构相类，是为照顾鳏寡孤独者所设。居养院每到冬天都会给社会弱势群体"纸衣及薪火"。纸衣俨然发展成为社会救济的重要物料，用以保障孤苦无依之人的基本生活需要。人物志中也有关于纸制品的记载。宋梅应发《（开庆）四明续志》记载吴潜有《永遇乐》词，作于元夕，中有"如今但，梅花纸帐，睡魔欠补"之句，表达物是人非，今非昔比之情。宋潜说友的《（咸淳）临安志》卷七七记载了纸衣道者"冰炎一楮袍"的逸闻轶事。

自宋以后，方志中记载的纸制品意象越来越多。明沈朝宣《（嘉靖）仁和县志》载张翱隐居不仕，尝自述曰："有意欲尝千日酒，无心去傍五侯烟。夜寒荷叶杯中饮，春暖梅花纸帐眠。"表达自己宁愿眠于梅花纸帐，也无心于朝政琐事的超然之情。明程敏政《新安文献志》记载新繁大尹胡寿安"性清俭，不乐奢靡"，在官时常眠纸帐，恬淡寡然。

值得一提的是，方志中记载最多的纸制品是纸衣。因古人有"送寒衣"之俗，故纸衣被广泛记载于各地风俗、地理、人物志之中。明黄仲昭编纂《（弘治）八闽通志》、明卢希哲《（弘治）黄州府志》、明唐胄《（正德）琼台志》、明杨宗甫《（嘉靖）惠州府志》、明张良知《（嘉靖）许州志》、明欧阳保《（万历）雷州府志》、明沈应文《（万历）顺天府志》、清鄂尔泰《（雍正）云南通志》、清章学诚《（乾隆）永清县志》、清成瓘《（道光）济南府志》、清李桂林《（光绪）吉林通志》，直到民国李楁《（民国）杭州府志》等地方志，均记载了福建、云南、山东、浙江、吉林等地的"送寒衣"之俗。但"送寒衣"所用纸衣，属冥衣一种，并非日常所用。

第三节　文学作品对纸制品的吟咏

对纸制品意象的文学吟咏在宋代不断涌现，可谓各体兼备，诗词、戏曲、小说、散文中均有涉及纸制品意象者，其中诗歌最多，影响也最大。以纸帐意象为例，宋代文学作品记载纸帐意象有三百余条之多，其中诗歌占二百四十多条，词作其次，记录最少者为散文。纸被的文学书写情况与纸帐相类，纸衣意象却是在诗词中表现最少。

一、诗词中的纸制品意象

在诗词中，纸制品意象作为题材，专咏甚多。《汀州风物志》载，晚唐进士徐夤，为躲避战乱进入福建汀州，隐居不仕，有《纸帐》《纸被》诗。徐夤是第一个把纸帐作为题材进行专咏的文人，他在诗中说："几笑文园四壁空，碎寒深入剡藤中。误悬谢守澄江练，自宿姮娥白兔宫。"[①]首句交待饥寒交迫、一无所有的生活背景，次言纸帐御寒保暖、切实可用的实际功效，再言纸帐洁白无瑕、清澈明净的视觉感受，最后将卧于纸帐之中比作眠于嫦娥宫中一般潇洒飘逸。诗人已将笔墨伸到纸帐之白、纸帐之暖的特点描写上来，开启了吟咏纸帐意象的一般范例。作为一个并未出仕、隐居山野的清贫之士，他对纸制品的使用和吟咏进一步推动了纸制品的雅化。

经不完全检索统计，以"纸帐"为题的专咏诗作约80首，其中按不同称谓分为"纸帐"55首，"楮帐"1首，"梅帐"1首，"梅花帐"16首，"纸帐梅"4首。纸帐梅常在咏梅组诗中出现，元冯子振《梅花百咏》、明王夫之《和梅花百咏诗》、清陶德勋《续梅花百咏》等均有对纸帐梅的吟咏。在以纸帐为题材的诗歌吟咏中，两宋以纸帐实物为表现中心，作品内容主要描述纸帐的材料来源、制作方法、特征要点以及主人静卧之中的感受等。文天祥、叶绍翁、苏轼、苏辙、陈起、周紫芝等人均有诗作专咏，可谓佳作迭出。明清时期对纸帐意象的描写则逐渐倾向于表现题诗纸帐或题诗梅花帐额。明邓云霄《题王太史梅花帐》、明张萱《戏题邓给谏玄度梅花帐》三首、明胡应麟《题山房梅花帐》等均为代表作。发展至清代，在纸帐上题诗的内容，由对纸帐的客观描述转向对纸帐上梅花的赞美以及对纸帐主人美德的比附，且形式上多是他题而非自题。

对于纸被的专咏约70首，按不同称谓分有"纸被"30首，"纸衾"22

---

① 徐夤《纸帐》，《全五代诗》，巴蜀书社1992年版，第1661页。

首,"楮衾"15首。专咏纸被诗多是表达对友人所赠纸被的诗意答谢,表达了诗人与友人之间的深厚情谊。对纸制品意象的专咏而言,纸被与纸衣被吟咏的次数不及纸帐之多,时间不及纸帐之久。清末民国初的许南英尚有《自题梅花帐额》诗存世,而对纸被意象的专咏到明代已所剩不多,清代几乎不见。纸衣意象的专咏只有几首,更是十分稀少。据笔者目前所搜,以纸衣为题的诗歌仅三首,即宋释怀深《题纸袄》、元王哲《阮郎归·咏纸衣》、明梁以壮《纸衫》。纸衣因多为死者所穿,故专咏不多,"我既不怜人不爱"之故也。

纸制品进入文学书写,丰富了咏物诗词的题材。《影印文渊阁四库全书》将纸被、纸帐分门别类,归为"寝具类",纳入《御定佩文斋咏物诗选》特列而出。纸制品意象的专咏诗作数量可观,也有不少佳作。古人借咏纸制品意象或表达厌弃世俗、艳羡隐逸的情怀;或真实再现自身困窘贫寒的生活现状;或褒扬在清贫中安贫乐道的超然精神;或表达对友人不离不弃、倾囊相助的感激之情;或是透露摇首出红尘,打坐念禅、高标绝世的仙风道骨。不得不说,纸制品意象的出现给咏物诗词加入了新的吟咏题材。

二、散文中的纸制品意象

散文中的纸制品意象多出现在人物传记、祭文、墓志铭中。元吴澄《答姜教授书》揭示当时士风浊污,然而人们行之不以为非,言之不以为耻的社会现实。接着说到自己自营衣食,萧然一身,"令纸帐、布衾如道寮禅榻",随遇而安,无忝于其父之遗愿。元谢应芳《御寒赋》载客人"锦衾绣褥"才能达到"寝息之安",主人则"布衾如雪,纸帐如云,缟綦茹蘆,耶乐吾贫"。以主客问答形式,扬主抑客,表君子乐贫忘忧之心,虽贫穷困窘也能自得其乐。明朱善有《饮冰轩记》

一文,讲述江西布政司自视以明德为馨,以清心寡欲为务,"故不较于口体之奉欤"。视其所用纸帐、布衾,乃为清简之物,以物明志,可窥主人之高标绝尘的精神气质。值得一提的是,还有一些纸制品意象出现在佛教传记中,属散文文体。宋释普济《五灯会元》形容青原下四世,道吾智禅师法嗣在纸帐内打坐修禅,不受打扰之事。宋释赞宁《宋高僧传》多提及高僧以纸被、纸衣苦行之事。明释居顶《续传灯录》中记载,南岳承天智昱禅师来问福严保宗禅师法嗣:"如何是和尚家风?"禅师答曰:"纸帐禅床。"足见,纸帐已然成为僧道之人用以日常修行的必备之物。除此以外,与官吏名人相关的墓志铭、传记等散文中也常用到纸制品意象。明吕楠有《敕封兵部郎中吾核郑君墓志铭》记载浙江海盐人郑儒泰"习俭于敝床、纸帐"。明赵弼有《新繁胡大尹传》记载新繁大尹胡寿安,"性清俭,不乐奢靡",在官唯敝衣粝食,常眠一纸帐。散文中的纸制品意象大多用来描摹主人公清廉简朴作风,多夸赞之语。

三、戏曲中的纸制品意象

戏曲中的纸被意象常表现主人公穷困潦倒的生活状况。宋元南戏《宦门子弟错立身》中男主人公完颜寿马为追求爱情,放弃家业后只能夜盖纸被,贫困交加,如同乞丐。宋元南戏《张协状元》中,秀才张协进京赴考时不幸遇盗,身无他物,幸得贫女以"旧纸被"相赠才勉强得以周全度日。明初徐畛据宋元旧本改编的《杀狗记》,弟弟孙荣被哥哥孙华逐出家门后悲痛欲绝,感慨昔日光景,如今却只能窘卧纸被之中,生活条件极其艰苦。戏曲中的纸被意象无疑成了描写主人公悲惨生活的道具,衬托了主人公的贫困之景。

戏曲中的纸帐意象是主人公修仙炼道的器物。元马致远《陈抟高卧》

剧认为出家人怕"尘没了蒲团纸帐"①，应心怀清净，不宜闹攘，恐误了修行。明周履靖《锦笺记》里，极乐庵庵主在"连值小姐与奶奶诞日"时，为她们摆下庆生道场，礼诵祈祷。那小姐见到庵内的陈设道："山房净纤尘不至。自是一般风趣。试看他纸帐梅花，不减我绣褥芙蕖。"富家小姐见之增添情思的纸帐，乃是禅门中人绝情禁欲的修行。于此可见，梅花纸帐虽是禅门之物，但于文人眼中却是颇具情调雅韵的。

图14 《还魂记》人物图，高马得画。高马得，江苏南京人，擅绘戏曲人物。图片来自网络。

戏曲中的纸帐意象还多在才子佳人、风花雪月场景中出现，充满风雅意趣。创作者以纸帐来刻画男女主角的相思别离之情，互诉独居之苦，情意绵绵。元末明初贾仲明《李素兰风月玉壶春》第二折中，女主人公李素兰之养母，教育因爱恋她女儿而不思功名的李唐斌，劝其求官，别再迷恋李素兰。李唐斌伤心难过，唱道："玉壶生拜辞了素

---
① 马致远《陈抟高卧》，《元曲选》，中华书局1958年版，第731页。

兰香，向着个客馆空床，独宿有梅花纸帐，那寂寞，那凄凉，那悲怆，雁杳鱼沉两渺茫，冷落吴江。"玉壶生即李唐斌也，他若离开李素兰，便只能独守空房，独卧纸帐之中，这是何等寂寥？何等凄凉？李唐斌用独宿梅花纸帐，来烘托形单影只的凄凉，借此表达对李素兰的不舍之情。明毛晋编撰的《六十种曲》中，《鸣凤记》《龙膏记》《霞笺记》《红梨记》《还魂记》《绣襦记》《锦笺记》《蕉帕记》《水浒记》《琴心记》等十余部戏曲，在描述男女主人公相思别离、互诉衷肠时，皆提到纸帐意象。纸帐张设于床上，乃夫妻二人共卧之处，一旦分别，便觉形单影只，有"纸帐梅花冷"①之感。纸帐意象也表达了良人未归、独守空房的凄苦之情。

图15 《大观园图》，作者不详，国家博物馆藏。全图展现了蘅芜苑、牡丹亭等五处不同形式的建筑，足显富丽堂皇。

四、小说中的纸制品意象

小说中的纸制品意象更趋向于对真实生活状况的描述。小说中的纸帐意象失去了戏曲中缠绵缱绻的爱情背景，大多是贫寒生活的体现和困窘状态的描摹。《西游记》第四十八回"魔弄寒风飘大雪，僧思

---

① 阮大铖《燕子笺》，黑龙江人民出版社1987年版，第87页。

拜佛履层冰",在师徒们西行途中,衾寒帐冷,八戒大声叫屈,有诗形容天气曰:"皮袄犹嫌薄,貂裘尚恨轻,蒲团僵老衲,纸帐旅魂惊。"巧合的是,明许仲琳《封神演义》中姜子牙打败张奎之后,由渑池前往黄河途中恰逢隆冬,将官皆寒冷至极,也运用了此诗形容天气之冷。由此可见,纸帐也为行旅中御寒所备。明清时期,纸制生活用品甚至还进入了富贵之家。世情小说《金瓶梅》中常谈及纸被,多用来描写书中男女的床笫之欢、鱼水之情。《红楼梦》第三十八回"林潇湘魁夺菊花诗,薛蘅芜讽和螃蟹咏"中,"枕霞旧友"史湘云所咏《供菊》诗亦有"霜清纸帐来新梦"之句。值得注意的是,西门庆府与贾府均是富贵之家,也有纸被、纸帐之用,足见纸制品使用范围之广。

纸衣在丧葬祭祀中使用颇多,焚烧纸衣以祭祀,"送寒衣"之俗直接催生了与之相关短篇鬼神志怪小说的诞生和演绎。袁枚《新齐谐》中即有《鬼着衣受网》《通判妾》《王老三》等篇,皆言及阴间鬼魂索要纸衣之事。除此之外,清吴炽昌《客窗闲话·谈鬼》、清纪昀《阅微草堂笔记》中也都记载了鬼魂穿着纸衣的奇闻异事。正因丧用纸衣乃焚烧祭祀所用,故能成为志怪小说演绎神奇故事的道具,是丧葬文化的延伸和体现。

第四章 纸帐的生活情景和文学意趣

纸帐意象，诗词吟咏尤多，影响直至明清、民国时期。从晚唐齐已《夏日草堂作》中的意象使用，到五代徐夤的单篇专咏，再到明清的符号描绘，纸帐意象的文学书写经历了漫长的发展过程。作为生活用品，纸帐拥有自身与众不同的特点。不同颜色的纸帐，用途也不相同。纸帐一年四季均可使用，实用性较强。纸帐之香还成为文人隐喻自身精神气质和品格内涵的重要立足点。在文人反复吟咏下，诗词中逐渐出现了"梅花纸帐""蒲团纸帐"两种特殊的意象组合，分别指向文人之雅与文人之隐。纸帐既是文人清品，又是禅林中物，文学影响与宗教影响兼具。

第一节 纸帐特征及文学表现

文学作品对纸帐意象的名物特征多有揭示。纸帐有黄、白、红等颜色，后世还作画于其上，使颜色更加跳跃、鲜明。文人借咏纸帐之白，隐喻自身高洁清白之志。作为生活用品，纸帐夏可避蚊，冬可御寒，春秋亦可挡风防尘，四季皆能使用。纸帐借助室内焚香、床前插花、摆设瓜果等方式可以聚香、笼香，故使帐身熏染得香。纸帐厚密，遮光性强，能给使用之人营造较为优越的睡眠氛围。纸帐的颜色、香味、厚度等特征，对意象所衍生出的人格理想和精神境界起到诸多关键性的作用。

一、纸帐之色

纸帐以白色为主，但为增加生气，后人或用花汁侵染，或以彩笔新题，故而纸帐上还会呈现出少量的其他颜色。文人在吟咏纸帐时经常出现"晓风偷入红梅帐"[①]"满身红雪到江南""墨梅花帐梦寻诗"等表色彩的文字，但多是形容纸帐上梅花之色。明清时期，文人偏爱在纸帐上画梅，尤喜画红梅和墨梅。"粉红画梅花帐"较为稀少，绿梅花帐更是十分稀奇。清金武祥在《粟香随笔》中记载清代画家李明斋"于吉安承绘赠红绿梅花帐檐"的逸事，但这种红绿梅花帐于普通人家并不多见。对于纸帐之白，诗人或直言"素屏纸帐"[②]，或以"白""素"等字眼来描述。有的将纸帐之白与他物相比拟，称赞纸帐"白似雪"[③]、白如云、洁似白氎布等，静卧纸帐中则是"卧雪眠云"。除此之外，古人还多以白玉、白露、白月、白雾等素洁、明澈、空灵之物来比拟和烘托纸帐之白。也有使用如"白胧胧""白纷纷"等叠词来渲染白的程度。纸帐"白"与"素"的视觉美感，也积极暗示着所用之人安贫乐素、清心寡欲的心理感受和价值理念。纸帐素面朝天，不染凡尘，让卧者感到身心洁净、心旷神怡，必然会成为文人一表清心的重要载体。

---

① 范允临《春晓阁诗八首》，《输寥馆集》，《四库禁毁书丛刊》第101册，第224页。
② 陆游《十月下旬暄甚戏作小诗》，"老怯霜风尽日眠，素屏纸帐拥蛮毡"，《剑南诗稿校注》第4册，第1955页。
③ 叶绍翁《纸帐》，《江湖小集》卷一〇，《影印文渊阁四库全书》第1357册，第73页。

纸帐颜色不同，用法也不同。宋初，黄、白纸帐在丧礼中可当冥器使用。据《宋会要·礼三一》昭宪皇后丧礼与《宋史·礼志》太祖干德初改葬宣祖的记载，所用冥器中均有"黄白纸帐"。于此可见，黄白纸帐乃是宋初皇家丧礼的冥器之一，是祭祀时的重要器物。与黄纸帐表示悲伤哀恸不同，红纸帐则表示喜庆欢乐，且可当作礼物赠送于人。元王逢曾用红纸帐作为寿礼，献给当时的知事太夫人，为她祝寿。然而，黄纸帐、红纸帐并不多见，纸帐仍以白色为主。

二、纸帐之期

纸帐作为一种具有保暖防尘作用的生活用品，一年四季都可使用，但冬季使用频率最高。正如俞养正所言"纸帐梅花春复秋"，它并非特定季节的产物，只多用于冬季而已。

春天是历经寒冬之后出现的一个欣欣向荣的世界。此时，人们仍使用纸帐抵御乍暖还寒的天气。梅花是报春的信使，故梅花纸帐更与春的气息密切相关。"梅花纸帐生春融""春在梅花纸帐边"[1]都是对梅花纸帐春意融融的描述。作为报春使者的梅花在纸帐上也可充当春之信使。文人用纸帐意象或表达"松床纸帐坦便便"[2]的春困慵懒、睡意绵绵的精神状态；或用纸帐表达"纸帐无新梦，桃符改旧颜"[3]的伤春、伤时、伤己之情。值得注意的是，纸帐是床上用品，故在描写纸帐时，常以"春融""春意"暗指男女之欢，有时并非特写春天的纸帐。

纸帐厚密，透气性差，故在炎热闷燥的夏天很少使用，但并非没有。

---

[1] 吴龙翰《楼居狂吟》，《宋集珍本丛刊》第103册，第530页。
[2] 王质《银山寺和宗禅师四季诗》，《宋集珍本丛刊》第61册，第658页。
[3] 刘嗣绾《新春杂题》，《尚䌷堂集》，《续修四库全书》第1485册，第276页。

齐己《夏日草堂作》诗有"沙泉带草堂,纸帐卷空床"之句,从诗题可知,此诗作于夏季,诗中已正式开始使用纸帐这一意象。方回在《瀛奎律髓》中评到:"此齐已自赋草堂中事也。"①清郑方坤在《五代诗话》中原文引用了方回对齐已此诗的评价,故纸帐在夏季使用已有实证。然而就笔者目前所搜的诗、词、文等资料来看,晚唐至宋元时期,夏天使用纸帐的实例为数不多,直至明清,才逐渐增多。"六月纸帐雪花打""六月如秋纸帐虚"②"六月北窗下,凉风过白云"③"如何纸帐梅花外,暑夜偏来伴我眠"④等,均是明清阶段诗人在夏天使用纸帐的例证。据载,明时人们对蚊帐进行了一些形式改造,使之可于夏季使用。传统的蚊帐是四边开合,但夏天蚊虫繁多,自帐底钻进帐内,扰人清梦,使人无法安眠。明代高濂对蚊帐进行了一些改造,让蚊虫无处可入。他在《遵生八笺》中说道:

> 余所制帐有底,罩帐之下,如缀顶式,以粗布为之,纫其三面,前余半幅下垂,张于床内,上下四方,无隙可漏,何物得侵?夏月以青苎为之,吴中撬纱甚妙。冬月以白厚布,或厚绢为之。上写蝴蝶飞舞,种种意态,俨存蝶梦余趣。或用纸帐作梅花,似更清雅。⑤

高濂给蚊帐加了一个底,将帐幔三边与底缝合,只留半幅开合,

---

① 方回《瀛奎律髓》卷四七,《影印文渊阁四库全书》第 1366 册,第 522 页。
② 赵怀玉《长安旅病》,《续修四库全书》第 1469 册,第 267 页。
③ 黄汝亨《楮帐》,《四库禁毁书丛刊》,北京出版社,第 143 册,第 111 页。
④ 郑炎《雪蕉》,《清代诗文集汇编》,上海古籍出版社,第 289 册,第 52 页。
⑤ 高濂《遵生八笺》卷八,《影印文渊阁四库全书》本。

以供人们自由出入。这样一来蚊帐便可有效防止蚊虫进入，夏日也足以让人们安睡。制作这种蚊帐的材料不仅有厚布、白绢，甚至还有更加廉价易得的纸张。清李瀚章等人编修的《（光绪）湖南通志》记载，有一人名为夏光祠，在村里做句读老师，家庭非常贫困，于是只能"夏以纸帐避蚊"，可见直至清代，尚有人用纸帐避蚊。

秋天张设纸帐既可防尘挡风、障翳眼目，也能防蚊御寒。纸帐于室内不但可以使"秋蚊无路得贪缘"，还能"障得秋风四面寒"，实用性极强。秋之为气，乃"肃杀"之季，融合中国传统文化中的"悲秋"情怀，诗人在描写秋天的纸帐时便多了一层"寒"与"冷"的触觉感受。"芙蓉红落秋风急，夜寒纸帐霜华湿""秋窗夜夜数更长，睡足梅花纸帐凉"[①]"纸帐香销烛影流"[②]"虚堂纸帐凉如水"[③]等均是对秋天纸帐的描述。诗人使用"寒""凉""冷"等冷色调的词语，使人感到深深秋意。

冬天是纸帐使用频率最高的季节，在寒冬恶劣的天气条件下，人们便演绎出贫士使用纸帐的操守与坚贞、雅士使用纸帐的风雅与逸趣。纸帐的温暖绵软，在寒风凛冽的冬季中给了很多贫寒之士以温情的宽慰，因而纸帐之暖常被文人称道。徐夤《纸帐》曰："针罗截锦饶君侈，争及蒙茸暖避风。"[④]他用"罗帐""锦帐"与纸帐相较，突出纸帐之暖。后世诗人在吟咏纸帐意象时形成定式，常先言纸帐之暖。对于纸帐保暖的物性特点，诗人描述曰，"纸帐寒来暖""纸帐梅花暖"[⑤]"销

---

① 方芳佩《枕上闻潮声》，《四库未收书辑刊》十辑，北京出版社，第517页。
② 孙传庭《秋夜不寐》，《影印文渊阁四库全书》第1296册，第368页。
③ 赵良澍《中秋看月用坡公韵》，《续修四库全书》第1464册，第175页。
④ 徐夤《纸帐》，李调元《全五代诗》，巴蜀书社，第1661页。
⑤ 黄庚《冬夜即事》，《影印文渊阁四库全书》第1193册，第790页。

金帐暖酒盈觞"①"纸帐空明暖气生"②等,从触觉角度,直言纸帐之暖、纸帐之温,从而稀释了纸帐之贫、自身之困的悲苦情境。对于纸帐的保暖功效,在实际的描写过程中,人们更倾向于与他物相比较,衬托出其温暖的程度。叶绍翁说纸帐"暖于酒力半醺时"③,用酒力微醺时身体的发热程度比拟纸帐之暖,以温度比温度。苏轼则用"暖于蛮帐紫茸毡"来形容其暖,以实物比实物。《赵后外传》载"紫茸毡"乃汉成帝赐予皇后赵飞燕之物,名唤"紫茸云气帐",苏轼竟拿它与纸帐相提并论,虽有夸张但亦可管窥纸帐保暖的程度。正因纸帐可以保暖,能为人们驱除寒气,使人们在寒冬腊月也能"纸帐梅花政稳眠"④"梦回纸帐意如如"⑤。故贫寒之士,在室内、书斋中张设纸帐,以资御寒,发展成为风尚。文人士大夫用纸帐解决自身问题的同时还引发了悲天悯人的感慨。他们一边称赞纸帐"可容公子围春色,只为儒生障岁寒";一边却在担心着"觉来门外霜风冽,却忆苍生卧不安",以自身的清贫来担忧天下的寒士,由己及人,感人至深。

三、纸帐之厚

纸帐厚密,虽加强了保暖效果,但也提高了遮光性能。睡卧纸帐之内,常觉天还未明,故使士大夫能优游生活,显慵懒闲淡之态。诗词中对纸帐"厚"的特点也多有揭示。陆游认为"纸帐不知明"⑥"纸帐光迟饶晓梦",直接道破纸帐之厚造成"光迟"的后果,用较为谐

---

① 叶颙《纸帐梅花》,《影印文渊阁四库全书》第1219册,第89页。
② 唐寅《睡起》,《续修四库全书》第1335册,第25页。
③ 叶绍翁《纸帐》,《影印文渊阁四库全书》第1357册,第73页。
④ 蒋主忠《冬夜偶成寄友》,《东皋先生诗集》,台湾商务印书馆1981年版,第48页。
⑤ 爱新觉罗·弘晓《冬夜有感》,《续修四库全书》第1445册,第71页。
⑥ 陆游《枕上》,《剑南诗稿校注》第6册,第2933页。

谑的语气,嗔怪正因纸帐密不透光,才让人得享"晓梦不断"的睡眠效果。作为寝具,纸帐遮光性强,容易让人熟睡不知何时,常显慵懒之态,以至进入"惯眠纸帐三竿日"①"觉来日升东"②的优游闲适生活状态。清毕沅在《灵岩山人诗集》中指出,纸帐甚至达到白天和黑夜"竟无分"的境地,足见其厚。

对于纸帐之厚,诗人有加以称赞的,认为只有纸帐够厚、遮光性够强,才能"日高覆帱拥衾眠",即使日高也可安然入睡,勿用担心强光刺眼。也正因它的厚度,才造就了纸帐的温度,使得纸帐能够"素箔围风绝可夸"③"楮帐绵衾且避寒"④。纸帐厚密反提升了它拒风御寒的功效,连苏辙也夸赞纸帐"帐厚霜飙定不容"⑤。但也有人对纸帐之厚发嗔怪之语的,道出自己迟起的缘由是因纸帐"失天明"造成的。人们对纸帐厚密特征褒贬不一,各抒己见,也成为纸帐意象的魅力之一。值得思考的是,对于纸帐之厚,宋元明多有描述,入清则很少见到,或与清人甚少实际使用纸帐有关。

四、纸帐之香

纸帐以白色为主,视觉上多平淡无奇。纸帐四季皆可用,生活中亦无太多新鲜变化。然而纸帐还有一个附加的特点,即是香。"香生

---

① 杨公远《隐居杂兴》,《影印文渊阁四库全书》第1193册,第731页。
② 冯时行《纸帐》,《缙云文集》,《影印文渊阁四库全书》第1138册,第829页。
③ 陆景龙《纸帐》,《影印文渊阁四库全书》第1370册,第573页。
④ 张翥《答马易之编修病中作》,《元史研究资料汇编》第60册,第326页。
⑤ 苏辙《和柳子玉纸帐》,《栾城集》,上海古籍出版社1987年版,第82页。

纸帐"①"素幅凝香"②已成为描写纸帐的常用语之一。纸帐之香多数意义上是指附加的嗅觉味道，并非纸帐自身散发出来的。与视觉、听觉的较为明确固定相比较，香味却总是显得有些捉摸不定。但也正因它的若有若无，才使得香味可以在物物之间相互通感，并且相得益彰。纸帐香味的嫁接之物主要有室内焚香和插梅画梅两种。

图16　柏子。图片来自昵图网。

室内焚香对纸帐的熏染效果最大也最明显。宋人常在室内燃烧紫藤香、柏子香，纸帐无形之中便有沾染。《山家清事》记载梅花纸帐是"前安小踏床，于左植绿漆小荷叶一，置香鼎，然紫藤香"③。紫藤香是降真香的别名，也称鸡骨香，气味辛温。所谓的降真即是降神，焚烧紫藤香可以"辟天行时气，宅舍怪异"，故古人多于室内焚烧，

---

① 陆游《冬夜》"香生纸帐云"，《剑南诗稿校注》第5册，第2728页。
② 韦珪《纸帐梅》"素幅凝香四面遮"，《梅花百咏》，台湾商务印书馆1981年版，第33页。
③ 林洪《山家清事》，中华书局1991年版，第2页。

以求趋福避祸。另一种是柏子香。柏子香是用带青色未破未开时的柏子果实，用沸水烫过，然后再"以酒浸，密封七日，取出阴干"①焚烧所得，养心安神果效极佳。柏子香在宋时使用颇广，见之诗词者亦多，"柏香熏纸帐"②"纸帐柏子房"③"帐外梅花，炉焚柏子"④等语句皆是此例。文人卧于梅花帐中，眠于柏子炉边，自是"别有一番光景"⑤。纸帐淡雅，卧其中"心安"；柏子香清淡，闻其味"神安"。纸帐上带有紫藤香、柏子香之后，入帐便能让人心平气和，神清气爽。当人们身心达到完全放松后，便可安眠稳睡，进入梦乡。

纸帐的香味还来自于插梅、画梅，这部分内容将于本文下节中详述。总之，纸帐之香对卧者而言的最佳效果便是"梦香"，"梅香纸帐梦蘧蘧"⑥"纸帐笼香梦亦嘉""纸帐魂清梦亦香"等都是夸赞睡卧纸帐中梦香之语。梦境的真真假假，融和纸帐香味的似有若无，衍生出一番宁静平和的卧室场景，让人如醉如痴，如梦如幻。

第二节 纸帐梅花与文人之雅

纸帐，亦楮帐，即纸制的蚊帐，"也包括其他纸制用以遮掩、装饰的帐幔"⑦。它是在唐宋时期人口剧增，绵、麻制品短缺时出现，

---

① 陈敬《陈氏香谱》，《影印文渊阁四库全书》第844册，第298页。
② 郑刚中《春昼》，《影印文渊阁四库全书》第1363册，第190页。
③ 陈著《赠僧仁泽解后以数语》，《影印文渊阁四库全书》第1185册，第129页。
④ 许以忠《雪茶·答王伯子》，《四库禁毁书丛刊》第18册，第227～228页。
⑤ 袁中道《答道甫》，《四库未收书辑刊》拾辑，第30册，第322页。
⑥ 裘曰修《秋怀同人分赋拈得上平声六首下平声三首》，《清代诗文集汇编》第332册，第511页。
⑦ 范成大等著，程杰校注《梅谱》，中州古籍出版社2016年版，第49页。

后因元代棉花的广泛种植和使用而逐渐消亡的一种纸制生活用品。纸帐原为贫寒之物，文人在其上插梅、画梅、题诗咏梅遂形成"梅花纸帐"这一文人清品。进入文学吟咏的梅花纸帐意象，在诗词中更多成为抒情主人公幽逸清绝的生活写照。明清时期，梅花纸帐在日常生活中已很少实际使用，但其清高优雅的符号意义却一直受到文人的称道和赞美。

一、从纸帐到梅花纸帐

纸帐的实际运用和文学影响不断扩大，催生了梅花纸帐的产生和使用。文人为改变纸帐的贫寒之窘，提高纸帐的审美意蕴，便在纸帐上画梅花、芙蓉、翠竹、蝴蝶等物，增加纸帐的清韵、清气，其中以画梅纸帐最为著名。纸帐多作御寒之用，梅花也在寒冬初春盛放，节令上的接近为两种意象的组合提供了现实基础。纸帐于宋时使用最多，而梅花也以宋时吟咏最盛，宋人与梅结友、以梅比德，将梅自室外移至室内，客观上为纸帐提供了插梅、画梅的场所。张镃《玉照堂梅品》系统揭示了梅花观赏的基本方法和情趣氛围。他认为"花宜称凡二十六条"，指出品梅最相宜的欣赏标准包括"竹边""松下""疏篱""纸帐""膝上横琴"等。可以说，这不仅是张镃个人独到的赏梅情趣，也是"宋代文人咏梅、赏梅中最常见的观赏角度、环境氛围和活动方式"[①]。由此可见，纸帐中观梅，已成宋人公认的赏梅习惯和体验。可以说，梅花纸帐的形成与梅花在宋时审美地位的提高是分不开的。

南宋林洪《山家清事》记载梅花纸帐的详细制法和样式曰："法用独床。傍植四黑漆柱，各挂以半锡瓶，插梅数枝，后设黑漆板约二尺，自地及顶，欲靠以清坐。左右设横木一，可挂衣，角安班竹书贮一，

---

① 范成大等著，程杰校注《梅谱》，中州古籍出版社2016年版，第40～41页。

藏书三四,挂白尘一。上作大方目顶,用细白楮衾作帐罩之。前安小踏床,于左植绿漆小荷叶一,置香鼎,然紫藤香。中只用布单、楮衾、菊枕、蒲褥。乃相称'道人还了鸳鸯债,纸帐梅花醉梦间'之意。"①

从以上记载可知,梅花纸帐与纸帐梅花同为一物。林洪长期寓居杭州,一直以江湖隐士标榜,是江湖文人的代表。他喜好考查江湖清客独特的衣食起居用品,对梅花纸帐的形制记载更是细致入微。值得一提的是,梅花纸帐可省称为"梅花帐""梅帐""纸帐梅",是纸帐的一个品种,但并不等于纸帐。这一点从高濂《遵生八笺》对纸帐的记载和林洪《山家清事》对梅花纸帐的描述便知。纸帐一般是指单一的蚊帐或帐幔,而梅花纸帐据林洪描述是除帐幔、帐身外,还有踏床、枕被、靠板、横木、书贮等物,是对一整套卧具的统称。当然寻常人家一般不会有这么复杂的设置,可能只以纸帐插梅画梅罢了。再者,纸帐一般是白色素屏,可画蝴蝶、翠竹、百花、山水等物,而梅花纸帐或插梅、或画梅、或题诗咏梅,

图17 [清]杜堇《梅下横琴图轴》。上海博物馆藏。

① 林洪《山家清事》,中华书局1991年版,第2页。

总与梅花元素相关。而后世所谓的梅花纸帐，即主要是指这种"画有梅花图纹的帐幔"①。纸帐与梅帐容易被人混淆解析，如程伯安先生所编《苏东坡民俗诗解》将苏轼《纸帐》诗中的纸帐意象解释为"亦名梅花纸帐，纸作的帐子"②，王臣先生编《一种相思两处愁：李清照词传》将李清照《孤雁儿》词"藤床纸帐朝眠起"的纸帐亦解释为"梅花纸帐"③。李清照作此词，前有小序曰："世人作梅词，下笔便俗。予试作一篇，乃知前言不妄耳。"④《孤雁儿》是借咏梅抒怀旧之思，词作从纸帐着笔，很可能指的就是"梅花纸帐"，但并非意味着纸帐即梅花纸帐。

　　梅花纸帐进入文学吟咏在北宋初见端倪，南宋时期发展愈盛。据笔者目前所见资料，宋徽宗政、宣之际的康道人曾为北宋大臣朱勔画墨梅《全树帐》，极为精绝。后朱松有诗《三峰康道人墨梅三首》曰："不学霜台要全树，动人春色一枝多。"作者自注："康画尝投进，又为朱勔画全树帐，极精。"⑤此时的梅花纸帐已然进入文学书写，但称谓十分隐晦，并未出现完整字样。值得注意的是，朱勔是宋徽宗宠臣，巧取豪夺，劣迹斑斑，生活极其奢侈腐化。而北宋时期纸帐仍多为贫寒隐逸之人所用，康道人以墨梅写帐作"投进"之用，应不会送画有梅花的蚊帐给朱勔。故而笔者猜测，这里的"全树帐"未必就是蚊帐，可能是画有梅花的帷幕饰品，作室内装饰之用。

---

① 程杰《中国梅花审美文化研究》，巴蜀书社 2008 年版，第 185 页。
② 程伯安编《苏东坡民俗诗解》，中国书籍出版社 1994 年版，第 147 页。
③ 王臣编《一种相思两处愁：李清照词传》，湖南文艺出版社 2013 年版，第 178 页。
④ 李清照《李清照词集》，上海古籍出版社 2014 年版，第 68 页。
⑤ 《全宋诗》第 33 册，第 20757 页。

梅花帐在发展初期指代帷幕而非蚊帐的情况于诗词曲中已有痕迹。宋末陈仁子《题黎晓山梅帐》曰："观黎晓山梅图，苍石荦确，兰竹萧疏，鸣雁嗈嗈，翠禽小小，忽有疏蕊横陈眼界，直若日暮罗浮，残雪未消，缺月微明，香芬袭人，翠羽刺嘈其上，起睨树梢，杳不知是雪，是月，是仙，是花。"①从陈仁子的题跋中似乎看不出与纸帐、睡卧、床具有关的信息。由首句"观黎晓山梅图"，可以猜测这里的"梅帐"有可能即指画梅的帷幕，未必是蚊帐。宋王质《满江红·听琴》曰："纸帐梅花，有丛桂、又有修竹。是何声、雪飘远渚，泉鸣幽谷。"诗人将"梅花""修竹""丛桂"等清雅形象与纸帐结合，让抒情主人公高雅人格色彩不断被强化。笔者推测这里的纸帐梅花也应是弹琴之人所处之地的帘幕，若是在听琴这样高雅的审美活动中出现蚊帐意象，恐怕会少了很多的韵味。另明高濂《玉簪记》写的是潘必正与陈妙常的爱情故事，第二十一出《姑阻佳期》写妙常在园中等潘生的唱词："松梢月上，又早钟儿响。人约黄昏后，春暖梅花帐。倚定栏干，悄悄的将他望……等了这一会，不见他来。我且回房，再作区处。倦立亭前看月色，且回鸳帐坐香销。"②根据唱词分析，妙常于园中等待潘生，园中有亭，亭有栏杆，上挂梅花帐。妙常久不见潘生，便于闺房鸳帐之中坐等。如此一来，于亭中设置的梅花帐应是亭子四周、栏杆之旁的帷幔，也应并非蚊帐。这种环境设置与王质《满江红·听琴》的场景有些类似。

如前所述，许慎《说文解字》载："帷，在旁曰帷。"刘熙《释名·释

---

① 陈仁子《牧莱脞语》卷一三。
② 冯金起《中国古典文学作品选读·明代戏曲选注》，上海古籍出版社1983年版，第115～116页。

图 18　梅花纸帐。崇祯十三年(1640年)刊吴兴闵氏寓五本《西厢记》插图第十三"就欢",绘张生房里的架子床,三面矮栏,周匝"飘檐",上面挂着梅花帐(扬之水《古诗文名物新证合编》,天津教育出版社2012年版,第391页)。

床帐》:"帷,围也,所以自障围也。幕,络也,在表之称也……帐,张也,张施于床上也。"① 幕、帷与帐三者本身就常难以区分,人们将其混用也属正常。在旁乃帷,是指以纸(或布)环绕四周的遮蔽物,类似今天的帘子。前文《玉簪记》中设于亭中的梅花帐即相当于"帷",而《广雅》又曰:"帷幕,帐也。"《释名》将帷与帐同置于"床帐"条释义,故而这些画有梅花的饰品,即使没有张设在床上,仍称"梅

---

① 刘熙《释名》,中华书局1985年版,第94页。

花帐"也不足为奇。

经检索，约在宋高宗前后，朱敦儒、王质、蔡戡、程洵等人在诗中开始使用"纸帐梅花"这一称谓进行文学创作，"梅花纸帐"遂成纸帐的一类进入文学吟咏。朱敦儒《鹧鸪天》："道人还了鸳鸯债，纸帐梅花醉梦间。"程洵《用前韵入闽》："山中有高士，纸帐梅花冷。"赵信庵《梅花》："夜深梅印横窗月，纸帐魂清梦亦香。"陈著《入城似吴竹溪》："夜床安纸帐，晓枕梦梅花。"通过这些诗词佳句，可以遥想此时的梅花帐便是用于营造良好睡卧氛围的蚊帐。发展到明清时期，梅花帐基本上均指蚊帐而非帷幕了。

梅花纸帐高雅幽逸的符号意义生成是经过无数文人点化而最终定型的。梅帐初为江湖清客幽逸生活所用，后逐渐流行开来，受大众追捧，使用越多，歌咏越盛。南宋末的国事让人心忧，很多文人四方流寓时多借梅花纸帐发归隐之意，推动了梅花纸帐符号意义的生成。辛弃疾《满江红》词："纸帐梅花归梦觉，莼羹鲈脍秋风起。"借梅花纸帐、莼羹鲈脍，抒思乡心切，不如归去之意。周密《疏影·梅影》："记梦回，纸帐残灯，瘦倚数会清绝。"记梅帐上之梅影，灯已燃尽，梅影清瘦，十分清雅幽静，如入梦境。从江湖文人到词作名家，从纸帐到梅花纸帐，南宋文人与梅结友，以梅花纸帐反映个人高雅情操和对政治权势的憎恶。另受林逋梅妻鹤子文化内涵影响，梅花纸帐更成文人羡慕归隐、超逸高雅生活的向往。这一符号意义影响了明清甚至民国时期文人对梅花纸帐的印象和创作。

文人在梅花纸帐上的风雅活动主要有插梅、画梅、题咏梅诗三种。但需指出，对于梅花纸帐而言，有时是只插梅或只画梅，表现为单一形式；有时却是两种或三种方式并存，常见如画梅与题诗并存等。

二、梅花纸帐之插梅

挂瓶插花由来已久，而且所插地点、花种各有不同。纸帐上所插之花，最常见者为梅花，或有少量其他种类，例如茉莉、芍药等。宋人常在纸帐上插梅花枝，他们在吟咏纸帐时也常表现插梅之雅。元黄庚有《和李蓝溪梅花韵》："插向胆瓶笼纸帐，长教梦绕月黄昏。"① 清人孙尔准《阴雨积日小霁，蜡梅已作花矣，招客小饮有赋》："金屋深藏未可得，铜瓶小插安能摹……安排纸帐参横后，醉倒便倩花枝扶。"②两首诗均是描写在纸帐中插梅的闲逸之态。梅帐，初为江湖文人所喜爱。林洪《山家清事》记载"梅花纸帐"曰："法用独床。傍植四黑漆柱，各挂以半锡瓶，插梅数枝。"③林洪指出江湖文人有在床柱上挂瓶插梅枝之癖。明高濂记载梅帐"榻床外立四柱，各柱挂以铜瓶，插梅数枝"④，起居安乐其中，可资颐养者。两人都有对梅花纸帐上插梅之事的记载。

正因梅花纸帐的四柱上插有梅花，才使得帐内得以熏染梅花之香，后世便有"梅花熏纸帐"⑤之语。梅花的冷冽和清幽之气熏染在纸帐上，便烘托出主人公闲静淡雅和清心寡欲的精神状态。梅花凌霜斗雪独自盛开，冰肌玉骨，香远益清。诗人以此类推，形容纸帐上梅花之香为"抱

---

① 黄庚《和李蓝溪梅花韵》，《月屋漫稿》，《影印文渊阁四库全书》本。
② 孙尔准《阴雨积日小霁，蜡梅已作花矣，招客小饮有赋》，《泰云堂集》诗集卷二。
③ 林洪《山家清事》，中华书局1991年版，第2页。
④ 高濂《遵生八笺》卷八，《影印文渊阁四库全书》本。
⑤ 胡仲弓《夜过萧寺》，《苇航漫游稿》卷三，《影印文渊阁四库全书》本。

寒香","晓风偷入红梅帐,一枕香痕玉箸齐"①"梅帐香生蕊正含"②等,使得眠于梅帐中之人"高冷"形象凸现眼前,故有"斗帐香浓梦未知,下榻先留高士卧"③之语。从纸帐到梅花纸帐,所卧之人经历了"贫士"到"高士"的角色转化。这一转化也将纸帐由清贫落魄的日用品形象,转化成幽逸高雅的审美艺术形象。

在纸帐上插梅有清心寡欲之意,故梅花纸帐一定程度上是"寡欲"的象征。林洪《山家清事》"梅花纸帐"条评价朱敦儒词"道人还了鸳鸯债,纸帐梅花醉梦间"正有此意。道人需节欲养身,卧于梅花帐中,不能常有云雨之欢。因而,林洪指出:"古语云:'服药千朝,不如独宿一宵。'傥未能以此为戒,宜亟移去梅花,毋污之。"高濂亦云:"倘未能了雨云,业能不愧此铁石心,当亟移去寒枝,毋令冷眼偷笑。"两人都认为梅花纸帐应最好独眠,以求清心寡欲。故纸帐应是"清斋安眠独卧,以梅花寒香为伍"④,如若不能禁欲,也要移去纸帐边上的梅花,生怕凌辱了插梅之意。梅花纸帐的"寡欲"情怀与其在佛道之人中的盛行一脉相承。受求仙炼道,不如独卧梅帐思想影响,梅花纸帐不仅是文人清品还具仙风道韵。经《全宋诗》检索,第一个使用"梅帐"一词的文人是宋末卫宗武,他在《和南塘嘲谑》诗中写道"梅帐道人新活计",认为梅帐乃道人新的手艺。元韦珪也说梅帐是"春融剡雪道人家"⑤。道家讲究治心养气的心性修养,提倡信道之人要追

---

① 范允临《春晓阁诗八首》,《输寥馆集》卷一,《四库禁毁书丛刊》第101册,第224页。
② 王特选《自祝》,《四库未收书辑刊》八辑,第26册,第505页。
③ 沈学渊《销寒分咏四首·梅花帐》,《清代诗文集汇编》第560册,第162页。
④ 尹文《中国床榻艺术史》,东南大学出版社2010年版,第116页。
⑤ 韦珪《纸帐梅》,《梅花百咏》,台湾商务印书馆1981年版,第33页。

求无为清静的炼养之旨，深受文人推崇。文人在使用寒酸的纸帐之时，亟须为窘迫的生活状态开脱，并努力寻找高妙的精神解释和理论依据。于是，文人在受到道教谨守贫贱、淡泊清净修炼之法影响的同时，逐渐以独卧梅帐的形式，警醒自己少思淫欲、清淡潇洒。文人也常借梅花纸帐意象表明学道之人的闲适之情，吐露自己的艳羡之意。元初黄庚《冬夜即事》："纸帐梅花暖，布衾春意多。道人无妄想，梦不到南柯。"他的《夜坐即事》亦云："道人不作阳台梦，纸帐梅花伴独眠。"元刘仁本："道人芋栗煨将熟，纸帐梅花且自眠。"①这几首诗都指出道人不做阳台、南柯之梦，所以心无妄想，独眠梅帐之中，反得安稳清梦，亦能养心、养性、养神。从这一层面上说，梅花纸帐是"寡欲"的象征。

但值得思考的是，"独眠梅帐"场景还多在才子佳人戏曲中出现，成为"多欲"的典型性暗示。创作者以梅帐来刻画男女主角的相思别离之情，互诉独居之苦，情意绵绵。梅帐张设于床上，乃夫妻二人共卧之处，一旦分别，便觉形单影只，有"纸帐梅花冷"②之感。梅帐意象也表达了良人未归、独守空房的凄苦之情。《霞笺记》中李彦直与名妓张丽容坠入爱河，怎奈李父从中阻挠，二人不得结合。家庭矛盾使得两人备受相思之苦。两人合唱《哭相思》一曲曰："不如收拾闲风月，纸帐梅花独自熬。"明王錂《寻亲记·诮夫》："花本无心，蜂蝶空飞倦，到不如纸帐梅花独自眠。"如若不能结为夫妻，何不各自独眠，相安无事。在爱情题材的戏曲中，男女主人公都盼望出双入对，鸾屏凤榻，正如《红梨记》中老旦安慰谢素秋所说，小姐正是妙龄芳华，"怎肯守梅花纸帐清寡？"梅花纸帐中，温柔缱绻，春色撩人，不免

---

① 刘仁本《榕栉窝》，《羽庭集》卷三，《影印文渊阁四库全书》本。
② 阮大铖《燕子笺》，黑龙江人民出版社1987年版，第87页。

引起人们对爱情的憧憬和渴望,对良人的思念和牵挂。正所谓"诗言志",诗词中的梅花纸帐多为树立抒情主人公"寡欲"淡泊,无欲无求的隐士形象而设立。作为卧具,戏曲中的梅帐意象既丰富了人物形象的塑造又深刻了生活环境的刻画,成为夫妻恋人情感表达的重要道具,从此意义上说,梅花纸帐又有着"多欲"的典型性暗示。"寡欲"与"多欲"的意蕴在梅花纸帐上形成张力,佛道与世俗的观念在梅花纸帐意象上并行不悖,足见梅帐雅俗共赏的魅力之处。可以说,文学创作的不断深化和演变也逐渐推动了梅花纸帐多重审美意蕴的形成。

三、梅花纸帐之画梅

文人喜爱画梅于纸帐之上。林洪所述"梅花纸帐"需在纸帐上插梅,是江湖清客幽逸清绝生活的代表物品之一,但较为复杂,寻常人家少用。其实,后世所谓的梅花帐主要是指这种画有梅花图纹的帐幔。康道人以善画墨梅而声名大噪,曾为北宋大臣朱勔画全树《梅花帐》。可知,至迟至北宋末年,帐幔上已有画梅之风。梅帐上不单单只画梅花,亦伴有他物。如前陈仁子有《题黎晓山梅帐》[①]文,据他描绘梅帐上除画有梅花外,还画有苍石、兰竹、鸣禽、残雪、缺月等物,与梅花相得益彰。总之,梅帐营造了一种恍若罗浮清梦的睡卧氛围,文人卧宿其中,俨然融入一派空灵佳境。

画梅纸帐在明、清时期发展蔚为大观。明高濂在《遵生八笺》"纸帐"条指出:"纸帐……或画以梅花,或画以蝴蝶,自是分外清致。"[②]梅花、蝴蝶均画于纸帐之上,减却纸帐平常日用之俗,反添艺术欣赏之雅。画梅纸帐受到很多江湖隐士、画家墨客的追捧,他们不惜将笔墨

---

① 陈仁子《牧莱脞语》卷一三。
② 高濂《遵生八笺》卷八,《影印文渊阁四库全书》本。

图19 《人镜阳秋》辑录历史故事,多宣扬忠孝节义道德,每事一图。如图所示,帐幔上即画有梅花,且画于帐身。明代汪廷讷撰,汪耕画,黄应组刻木版画。

深入及此，吟咏传唱。明王璲《题梅花》"纸帐夜寒清梦觉，梨云空满画中开"、清顾文彬《浣溪沙》"静掩铜铺数漏签，画梅纸帐晚寒尖"等均是对画梅纸帐的吟咏。林则徐在《贺新郎·题潘星斋画梅团扇顾南雅学士所作也》一词中曰："问几生，修到能消受？纸帐底，梦回后。"自注："君又有画梅纸帐。"可见，至清末，画梅纸帐仍受文人喜爱。画梅纸帐也能让所卧睡之人如入馨香之室。此时的梅香便是主人公自己从画梅纸帐中主观臆想出来的。画梅难画其香，但文人在吟咏画梅纸帐时，仍将梅香引至纸帐上，仿佛望梅即得其香。如此一赞画梅之真，似有暗香袭来；二赞纸帐之精，实乃文人清品。臆想之香，难以言传，却隐喻着所卧之人高洁的品格气质，大有此时无香胜有香之意。

值得一提的是，明清的画梅纸帐较于宋代而言变化有二：

一则作画地点由帐身移至帐额。宋康道人作"全树帐"，画于帐身；明既有"画梅横斗帐"[①]，也有于帐额画梅风气，两者并存。帐额、帐檐、帐眉都是指床帐前幅上端所悬之横幅，为床帐的装饰物。画梅纸帐在清代虽有使用，但很多已经发展成为泼墨帐额而非帐身。这与明清时期床具的发展，帐额的流行有一定的关系。画梅于帐额在清代十分流行，士大夫之间亦以此相互题诗赠送，颇为风雅。清冯询《画梅帐檐为高郁文上舍（景周）题（高扬州人）》诗曰"君有五色笔一枝，倩友却画寒梅姿"，即画帐檐；清章黼《台城路》前有小序曰"余慈柏为余画梅花帐额"。余慈柏为清代画家，专工花卉，画梅小有名气，故章黼在收到余慈柏画的梅花帐额后特作词以记之。清金农还在《为沈君学子画梅帐额》称自己画梅有"洗尽铅华，疏影横枝"的美感；清易顺鼎《刘笛友画梅花帐额为曾茂如题》夸赞刘生"画梅如画龙"。

---

① 费元禄《纸帐梅花》，《四库禁毁书丛刊》集部第62册，第294页。

图20　李保民配图本《水浒传》第五回"小霸王醉入销金帐"。如图所示，梅花即画帐额之上（施耐庵著、李保民配图本《水浒传》，上海古籍出版社2004年版，第41页）。

帐额上的题诗之作多人情世故，诗中常相互吹捧，缺乏一定真实情感。

二则所画梅花颜色由单一转向多样。纸帐一般多为白色，故有"素幅凝香四面遮"①之语。北宋末年画梅纸帐产生以来，在纸帐上以水墨写梅颇为流行，宋康道人便是画墨梅的高手。明清画梅纸帐颜色更加丰富，不但有画墨梅纸帐，还有画红梅纸帐、粉红画梅纸帐及红绿画梅纸帐等不同种类。清冯询《为李菊堂贰尹（载谟）题粉红画梅花帐檐》有"红雪画成谁悟得"之句，将帐檐上的粉红梅花拟作"红雪"。清末金武祥在其《粟香随笔》②中记载，汉军旗画家李明斋，工于绘事，曾在吉安绘红绿梅花帐檐，并题诗"一枕罗浮香梦醒，红红翠翠影横斜"。此事还引起"同校诸君"的争相题词，其中冯子良太守云"青红儿女态"；漆弼南孝廉云"绿意红情寄一枝"；桂靖如茂才云"迷离五色辨难真"等。诗中多言纸帐红绿梅花之色，"皆极工稳"。在这里，文人之间以画梅纸帐相互吟咏，演绎了一场关于纸帐意象的文学佳话。

画梅纸帐的流行甚至还推动了梅画的发展。汪士慎，清代著名画家，扬州八怪之一。他擅画花卉，尤擅画梅，所画之梅，气清而神腴，墨淡而趣足。乾隆八年（1743年），他与高翔登文选楼并合绘《梅花纸帐》巨制③。所画梅花疏干繁枝，获得友人一致赞誉。对此雅事，程梦星、马曰琯、马曰璐、全祖望等人都有吟咏之作。

四、梅花纸帐之咏梅

文人士大夫也偏爱在梅帐上题诗咏梅，诗词文作品均有，尤以诗居多。清曹庭栋在《老老恒言》中记载："纸可作帐出江右……盖自宋

---

① 韦珪《纸帐梅》，《梅花百咏》，台湾商务印书馆1981年版，第33页。
② 金武祥《粟香随笔》粟香二笔卷一。
③ 王咏诗编《郑板桥年谱》，文化艺术出版社2014年版，第80页。

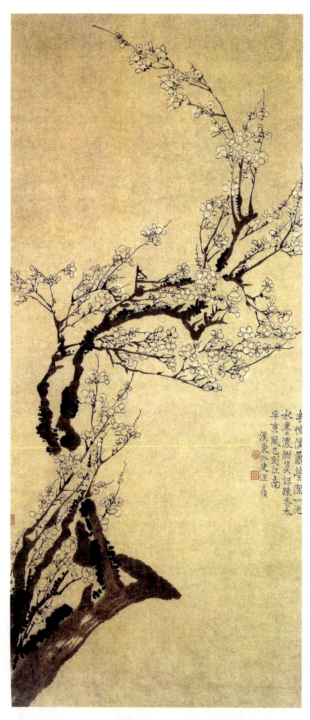

图 21 ［清］汪士慎《墨梅图卷》。现藏于上海博物馆。

元以来，前人赏此多矣，如有题咏并可即书于帐。"①纸帐的制作材料以纸为主，客观上为在纸帐上题诗带来可能性。宋元题帐作品流传下来较少，明清却得到大范围传播，且所题之诗多与梅花相关。梅帐题诗大体可分为他帐我题和自帐自题两种类型，但他帐我题（含题赠类）较多，亲笔亲题者少。书于梅帐上的诗作多为题赠类作品，作诗之人尤喜以画、以诗、以帐比德主人的品格志向，绝无批评之语，都于一片盛赞中皆大欢喜。明黄汝亨《为王木仲太史题梅花帐是日木仲东归》、明公鼐《梅帐为周野王题》、明梅鼎祚《泰符自金陵携画梅帐子为楚游拈高季迪句题颂》、清樊增祥《为蒯明府题墨梅帐额》、清王嘉曾《题缪毅斋（孟烈）梅花帐额》等均为代表作品。从诗名即可判断，诗作或为友人应邀题之、或为高官权势题之、或拜名人显赫题之，题诗缘由大多在标题中一目了然。其中受邀应制的成分要远远大于真实感情的流露，然而这也是中国人喜欢贬低自己抬高别人行为处事习惯的体现。

自宋至明清，在梅帐上题诗一般有以下几个发展特点：

第一，题诗位置由帐身发展至帐额。宋元人有感时直书于帐，而到清代，从题诗的标题即可看出，所题诗文多在帐额上。如清易顺鼎《酷相思·题红梅帐额》与《题笠丈红梅帐额》、清朱孝纯《为穆荔帷题梅花帐额》等。龚自珍有《虞美人》一词，前有题序曰："陆丈秀农杜绝人事，移居城东之一粟庵，暇日以绿绡梅花帐额索书，因题词其上。"②可见，清时，在梅帐上的题诗吟咏常被题于帐额之上。

第二，题诗内容多与梅花相关。宋时题梅帐诗多直言画事，明清

---

① 曹庭栋《老老恒言》卷四，《丛书集成续编》上海书店1994年版，第428页。
② 龚自珍《龚自珍全集》，上海古籍出版社1975年版，第564页。

除夸赞画工之精、画意之深外，还大量运用与梅相关的典故和符号意义来烘托意境。明人黄汝亨赠题梅帐"柳枝攀折不胜情，赋得梅花赠远行"①，取南北朝诗人陆凯《赠范晔》"折梅逢驿使，寄与陇头人。江南无所有，聊赠一枝春"之典故。明公鼐赠给周野王的梅帐诗有"江妃啮袖敛霞痕，堕艳飘香撒光景"②句，即用梅妃江采萍之典故。明梅鼎祚《泰符自金陵携画梅帐子为楚游拈高季迪句题颈》"携取江南春梦好，月明林下美人来"，用的是唐人柳宗元《龙城录》中"罗浮一梦"③的故事。清吴辛甲《题汪景仙梅花帐额》："君不见林逋先生新品题嗜梅，愿得梅为妻，梦回酒醒满床月，坐披纸帐燃青藜。"愿效仿林逋梅妻鹤子隐者风范云云。此时，在题梅帐的诗中运用与梅花有关的典故，暗示着梅帐这一物象已经退居为吟咏梅花的载体，而非诗中主体。人们吟咏梅帐更多转向对梅花隐逸情怀的效法和睡卧中美人相伴的梦幻憧憬，是梅文化在日常生活中的另一种体现。

清代，文人雅集之时在梅花纸帐上题诗或歌咏梅花帐，甚至还有组诗出现。金武祥《粟香随笔》④记载，李明斋绘红绿梅花帐檐，引起"同校诸君"的争相题词，颇具趣味。汪士慎与高翔合绘《梅花纸帐》，程梦星、马曰琯、厉鹗、方士庶、王藻、方士、马曰璐、陈章、闵华、陆钟辉、全祖望等皆作诗歌吟咏称赞。马曰琯《梅花纸帐歌》：

---

① 黄汝亨《为王木仲太史题梅花帐是日木仲东归》，《寓林集》寓林诗集卷六。
② 公鼐《梅帐为周野王题》，《浮来先生诗集》七言古诗卷一。
③ 唐人柳宗元《龙城录》载：隋人赵师雄游广东罗浮山，傍晚在林中小店遇一美人，与之饮酒交谈。后师雄醉酒沉睡，待到东方既白时醒来，发现睡于梅树之下。后也用"罗浮""罗浮美人""罗浮梦"等代指梅花。
④ 金武祥《粟香随笔》粟香二笔卷一。

相传古有梅花帐，此帐未见徒空闻。偶然发兴以意造，人称好事同欣欣。搓挈玉茧辨帘路，裁缝冰楮严寸分。巢林古干淡著色，高子补足花缤纷。写成完幅挂竹榻，垂垂曳曳波浪纹。清绝难成梦，香多不散云。曙后也应来翠羽，更深还拟拌湘君。帐中何所枕，一囊秋露黄菊韫。帐中何所覆，芦花半压白云芬。戏蝶忽三五，变化麻姑裙。问谁来试之？予意最殷勤。短檠摇影罗浮云，诗境来朝定不群。①

马曰璐《梅花纸帐歌》："梅花的乐留夜色，纸帐清过蚊幬纱……道人高卧鹤一警，消受不胜香雪冷。"②程梦星《梅花纸帐歌》："鼻观香生梦觉时，不知冷卧罗浮里。"③从这些题咏中我们知道，清人马曰琯言及梅花纸帐乃"相传古有""此帐未见"，虽未见实物，但向往不已。汪士慎遂绘巨幅梅花纸帐，后高翔"补足花缤纷"。马氏兄弟作诗表达喜悦之情。众人皆赞其宛若真物，如庄周梦蝶，乃"道人高卧""冷卧罗浮"。这次文人雅集的诗画成果，让汪梅成为扬州一绝，汪画更加声名远播，可惜如今已不知此画下落④，只从留存下来的《梅花纸帐歌》诗作中想象推测当时的景象。

五、梅花纸帐与文人之雅

纸帐借梅花之"雅"来摆脱自身之"俗"。在纸帐上无论插梅、画梅还是题诗咏梅都有两种意蕴。一种体现"梅妻鹤子"的隐逸情怀和高雅趣味，用梅花的冰清玉洁来标榜和警示自身，故而纸帐写梅是

---

① 马曰琯《梅花纸帐歌》，《沙河逸老小稿》卷二，《丛书集成初编》本。
② 马曰璐《梅花纸帐歌》，《南斋集》卷二，《丛书集成初编》本。
③ 程梦星《梅花纸帐歌》，《今有堂诗集》，《五觏集》。
④ 刘金库《国宝流失录》，辽海出版社1999年版，第59页。

与幽雅相配的[①]。这类作品常以梅帐上的梅花进行比德,进而隐喻品格。吴龙翰在宋亡后,学陶隐居,修炼丹药,不问世事。他的《楼居狂吟》其三有"平生睡债何时足,春在梅花纸帐边"[②]之语,自述隐居生活的慵懒闲适。清人谢启昆颇为艳羡,认为隐居之中最爱吴龙翰的楼居生活,称赞和总结吴龙翰的隐居生活是"隐居自爱楼居适,一树梅花纸帐边",道出隐居出世的生活状态之一便是独卧梅花纸帐中。另一

图22 [清]金心兰、胡锡圭《罗浮香梦图》。图片来自网络。

---

① 夏承焘《宋词鉴赏辞典》下册,上海辞典书出版社2013年版,第2012页。
② 吴龙翰《楼居狂吟》,《宋集珍本丛刊》第103册,第530页。

种是表现"罗浮一梦"的人生幻想和爱情美梦,这也是戏曲中常用梅花纸帐表示夫妻感情的原因。古代人们常在床铺和屏风上画梅、绣梅,也常表示"枕席之欢和年轻女人"[①]。君子书生都期待着于睡榻之旁有美人相伴,便将梅帐之梅臆想成能够"春宵一刻"的姬妾,于平淡无奇的夜晚聊以慰藉,也在情理之中。"寡欲"与"多欲"两种意蕴借梅花的文化内涵在纸帐上完美演绎,虽看似相悖,但均是文人"幽逸"生活的外在表现。

梅花纸帐这一生活用品,体现出宋人爱梅赏梅的风骨情趣和日常生活中嗜雅避俗的审美追求。自宋代流行开后,梅帐已然成为一个具有文化底蕴的审美符号而持续为后人所吟咏,如清人陈鹏年《戊戌元旦二首》《癸酉元旦,同吴一士,同侪吕山中候晓作》均有梅花纸帐意象出现。但明清文人歌咏梅帐之作,多把笔墨施之于梅花,而将对纸帐的描写淡化成歌咏梅花的载体和背景,不予突出,这也与纸帐在明清阶段很少实际使用有关。其实,明清出现的"梅帐"有些并非以纸为之,实为"绢类"或"蕉布"[②]制作而成,但清人仍以"梅帐"称之,足见影响之深。近代著名诗人、教育家及爱国志士丘逢甲(1864—1912)《菊枕》诗曰:"梅花纸帐芦花被,一样清高惬素心。"[③]诗中仍用梅花纸帐预示清高之意,足见梅花纸帐符号意义的影响之远。

---

① 高罗佩《中国古代房内考》,商务印书馆2007年版,第264页。
② 清吴嵩梁《香苏山馆诗集》今体诗钞卷七收有《悼春杂诗》"庭树阴阴薜砌青,游丝飞絮入窗棂,一方绣榻无人扫,匹似春寒睡未醒。"下有解释曰:"一作墨梅花帐无人卷。注曰:琉球蕉布质轻如绢,为姬制帐甫成,汤雨生骑尉将之粤,为留一日,画梅而去。"于注中可见,蕉布所制画梅帐也称为墨梅花帐。
③ 李宏健注《丘逢甲先生诗选》,暨南大学出版社2014年版,第38页。

第三节　纸帐蒲团与文人之隐

纸帐与佛道两家建立关系与佛道在唐宋时期的盛行有关。两宋，禅宗到达"最盛期"①，在朝在野嗜禅成风。道教因李唐王朝笃信创始人为李耳而得到大力发展。道教的兴盛对北宋文人、文学产生了很大影响②，王禹偁、范仲淹、欧阳修、陆游、刘克庄、柳永、晏殊、朱敦儒等人都有与道教有关的诗词存世。蒲团为僧道常用，是僧人坐禅及跪拜时所用之物。纸帐常设于寺宇道观，尤以佛门寺宇居多。佛道除在思想上影响文人外，他们的生活方式和处事原则也逐渐渗透到文人士大夫中。日常生活方面，士大夫将纸帐、蒲团用于修禅悟道，更将其作为意象入诗、入词。纸帐凭借佛道两家的教义和僧道人物的影响，逐渐带上"隐逸"的内涵意义。

图 23　五彩耕织图瓶，俗称"棒槌瓶"，现藏于故宫博物院。瓶身以五彩绘养蚕，题有五言诗。诗作描写了织布养蚕的劳动过程。

---

① 李淼《禅宗与中国古代诗歌艺术》，长春出版社1990年版，第110页。
② 蒋振华《唐宋道教文学思想史》，岳麓出版社2009年版，第245页。

一、纸帐与禅宗关系

以纸为帐是"僧人首先使用"[①]的。佛家"戒杀生",宋苏易简《文房四谱》曰:"山居者常以纸为衣,盖遵释氏云,'不衣蚕口衣'者也。"用于制造帐幔的丝织物来源于养蚕缫丝,佛有悲悯情怀,对众生怀有大慈大悲之情,故有"不衣蚕口衣"之说。纸乃"素茧",以纸制帐则可避免"杀生"之忧,故在寺宇中广而用之。文人在使用纸帐时常联想到山家,宋刘克庄《过龙门》曰:"纸帐素屏遮。全似僧家。"宋张孝祥《和如庵》曰:"我已澹然忘世味,蒲团纸帐只依僧。"直至元明清阶段,在文人的观念中,纸帐依然是僧家的象征,元尹廷高尚有"邻翁笑我生涯拙,纸帐梅花绝类僧"之句。明时,纸帐禅床甚至成为"和尚家风"[②],在公案佳话中出现。清蔡殿齐在《国朝闺阁诗钞》中还收录有清代女诗人陆韵梅[③]写的《盆梅初放赋柬黄璇卿女史》诗,其中即有"冰奁添画稿,纸帐似山家"之句。以上足见,纸帐乃佛门之物的事实已深入人心。诗僧以及受禅宗影响的文人士大夫均不惜笔墨,留有佳作。

(一)僧人与纸帐

静卧纸帐中是诗僧日常修习的方式之一。诗僧以诗明禅,多以纸帐蒲团记述日常修行,颇具佛理,其中多山居诗。这里的山居诗,是指对包括山中的房舍书室、寺宇环境、诗僧生活为刻画对象的诗作。晚唐诗僧齐己在《夏日草堂作》中使用纸帐意象,乃"自赋草堂中事

[①] 王菊花主编《中国古代造纸工程技术史》,山西教育出版社 2005 年版,第 244 页。

[②] 居顶《续传灯录》卷一三《福严保宗禅师法嗣》曰:"南岳承天智昱禅师僧……又问(福严保宗禅师)'如何是和尚家风?'师曰:'纸帐禅床。'"

[③] 傅瑛主编《明清安徽妇女文学著述辑考》,黄山书社 2010 年版,第 458 页。

也"。于诗中可见，即使纸帐因风卷起，齐己依然不为所动，认为"静"乃修行之法。宋代释德洪以此诗为依据，作八首诗歌与之相和，诗题即《用高僧诗云："沙泉带草堂，纸帐卷空床，静是真消息，吟非浴肺肠。园林坐清影，梅杏嚼红香，谁住原西寺，钟声送夕阳。"作八首》，足见影响之大。释道潜即参寥子，素能文章，尤喜为诗。他在《次韵李端叔题孔方平书斋壁》诗中说："万事年来即罢休，心萦云水尚追求，草堂早晚投君宿，纸帐蒲团不用收。"[①]世事万象皆空，老僧心如止水，不如常坐纸帐蒲团中，静修为宜。"不用收"三字形容修习之勤，礼佛之事并未受到时间和空间的限制。宋释文珦也写诗道："竹篱茅舍居来稳，纸帐蒲团趣更真。"诗僧隐于竹篱茅舍中，修于纸帐蒲团内，狷介独立，洁身自好，别有一番趣味。僧人在用纸帐意象表达佛心禅性的同时，将主人公不入红尘、不入俗流的"隐者"形象逐渐树立起来。他们在竹篱茅舍、纸帐蒲团的苦行中，颇有意趣。宋释宗晓在人生七十时，"犹恨未为专注"于佛，作偈语以警醒自守，立定心志"前程罢问从今始，纸帐蒲团稳坐休"，便要从此归隐山林，专心礼佛。纸帐与蒲团是诗僧修习的形式之一，也是他们山居生活的真实反映。

诗僧也专咏纸帐，并以纸帐喻禅，揭示佛理，显现禅境。持禅师，生卒年不详，有《纸帐诗》传世，其文曰："不犯条丝不涉机，细揉霜楮净相宜。半轩秋月难分夜，一榻寒云未散时。睡去浩然忘混沌，坐来虚白称无为。绵绵不许纤尘入，任汝风从八方吹。"持禅师借咏叹纸帐宣扬佛法教义，讲述修禅参禅的奥秘。首联虽言纸帐的制法，但隐喻参禅也同制纸帐之法雷同，不用苦心雕琢和精心装饰，只要"万法随缘，一切随其自然"，终归心净即可顿悟。颔联与颈联写诗僧困

---

① 释道潜《参寥子诗集》，《影印文渊阁四库全书》第1116册，第79页。

即酣睡、醒即坐禅的闲适生活，在这清静的状态之中却达到了"浩然""虚白"的无我、无为境界。既而尾联借言纸帐将"纤尘"与"风"拒之帐外，实指自己禅心已定，全无杂念。全诗以纸帐喻修禅，十分贴切生动[1]。

（二）文人与纸帐

纸帐也是文人静心修禅的环境之一。文人士大夫以禅入诗，喜用纸帐、蒲团描述客旅箫寺时所见所感，颇具禅意，多山居诗和禅趣诗。他们常描述客居寺院时的自然及人文环境。宋阮阅《崇毅寺》诗曰："蒲团纸帐松窗下，却有安禅藏卷人。"[2]以诗写山民静坐入定，打坐修习的场景，以环境的优雅清静，烘托"安禅"之人的高深境界。诗人真山民在宋亡后遁迹隐逸，有《李芳叔寓居僧房》诗言"纸帐白藤床，幽边兴极长"，对纸帐、藤床的僧房内部陈设进行描述，并认为此地幽情雅意，兴味极长。文人也关注山居时的生活状态，有自述在寺院纸帐中踏实酣睡之态，曰"况复齁齁僧纸帐，鸡人不听禁庭呼"；有描摹在僧舍中"芦帘纸帐门如水，兀坐蒲团事不赊"的读书感受等。

文人士大夫亦喜参禅，在描述寺宇环境时常透露出浓厚的禅意佛理。宋胡仲弓在《过山庵》中写道："天地一间屋，心安到处家。淡中尝世味，吟里足生涯。煨芋频添炭，烹泉旋品茶。空山无纸帐，梦不到梅花。"禅宗讲究"以心为本"，《坛经》说："一行三昧者，于一切时中，行、住、坐、卧，常行直心。"《维摩诘经》也说"欲得净土，当净其心"，胡仲弓首句"心安到处家"便是不留意外物，不在乎处境的随缘自适。尾句提到"空山无纸帐，梦不到梅花"，只因山居之中，既无梅花也无纸帐，顿生遗憾之感。全诗无不透露着诗人"无心

---

[1] 蒋述卓《禅诗三百首赏析》，广西师范大学出版社2003年版，第215～216页。
[2] 阮阅《郴江百咏》，《影印文渊阁四库全书》第1136册，第117页。

于物""随缘自适"的人生态度和处事方式。胡仲弓还有《夜过萧寺》一诗曰:"梅花熏纸帐,贝叶看银钩,为问西来意,因成一夜留。"自述山房中得见梅花纸帐的情境,还引用了禅林"佛祖西来意"的典故,点明自己客居萧寺,是为化解参禅悟道的困惑而来。

  山居中的纸帐还熏染上"清"的品格。宋于石称赞净居院是"纸帐蒲团清思足";宋王谌宿于北山之上便觉"纸帐梦魂清";宋真山民描写三峰寺也是"竹床纸帐清如水"。这些诗作表明在纸帐中"忆佛""念佛",能常怀清净之心,将山居生活推向清虚的境界。山房中心思意念之"清"与寺宇中梅花冰清玉洁之"清"融为一体,推动纸帐进一步雅化,成为文人"清品",更受文人喜爱,以至于清人依然使用"清"字来形容卧于纸帐中的感受。清梁逸《次山居诗赠吴君球》"纸帐梅花清梦稳"[1]、清明照禅师有《山居自适》"纸帐铜瓶一觉清"[2]等皆是明证。山居、梅花、梦清等元素汇集在一起,便使纸帐自生"清"气。

  总之,诗僧以禅为主,纸帐蒲团是他们终日修习状况的一种反映;文人以禅为辅,是偶然在日常之外的一种眷念。诗僧写山居诗,体现精神上的见性忘情,即色即理,佛性无处不在,既在纸帐中,也在蒲团上。文人写山居诗,是困厄中的解脱。文人以"外来人"或"旁观者"的立场去"体验"寺宇中僧侣的生活,信念虽无禅师坚定,但以描写自然意象之幽来烘托禅境,以刻画人文意象如纸帐、蒲团等写修习之"清",引人入禅意佛理,颇具禅趣。

二、纸帐与道家关系

  修道之人为能长生不老,羽化升仙,或是强身健体,颐养天年,

---

[1] 梁逸《红叶村稿》,《四库未收书辑刊》八辑第16册,第695页。
[2] 罗用霖《重修昭觉寺志》,《四库未收书辑刊》九辑第7册,第202页。

即需节欲养身，不宜多云雨之欢。林洪与高濂都曾指出，在梅花纸帐中最好独眠，以求清心寡欲、修仙炼道。梅花纸帐是由道人制作而成的，经《全宋诗》检索，第一个使用"梅帐"一词的诗人是宋末卫宗武，他在《和南塘嘲谑》一诗中写道"梅帐道人新活计"，认为梅帐乃是道人新的手艺。

文人常用纸帐来刻画道观环境。陆游在《道室晨起》中描写道室"纸帐晨光透，山炉宿火燃"[1]，平和宁静、闲适恬淡。元刘仁本《赠北高峰趺坐道人》有"梅花纸帐小蒲团，好在高峰顶上安"[2]之句，将道观所在位置放在天光云影的高峰之上，烘托出道士神清体轻的高士形象。清田雯《春日坐焦炼师道院》曰："茅屋三重结构奇，竹窗纸帐最相宜……道心久作丹丘想，日暮乌栖坐不移。"[3]以诗来描写作者在道院中所见所感及炼道之专心，并认为竹窗与纸帐才是道院中最相适宜的陈设。

文人也常用纸帐来描述道人生活。宋潘舫在道室修习时有诗曰："道人扫洒一间房，纸帐梅花滋味长。清晓起来无个事，炉香端简面虚皇。""虚皇"乃道教神名，元始天尊别号，即虚皇大道君。首句言及道人清扫，以示道室之干净，次言纸帐梅花，以示道室之清幽。在这种静谧的环境下，诗人早起无事，进而研读道书，修习道法，十分悠游闲适。朱有燉诗作描写道士夜里在纸帐上静坐禅定，竟然"不知明月到窗前"[4]，刻画出道人定禅之专心，已达笃静虚空的境界。很多文人并不一定信奉道教，但也知世事如梦，对神仙生活、长生之

---

[1] 陆游《道室晨起》，《剑南诗稿校注》第2册，第753页。
[2] 刘仁本《羽庭集》，《元史研究资料汇编》第61册，第249页。
[3] 田雯《古欢堂集》，《清代诗文集汇编》第138册，第296页。
[4] 朱有燉《夜坐》，《诚斋录》诚斋录卷三。

术颇为艳羡，羡慕他们"纸帐虚明好醉眠"，期待终有一天能够"丹成有日归云路，且醉梅花作地仙"。清张英在《初秋坐读易楼》诗中描述自己研读道书的场景是"深护兰香垂纸帐，细听松籁近茶铛"①。他在诗中还展示了自己返老还童、童颜鹤发的修道成果。文人士大夫以纸帐意象描写道士室内陈设、平常日用、修仙炼道的场景，也在无形中传达了对道人闲适悠游生活的向往和憧憬。

文人常借纸帐意象表明学道之人的闲适之情。独卧纸帐中定禅，方得养心、养性、养神。汪学金有《地炉》诗曰："纸帐芦帘宿火笼，几回头脑笑冬烘，雪龛煨芋寻僧味，云灶烹芝觅道风。"寒冷的冬天，诗人在纸帐火笼旁"煨芋烹芝"，在寻常生活中"寻僧味""觅道风"，何等闲适恬淡，悠游自在。

三、纸帐与文人之隐

两宋时期，儒、释、道三教调和，儒者兼容佛道情怀，由道入隐是文人顺其自然的发展状态和创作思路。与此同时，佛道之人的生活方式及相关用品也受到文人的青睐和追捧。纸帐与蒲团同为室内静思修行之物，于是，白昼坐则蒲团，夜晚卧则纸帐，成为僧道乃至文人常见的修心修性方式。诗僧、文人常将这两个意象引入同一首诗词中，使得纸帐意象于无形中染上了佛道的隐逸情怀。正如明代胡震亨《唐音癸签》载"曰仙，曰禅，皆诗中有本色"，亦如汤显祖《如兰一集序》曰"诗乎，机与禅言通，趣与游道合"②。随着文人士大夫的再创造，纸帐意象已经承袭了佛道两家抛却世俗，摒弃红尘的隐逸思想。同时，文人士大夫也借用纸帐的隐逸情怀，来遮掩自身使用纸制帐幕的寒酸

---

① 张英《文端集》，《影印文渊阁四库全书》第 1319 册，第 492 页。
② 刘德清，刘宗彬《汤显祖小品》，上海三联书店 2008 年版，第 269 页。

和尴尬。

（一）学僧慕道

文人以使用蒲团、纸帐等器物学僧慕道，吐露归隐之意。宋张孝祥《和如庵》曰："我已澹然忘世味，蒲团纸帐只依僧。"① 宋陈杰《重宿城头驿》曰："纸帐三生梦，蒲团万古心。"② 元尹廷高《山居晚兴》曰："邻翁笑我生涯拙，纸帐梅花绝类僧。"③ 明周瑛《纸帐》曰："曾似道人养清素，白云洞里梦梅花。"④ 清陈大章《山居次王衷一孝廉韵》亦曰："荒斋无个事，随分是闲程，纸帐安禅稳，油窗便眼明。"⑤ 这些诗文都毫不隐晦地表明了诗人学僧慕道的迫切愿望和人生追求。苏颂在《次韵柳郎中二咏·纸帐》中说"心闲好隐忘言几"⑥，直抒好隐之志。同诗中苏颂还记述自己修仙炼道的方式是"昼静龙须坐，宵寒龟壳眠"，自注此句为"近创蒲团纸帐"，称其自创蒲团纸帐用以隐居。诗人静坐蒲团纸帐中修心养性，是自己生活方式的一种转变，在归隐之中不知不觉中达到了"世虑都忘矣，劳生此息焉"的境界。纸帐是清贫之物，禅宗"任运自在""随缘自适"的理念正好成为文人士大夫困厄中旷达从容、超然物外的精神支撑。"平常心即道"，困厄中的文人在面对清贫的纸帐时能以平常心对待，是在日常生活中的即物超越。不管是诗僧还是文人士大夫，他们都将纸帐推向"隐"与"清"的境地，进一步使纸帐摆脱了贫寒困窘的形象。

---

① 张孝祥《和如庵》，《于湖集》于湖居士文集卷一〇。
② 陈杰《重宿城头驿》，《自堂存稿》卷二，《影印文渊阁四库全书》第 1189 册，第 750 页。
③ 尹廷高《玉井樵唱》卷中，《影印文渊阁四库全书》第 1202 册，第 721 页。
④ 周瑛《翠渠摘稿》卷七，《影印文渊阁四库全书》第 1254 册，第 868 页。
⑤ 陈大章《玉照亭诗钞》卷九，《清代诗文集汇编》第 202 册，第 256 页。
⑥ 苏颂《苏魏公文集》，中华书局 1988 年版，第 101 页。

有的诗人运用佛道思想，脱离世俗，是一种洞悉世事后的超脱与释怀，在创作上表现为幽游生活的闲适之态。宋刘应时《佑上人制纸帐作诗谢之》"老来何物是生涯，一榻翛然亦自佳"、明陆深《青杏儿·寒夜斋居》"万事转头供一笑，萧萧纸帐，圆圆灯晕，短短藤床"①等诗句，均是文人使用纸帐意象烘托清寒孤寂生活，阐明出世忘尘的情怀。然而，有些文人受到佛道"乐天安命""知足不辱"思想影响，静卧纸帐中常带有消极避世的意味，如宋吕胜己《柳梢青》"蒲团纸帐兰台。梦不到、邯郸便回。蚁穴荣华，人间功业。都恼人怀"②、宋饶节《润屋轩诗》"功成归此轩，趺坐了昏昼"③、元张翥《行香子》其五"蒲团稳坐，纸帐低围，且放些慵，补些拙，学些痴"④云云，均是此例。他们不屑名利、好道及隐，乃是基于对功名利禄的批判和否定，发而为文，唱而为词便以闲适慵懒为主，带有一定消极意味。此时的安睡纸帐便成为他们负面生活的外在表现形式之一。

（二）标榜隐士

文人静卧纸帐中，偏爱标榜陶潜、林逋等隐士，遁迹江湖。在行为上，他们不再"采菊东篱下"，或是"以梅为妻，以鹤为子"，乃是静卧梅花纸帐中，便能"心远地自偏"了。宋代吴龙翰，字式贤，号古梅，理宗景定五年（1264年）乡试中举，出任编校国史院实录文字。宋亡，学陶隐居，修炼丹药，不问世事。吴龙翰有《楼居狂吟》十首，自述隐居生活，前有引曰：

---

① 陆深《俨山集》卷二四，《影印文渊阁四库全书》第1268册，第152页。
② 唐圭璋《全宋词》，第1206页。
③ 饶节《倚松诗集》卷一，《影印文渊阁四库全书》第1117册，第223页。
④ 张翥《蜕岩词》卷下，《影印文渊阁四库全书》第1488册，第676页。

> 新安梅翁吴龙翰,学陶隐居,作楼三层,平生多好书,故作丹壁;多好睡,故作壶天;多好游,故作明月沧波;多好玄虚,故作与汗漫期。盖其胸中有数千卷书,眼中有美少年,不能好世俗之好,而能好其所好,如鱼饮水,冷暖自知。①

《楼居狂吟》其三自述隐居生活的慵懒闲适,诗人说道:"觅得楼中一觉眠,将身化蝶入壶天,平生睡债何时足,春在梅花纸帐边。"清人谢启昆颇为艳羡,认为平生最爱吴龙翰的楼居生活,他说:"隐居自爱楼居适,一树梅花纸帐边,好道好书兼好睡,不容人到草堂前。"②诗人羡慕吴龙翰的隐居生活能长卧梅花纸帐边,不问世事,无人打扰。元尹廷高《尹绿坡见寄耕云:寮诗有"窗留晓月描花影,涧泻春泉浴柳阴"之句故次韵拜贶》诗曰:"竹篱茅舍山林志,纸帐梅花道义心,日和陶诗酬野兴,时披周易坐松阴。"诗人日和陶诗,时披周易,居于竹篱茅舍,卧于纸帐梅花,俨然是个隐者形象。他们好道及隐,学陶隐居,常描述隐逸生活的悠游闲适与了无尘事。在意趣上,无不充斥着佛道两家恬淡、幽闲的隐者情怀。

林逋"梅妻鹤子"隐居西湖,后世文人在纸帐上插梅、画梅、题诗赞梅,使得纸帐在继承梅之清气的同时,也将梅之隐逸的精神内涵沿袭下来。文人标榜林和靖,虽是"结庐在人境",但也有意效仿,长卧梅帐中赏梅、惜梅、与梅为伴。明黄泽《梅花纸帐》诗曰:"清风不逐豪华尽,流落山林处士家。"③以歌咏纸帐上梅花之清气,来彰

---

① 吴龙翰《楼居狂吟》,《宋集珍本丛刊》第 103 册,第 530 页。
② 谢启昆《树经堂诗初集》卷一一,《清代诗文集汇编》第 392 册,第 319 页。
③ 黄泽《梅花纸帐》,《石仓历代诗选》卷三五七,《影印文渊阁四库全书》第 1391 册,第 822 页。

显自身不慕繁华、俊逸出尘的品性。清吴辛甲《题汪景仙梅花帐额》曰："君不见，林逋先生新品题，嗜梅愿得梅为妻，梦回酒醒满床月，坐披纸帐燃青藜。"清汪学金《床头杂置梅兰水仙，睡梦中清芬扑鼻洵可爱也》曰："依稀林处士，纸帐是生涯。"诗人们在纸帐中插梅、画梅、与梅为伴，效仿林逋，恬淡隐居才是此生所愿。

图 24　林逋墓。图片来自山谷回音的博客。

文人除用纸帐来标榜处士、隐士生活外，还将纸帐视为朋友，或直接归成"处士"。陈继儒《小窗幽记》将纸帐列入"十二友"中，称其为"素友"。明支立有《十处士传》，他效仿韩愈《毛颖传》和苏轼《罗文传》，以拟人手法，撰写器物名氏、籍贯，为其作传，其中"纸帐"即为十处士之一。之所以将清贫的纸帐以"处士"命名，他在序中给出解释曰：

> 世人之于器用，多爱其贵重华靡者，而轻其朴素清淡者。予则以为，器者，大要在能适其用而已。岂可取其名而遗其实哉？九事之于予，其情甚适，其功甚多，虽金玉锦绣之饰者，不是过也。

清周中孚对此评价道"寥寥短章，词意浅率，远不及韩苏也即及之"，但"盖较之无所用心者，为犹贤耳"①。周中孚认为支立在担任常州学官期间尚能如此清贫自守，足可以"贤"称道。何谓处士？即有才德而隐居不仕者，与隐士大体相同。处士、隐士皆有僧道风范，居名山、绝世俗，恬淡闲适，远离尘嚣。支立将纸帐归为"处士"之一，体现出自己的志趣情操，也暗示所卧之人的隐者风范。

第四节 小 结

纸帐原是清贫之物，文人士大夫在纸帐上插梅、画梅、题诗赞梅，推动纸帐朝着清雅的方向发展。歌咏梅帐的诗作，在宋元时多于描写纸帐时提到梅花，而明清则转化成咏叹梅花时提及纸帐。梅花与纸帐的意象组合共同指代主人公的清雅之趣。

纸帐也是佛道修行之物，由道入隐的创作思路使纸帐意象承载了一定的宗教文化内涵，推动纸帐朝着隐逸的方向发展。梅花、蒲团等意象元素的加入更是扩大了纸帐的隐逸情怀。大多数文人都将儒、释、道结合起来，在面对既贫寒又有宗教底蕴的纸帐时，一改寒酸之感，

---

① 周中孚《十处士传一卷》，《郑堂读书记》卷六七。

反得随缘自适、恬淡寡欲的释然。蒲团与纸帐的意象组合共同暗示着主人公的隐逸之情。

　　纸帐之雅与纸帐之隐表现在不同阶层文人的作品中感情是不同的。上层士大夫于纸帐中悠游闲适，奉行隐逸守节的人生哲学。正如冯梦龙《醒世恒言》中"赫大卿遗恨鸳鸯绦"描写女尼空照所说："我们出家人，并无闲事缠扰，又无儿女牵绊，终日诵经念佛，受用一炉香、一壶茶，倦来眠纸帐，闲暇理丝桐，好不安闲自在。"[①]上层士大夫与出家人都过着悠闲自在的生活，闲适是他们安眠静卧纸帐之中的重要条件。中下层文士迫切想为自己穷困潦倒的生活状态寻找心理平衡点，更是极力表现出异乎寻常的超脱与达观。正所谓："瓦瓢酒味岂逊金樽？纸帐梦魂清于绣幕！道人自有本色，俗子惟爱繁华！"[②]纸帐正是在这样的人文背景和社会条件下逐渐雅化，成为"永此雪霜洁，不识羔羊污"[③]的文人清品。

---

① 冯梦龙《醒世恒言》，中华书局2009年版，第183页。
② 余绍祉《晚闻堂集》卷一五。
③ 柴元彪《纸帐吟》，《柴氏四隐集》卷四，《影印文渊阁四库全书》第1364册，第901页。

第五章　纸衣、纸被的生活情景和文学意趣

纸衣与纸被是继纸帐之后文学影响最大的两个纸制品意象。文献记载中的纸衣意象大体可以分为两种。一种是生者日常所穿或亡人入殓时穿着的纸衣，大小与寻常衣物相等。北宋苏易简在《文房四谱》中详载其制法，士大夫亦有穿着。第二种是祭祀亡人时所用纸衣。制法比较简单，一般是将完整的纸，经过折叠、裁剪或刀刻，无须其他复杂的工艺，形成"衣服"形状即可，是寻常衣物的缩小版。它形似实非，是纸衣的模拟品，并非穿着在死者身上，而是用来焚烧祭祀，让死者带入"另一个世界"使用的。文献史料或文学作品中将这两种情况统称为"纸衣"或"楮衣"，本文尽可能将其区分开来，重点介绍的纸衣乃日常所穿，并非祭祀之用。

纸被常作为礼物于文人士大夫之间相互赠送，是三大纸制品中最具人情味的意象。它洁白无瑕，也能御寒保暖。贫寒之士用以过冬，解决温饱需要；高僧用来苦行修道，有冻饿自守之乐。纸被甚至还成为社会救济的重要物资，是社会弱势群体的重要依靠。

第一节　纸衣的生活情景和文学意趣

纸衣种类繁多，轻便保暖。它既可用于平常日用，还可充当殓服，

也可用于焚烧祭祀。纸衣是僧道苦行的见证，也是文人清贫困窘的真实写照。纸衣的使用范围较广，上自官宦士兵，下至黎民百姓；入世文人骚客，出尘僧道隐逸，均有穿着纸衣者。文献记载中，还出现了以穿着"纸衣"为特征来命名人物的特殊现象。

一、纸衣特征及文学表现

纸衣种类繁多，按制作厚薄、长短和内外使用之别来分，有纸袄、纸袍、纸裘、纸衫、纸裳之属。纸衣能保暖御寒，故而成为贫寒之人过冬的必备物料。纸衣的缺点是闷热难耐不透气，制作材料差一点的纸衣还行则有声，嗡嗡作响。

（一）纸衣种类繁多

按其制作厚薄、长短来分有纸裘、纸袄、纸衫、纸袍等种类。"裘"原指用动物皮毛制作而成的衣服，清软保暖，一般是富贵人家的产物。但纸裘却是以纸制作，用以御寒的衣服。宋洪迈襃扬江西永丰的周日章，笃学独善其身，家已至贫到"隆寒披纸裘"①的地步，但卒不求人，赞其乃贤士。由此可见，纸裘并非富贵之人所用。人们为增加纸裘的保暖效果，在纸裘中制作夹层，填充他物，故有"芦花夹纸裘"之语。其实，芦花与荻花同类，为多年生草本植物，在秋天生白色或草黄色花穗，山居者常采摘用以填充纸衣，以资御寒。袄是短于袍而长于襦，有衬里的上衣。纸袄一般是以纸为衣面，内有不同材料填充物的服饰样式。明释真可还存有《纸袄歌》一文，专为歌颂纸袄而作。纸袍一般是长衣的通称，不分上衣和下裳，又称楮袍。清屈大均记载的明贤臣高赉明，家中贫甚，只"纸袍、糠饵"而已，后得疾而终。宋代转智和尚即是"冰炎一楮袍，人呼纸衣道者"。后世还用诗歌称赞山僧

---

① 洪迈《容斋随笔》，上海古籍出版社1978年版，第481页。

这种穿着打扮是"楮袍蒻笠总风流"之举。纸衫多指上衣，一般为单衣。文献记载甚少，明梁以壮作《纸衫》诗一首，夸其"人非贫故异，衫以纸为佳"，此处纸衫应泛指纸衣。其实，文学作品并未将纸衣划分如此之细，创作者常将纸衫、纸袄、纸袍、纸裳等笼统称为纸衣。在使用过程中，如无特殊指名，一般不做具体区分。

图25　广西民族博物馆藏树皮衣（中国社会科学在线，李大伟、龚世扬、王春艳供图，网址 http://sscp.cssn.cn/xkpd/bowu/201401/t20140113_1197256.html）。

（二）纸衣轻便保暖

纸衣作为贫民用以御寒的纸制品，最显著的特征便是轻便保暖。苏易简《文房四谱》载纸衣其服"甚暖"。后世文学或直言纸衣之暖，正面褒扬；或婉言天气之寒，侧面烘托。宋王阮《代胡仓进圣德惠民诗一首》有"散种使耕田，寒给衾裯暖"①之句，自注"给纸袄"。诗人以诗颂扬圣上爱民之心、惠民之政，多奉承之语。明释真可还专作《纸袄歌》赞其"行着轻，坐着暖，坐卧相应便舒卷"。方志、墓志铭、传记中描摹人物清贫苦寒时，多用"以纸衣御寒"为例。官府救灾济贫时亦多造纸袄，使民不寒。士大夫亦服之，以备行旅之中的不时之需。但纸衣也有明显的缺陷，苏易简《纸谱》亦指出"衣者，不出十年，面黄而气促，绝嗜欲之虑，且不宜浴，盖外风不入而内气不出也"。故到明清阶段，纸衣基本退出人们视野，被当作冥衣使用。

除此之外，制作材料不好的纸衣穿着行走时还好发声响。清徐鼒《小腆纪传》记载明代遗民纸衣翁"行吴市中，剪纸为衣，行则窸窣作响"。其实不止日用纸衣，祭祀所用纸衣亦是好发此声。清乐钧《青芝山馆诗集》收录《盂兰盆会歌》有"纸衣窸窣纸钱飞"②之句也是明证。除此之外，纸衣还"易于磨损"③，补缀繁碎。上述纸衣翁与前文所提及的纸衣道者、纸衣禅师，均是以纸衣来命名人物，足见在当时穿着纸衣特色鲜明，已成为人物的标志性特征之一。

二、丧葬纸衣与祭祀文化

文献记载中的纸衣一般可用于亡人祭祀、贫民救济、僧道修身之用。其中以丧葬祭祀影响最大。纸衣还有些零星特殊的用法，如官吏穿纸衣以示廉，偶有为之，文学记载微乎其微。纸衣在丧葬文化中有三种具体情景，即"作殓服""书墓志""送寒衣"。前两者所提及

---

① 王阮《代胡仓进圣德惠民诗一首》，《义丰集》，《影印文渊阁四库全书》第1154册，第541页。
② 乐钧《青芝山馆诗集》卷一六，《清代诗文集汇编》第481册，第224页。
③ 魏明孔主编，胡小鹏著《中国手工业经济通史·宋元卷》，福建人民出版社2004年版，第438页。

的纸衣与生者所穿纸衣相同,后者所用纸衣,乃冥器一种。本节主要介绍纸衣在丧葬祭祀中"作殓服""书墓志"的使用情况及文学呈现,祭祀焚烧所用纸衣不在此列。

(一)作殓服

以纸衣作殓服最著名者为五代时期的后周太祖郭威。宋司马光《资治通鉴》卷二九一载,郭威将崩时,告诫晋王柴荣曰:

图26 郭威像。图片来自网络。

昔吾西征,见唐十八陵无不发掘者,此无他,惟多藏金玉故也。我死,当衣以纸衣,敛以瓦棺;速营葬,勿久留宫中。圹中无用石,以甓代之;工人役徒皆和雇,勿以烦民;葬毕,募近陵民三十户,蠲其杂徭,使之守视;勿修下宫,勿置守陵宫人,勿作石羊、虎、人、马,惟刻石置陵前云:"周天子平生好俭约,遗令用纸衣、瓦棺,嗣天子不敢违也。"汝或吾违,吾不福汝!

郭威为五代时期后周王朝的创建者,一生暴虐淫凶,不为百姓所称道。但他的"纸衣、瓦棺"临终遗命,反使他扬名千古,成为后世帝王制山陵的楷模和榜样。郭威在西征过程中领悟到墓藏金玉的唐陵多被发掘，故而以"纸衣、瓦棺"俭约下葬，反可保陵墓周全。

后世文学对郭威"纸衣、瓦棺"遗命褒贬不一，一般有"保坟论"与"俭约论"两种。宋薛居正《旧五代史》记载，郭威听说过"汉文帝俭素，葬在霸陵原，至今见在"，暗示"纸衣、瓦棺"下葬可保墓安全。欧阳修在《新五代史》强调："呜呼，厚葬之弊，自秦汉已来，率多聪明英伟之主，虽有高谈善说之士，极陈祸福，有不能开其惑者矣……独周太祖能鉴韬之祸。"①韬，即温韬，曾将管辖境内唐代陵墓洗劫一空。欧阳修点出厚葬之弊，称郭威"纸衣、瓦棺"下葬，是"能鉴韬之祸"。宋应俊有《保坟墓》一文，将保坟与孝道相联系。他认为唐人高坟厚垄、珍物毕备，累及亲人，"非曰孝也"②，故后周太祖郭威遗命以纸衣、瓦棺下葬，乃孝也。天子如此，庶民"欲保坟墓者，又当于此而思之"。应俊以孝道为外衣，实陈保坟之说。清人批评郭威俭葬保坟的言辞更加激烈。王夫之直言郭威无德于天下，"纸衣、瓦棺"只为善全其遗体，"吾恶知其非厚葬而故以欺天下邪"③，尤可哂之。清彭孙贻认为"纸衣、瓦棺"是"魏武疑冢之意也"④，如此俭约下葬乃郭威故意为之，其意深矣，为障人眼目，不让盗贼发现真墓，恐其或有"厚葬"之墓也。清郝懿行观点与之相类："然其意与汉文衣皁绨，宋祖设末耗何异？至于张詹虚设白楸之言，空负黄金之宝。"⑤

---

① 欧阳修撰，徐无党注《新五代史》，中华书局2015年版，第441～442页。
② 应俊《琴堂谕俗编》卷上，《影印文渊阁四库全书》第865册，第240页。
③ 王夫之《读通鉴论》卷三〇，中华书局2013年版，第909页。
④ 彭孙贻《茗香堂史论》卷三。
⑤ 郝懿行《晒书堂集》文集卷四。

图 27　葬礼中焚烧给死者的纸袍（图片源自李约瑟主编《中国科学技术史》第五卷"化学及相关技术"第一分册"纸和印刷"，钱存训著，刘祖慰译，科学出版社 2011 年版，第 93 页）。

"俭约论"影响更大，支持者众多。他们认为后周太祖此举乃欲改前代厚葬之陋俗，是帝王勤俭节约的表现。宋元丰八年（1085 年）范祖禹有《论丧服俭葬疏》上奏哲宗，认为周太祖"此其智贤于秦始皇远矣"，并以为郭威欲改唐时奢葬，故"以俭薄矫之"①。但他还指出身为帝王，几于裸葬，也"不可以为继"，在俭制之中需再加改善。后周太祖"纸衣、瓦棺"俭葬之风，对后世上至帝王、下至庶民影响颇远。据明宋濂《元史》记载，有伊吾庐人名曰塔本，好扬人善，有疾而终，"遗

---

① 范祖禹《范太史集》卷一三，《影印文渊阁四库全书》第 1100 册，第 195 页。

命葬以纸衣、瓦棺"①。明嘉靖十五年（1536年），皇帝曾召见下臣预定建造寿宫的规制，言曰"纸衣、瓦棺，朕所常念"②，下令从简操办，命"享殿以砖石为之"，足见郭威俭葬之风的影响程度。

后世以纸衣下葬作殓服者亦多，零散见于传记、奏表、史论、佛道典籍等文献记载中。宋释宗渊，境界高深，修仙炼道，圆寂作古时以"纸衣一袭葬焉"③；北宋道士甄棲真，不食一月，"衣纸衣卧砖塌卒"④。后世有为崇尚节俭，衣纸衣而葬，名不见经传者更是数不胜数。以纸衣廉俭下葬约形成于此时，故金李俊民《抄纸疏》曰："焚纸钱而祭，唐之遗事；用纸衣而葬，周之俭风。习以为常，俗莫能易。"⑤

（二）书墓志

纸衣在丧葬祭祀中的使用还记载于墓志、墓表、墓碣、祭文等体裁的散文中。从思想内容上来看，在这种散文体裁中出现的纸衣意象，有的直言亡人生前生活贫苦，常有衣食之忧，以表同情惋惜之情。金刘祖谦《终南山碧虚真人杨先生墓铭》记载碧虚真人不修边幅，"纸袄草履，土木形骸"，却能独传祖师心要，若有所悟。清董沛《张氏典史君庠生君父子合葬记》记述典史君在海南为官时，囊无长物，历任数年，"犹以楮衣卒"的清介自持之品。有的颂扬死者生前乐善好施之形迹，以扬其善。宋魏了翁为唐名将李蘩作《朝奉大夫太府卿四川总领财赋累赠通议大夫李公墓志铭》，记载了李蘩在四川绵州遇到

---

① 宋濂《元史》卷一〇，中华书局1976年版，第3044页。
② 俞汝楫《礼部志稿》卷八三，《影印文渊阁四库全书》第598册，第496页。
③ 释赞宁《大宋宜阳柏阁宗渊传》，《宋高僧传》卷三〇，中华书局1987年版，第756页。
④ 脱脱《宋史》第39册，中华书局1977年版，第13517页。
⑤ 李俊民《抄纸疏》，《庄靖集》卷一〇，《影印文渊阁四库全书》第1190册，第665页。

饥荒，他为赈济灾民"以茅秸易米，备粥溢楮衣，亲衣食之，所活十万人"①。清咸丰中，江浙大乱，百姓流离失所，通议大夫王清瑞，慷慨出财，构屋留养，使得流民"夏则席，冬则被，若楮衣，若草茵，毋有所缺"。董沛在《候选员外郎赠通议大夫王君墓碑铭》中颂其有儒先之道，详载于墓志铭中。

墓志铭一般语气沉重，感情基调沉郁，但也有例外者。如宋王洋撰《李夫人墓志》，以日常对话形式道出李夫人即李珏"废吾之楮袍以适市"②的男子气概及"明识达义，闻者奇之"的智谋远略，颇为灵动，打破了墓志之作死气沉沉的感觉。还有一些文人在祭文中回想至亲生前贫困节俭，死后"以楮衣一袭"葬焉，惋惜之情深入骨髓，感人至深。纸衣意象在墓志铭、祭文、墓碣、墓表中扮演的角色或是烘托亡人生前的丰功伟绩，或是描摹亡人生前的生活情景，从日常生活细节处写起，情感更加细腻动人。

值得注意的是，在祭祀礼仪中，还存有"送寒衣"之俗，即在祭祀时焚烧纸制品，把纸衣当作冥器使用。据考，福州方言称中元节为"烧纸衣节"，焚烧纸衣已经成为祭祀的一种程序。然生者所穿纸衣与祭祀所用纸衣，有时或有交叉，有时亦有不同。如在颜色上，祭祀纸衣为五彩纸为之，而平常日用之纸衣则为普通白纸制作。文献记载除特殊强调外，一般只笼统称为"纸衣"，这也给后世研究带来一定的难度。本文只讨论纸衣作日常穿着之用，略去祭祀纸衣。

---

① 魏了翁《鹤山集》卷七八，《影印文渊阁四库全书》第1173册，第210页。
② 王洋《东牟集》卷一四，《影印文渊阁四库全书》第1132册，第516页。

第二节　纸被的生活情景和文学意趣

纸被洁白无瑕、廉价易得的特点一度让它成为御寒保暖、社会救济的重要物料。它是贫士困窘生活状况和高僧苦行生活方式的外在表现。纸被也被当作礼物在亲朋好友间相互赠送，是三大纸制品中最具人情味的一种。凭借纸被意象而涌现出来的文人佳话与文学佳作颇值品味。

一、纸被特征及文学表现

作为纸制品，纸被视觉上洁白无瑕；作为被褥，它还有御寒保暖的功效。文人在使用过程中，将这两种特征诉诸笔端，不惜笔墨称颂和赞美。因时而需，宋代还出现了纸制品的买卖。诗人赵蕃在寒冬到来之际尚无被褥，只能"买纸被以纾急"①。纸被俨然发展成了一种具有供求关系的商品。

（一）洁白无瑕

纸被以"楮纸""藤纸"等纸品为制作材料，使其具有"洁白无瑕"的特点。对于纸被之白，文人有直接的描述，如"楮衾能洁白"②"当如此衾坚且白"③云云。更多文人墨客倾向于将纸被与其他空灵明澈之物相类比，突出纸被之白。纸被多于冬季使用，纸被之白常与"雪""霜"等气候现象相类比，与天气相衬，相得益彰。宋华岳《夜读离骚》称赞纸被"白凝霜"④；元胡助《谢饶士悦惠楮衾二首》描述纸被"雪

---

① 赵蕃《初寒无衾买纸被以纾急作四绝》，《章泉稿》卷四，《影印文渊阁四库全书》本。
② 王冕《纸衾》，《竹斋集》卷中，西泠印社出版社2011年版，第124页。
③ 韩淲《涧泉集》卷六，《影印文渊阁四库全书》第1180册，第646页。
④ 华岳《夜读离骚》，《影印文渊阁四库全书》第1364册，第54页。

色鲜"①；元邓雅《楮衾用贯酸斋芦花被韵》曰"楮衾如雪绝纤尘"②；明田艺蘅《纸被二首》夸赞纸被"白于霜"③。纸被也多于夜间使用，故而纸被之白还与"月""云"等自然物象相类比。陆游称赞纸被"白似云"④、宋萧立之《送陈广文西山楮衾》"一池明月白云深"、宋谢枋得《谢惠楮衾》"满床明月解微吟"、宋徐集孙《遗僧楮衾》"十分明洁月争光"等均是描写纸被之白。更有甚者，将纸被之白与"秋水"相较，彰显纸被明净澄澈之感。宋华岳《楮衾》诗认为纸被是"一床秋水浸嫦娥"，宋徐集孙也说纸被是"练从秋水桂华乡"⑤，元艾性夫用拟人手法写出纸被制作之法是"剪成秋水淡无痕"⑥。他们都用"秋水"喻纸被之清亮明净、明澈清朗，宛如美人之目。

（二）御寒保暖

纸被御寒保暖的特点与其制作原料和内里填充之物有关。一方面，纸被以"楮纸""藤纸"为制作材料，透气性差。苏易简形容纸衣"外风不入而内气不出也"。纸被与纸衣一样，它的保温作用恰恰是透气性差这个缺陷的积极运用。宋华岳在《矮斋杂咏》一诗中描述自己两腿患疮时定要"休将纸被把头蒙"，恐惧纸被不透气，导致病情加重。但另一方面，面对寒风凛冽的冬季，透气性差的纸被却成为御寒良品。同时，在纸被中填塞丝绵、蒲花等物，也可提高纸被的保暖保温效果。

---

① 胡助《纯白斋类稿》卷一四，《影印文渊阁四库全书》第1214册，第633页。
② 邓雅《楮衾用贯酸斋芦花被韵》，《玉笥集》卷四，《影印文渊阁四库全书》第1222册，第715页。
③ 田艺蘅《纸被二首》，《香宇集》续集卷二九，《续修四库全书》第1354册，第294页。
④ 陆游《庵中杂书》，《剑南诗稿校注》，第6册，第3232页。
⑤ 徐集孙《遗僧楮衾》，《影印文渊阁四库全书》第1357册，第122页。
⑥ 艾性夫《剩语》，《影印文渊阁四库全书》第1194册，第414页。

图28　柳絮，也称柳绵，即柳树的种子，上有白色绒毛。每年春天，柳絮漫天飞舞，场面蔚为壮观。苏轼《蝶恋花》词："枝上柳绵吹又少，天涯何处无芳草。"图片来自网络。

林洪《山家清事》"山房三益"条曰："采蒲花如柳絮者，熟鞭贮以方青囊，作坐褥或卧褥。春则暴收，甚温燠。虽木棉不可及也。"采摘蒲花夹装卧褥之中，保暖效果胜过木棉。林洪此语虽有夸张，但亦可管窥蒲花夹絮的温暖程度。《身章撮要》道"大被曰衾，单被曰裯。"[①] 故纸衾、楮衾均为大被，夹层中一般填塞有物。贫寒之家则"收拾柳绵囊楮被"[②]，经济条件宽裕者则"薄装以绵"。故宋代诗人谢枋得在万般无奈之时向友人求"纸衾加惠絮"[③]，不但请求纸被，就连纸

---

① 谢维新《古今合璧事类备要》，《影印文渊阁四库全书》第941册，第646页。
② 徐集孙《乍晴》"收拾柳绵囊楮被，麦秋犹有一番寒"，《影印文渊阁四库全书》第1357册，第121页。
③ 谢枋得《乞纸衾》，《影印文渊阁四库全书》第1184册，第850页。

被的填充之物也一并相求。寻常时候，若能在开炉之日，得见"纸被添新絮"①，更使人们心情愉悦，幸福满溢。

纸被御寒保暖的实用功能，被文人赞美较多。五代诗人徐夤，作诗专咏纸被"拥听寒雨暖于绵"②，描述自己在寒风凄雨中，拥被而眠的温馨和安稳之情。他在诗中将纸被的保温功效与绵制品相较，突出纸被之温。

入宋以来，诗人在歌咏纸被时，也常将笔力倾之于纸被抗寒保暖的实用价值。文人对纸被的保温御寒作用深信不疑，"楮衾莞席暖相宜""纸帐无风纸被温"均是白描纸被保温的特点。两宋时期，文人之间以纸被相送的现象颇为常见。收到纸被者，常作诗表达对所赠之人的无限感激之情。因掺杂人际交往和私人感情在内，在答谢的诗中难免有过分夸大纸被保温效果之嫌。陆游写诗赞美朱熹所赠纸被"白于狐腋软于绵"③。他在村居之中只能"一寒仍赖楮先生"④，但他却醒则对梅花饮酒，醉则拥纸被熟睡，甚是怡然自得，快然自足。北宋惠洪大师收到玉池禅师赠送的纸被后作诗诚谢，赞其所赠纸被"全胜白氎紫茸毡"⑤，拥被而眠，梦乡亦觉温暖。白氎，是细棉布；紫茸，乃细软的绒毛，惠洪大师说友人所赠纸被"全胜"白氎、紫茸毡，虽有夸饰，但足见其暖。

元胡助在《谢饶士悦惠楮衾二首》也称赞友人所赠纸被是"软于

---

① 宋庆之《开炉日赋》，《影印文渊阁四库全书》第1364册，第662页。
② 徐夤《纸被》，李调元《全五代诗》，巴蜀书社，第1662页。
③ 陆游《谢朱元晦寄纸被》，《剑南诗稿校注》，上海古籍出版社1985年版，第2350页。
④ 陆游《村居日饮酒对梅花醉则拥纸衾熟睡甚自适也》，《剑南诗稿校注》第3册，第1630页。
⑤ 释惠洪《玉池禅师以纸衾见遗作此谢之》，《石门文字禅》卷一三。

冬绢暖于绵",甚至"蜀锦湖绫"在纸被面前也"未足夸"①。作为礼品的纸被极其温暖,一则是诗人睡卧纸被中的真实感受,再者也是诗人得到友人关怀的内心体会。故而,回赠之作中提及纸被之暖,无不包含着对友人的感激之情和客气之语,进而稍带夸张亦不足为奇。诗人也会将纸被与锦缎、丝绵制作的被褥相比较,并认为纸被"揉来细软烘烘暖"②"何殊锦段与绵屯"③。纸被之暖还常与冬季恶劣天气作鲜明对比,多体现主人公静卧纸被中的安逸与从容。明田艺蘅《纸被》曰:"雪压风吹也耐寒。"④明龚诩《咏纸被》曰:"霜天雪夜最相宜。"⑤均道出纸被不使寒侵的耐寒之效。

二、贫士困窘与高僧苦行

以纸替代丝绵、粗麻材料用以制被是古代清贫人家所为。纤维资源不足时,缺衣少被的人,自然想到利用纸张来做衣服、被褥,以资御寒⑥。纸被因"价廉功倍",便成为社会救济的重要物资之一。纸被还是清贫的代名词,文人在诗词、戏曲中,自然都将夜盖纸被之人视为贫寒的下层人士看待。

(一)贫寒困窘

纸被意象在戏曲中常用在对失意落魄之人生活环境的塑造上。主人公以纸被围身挡寒,形象窘迫。古杭才人编南戏《宦门子弟错立身》中男主人公完颜寿马为追求爱情,摆脱自己"同知"之子的身份,不

---

① 胡助《纯白斋类稿》,《影印文渊阁四库全书》第1214册,第633页。
② 王沂孙《高阳台·纸被》,《花外集》,上海古籍出版社1988年版,第18页。
③ 陈宓《和泉州施通判》,《复斋先生龙图陈公文集》,《续修四库全书》第1319册,第313页。
④ 田艺蘅《纸被二首》,《香宇集》,《续修四库全书》第1354册,第294页。
⑤ 龚诩《野古集》,《影印文渊阁四库全书》第1236册,第282页。
⑥ 游修龄《农史研究文集》,中国农业出版社1999年版。

图 29　浙江永嘉昆剧团《张协状元》剧照。图片来自网络。

顾世家大族形象,跋山涉水,一路艰辛去寻找所爱之人,怎奈见到心仪之人时已筚路蓝缕、穷困潦倒。他心里暗自忖度道:"仔细思之,你是何人它是谁?姐姐多娇媚,你却身褴褛。嗟,模样似乞的,盖纸被。日里去街头,教他求衣食。夜里弯跧楼下睡。"据他描述,夜盖纸被者等同于乞丐形象。清杭世骏《金史补》记载,金兵南下时,百姓恐慌,"公卿大夫,皆布袍草履混迹尘世。虽贵戚之家,皆泥土复面不洗拭,衣衲絮纸被取类丐"。也将夜盖纸被与乞丐同名,足见纸被之低廉。明徐畛《杀狗记》中孙华、孙荣两兄弟,靠祖上基业,家道颇丰。怎奈哥哥孙华受人蛊惑,将弟弟孙荣赶出家门。孙荣无奈流浪在外,安身破窑之内,终日靠行乞度日。这日于破窑内静思冥想,懊恨哥哥太过薄情,说道:"玉兔东升,寂寂夜深人静,冷清清掩上窑门。纸衾单,芦席冷。孤眠独醒对寒灯,知他是甚般情兴!"①凄凉之情顿生心间。九山书会才人编撰的南戏《张协状元》,秀才张协进京赴考时不幸遇盗,贫困交加之际,得到贫女救助,在张协"衣食全无,眼下忧谁知"的情况下,贫女好心搭救,"奴进君,些子粥。更与君,旧纸被",帮助张协解决了燃眉之急。既是贫女,也只能在自己力所能及范围内给些米粥、纸被,已然倾其所有。《张协状元》中的"纸被"意象成了贫女所有物的象征,符合人物设定身份。由戏曲中纸被的使用情况来看,至少在宋元时期,纸被仍是孤寒清贫之人所用之物。

纸被意象在诗词中也反映着抒情主人公穷困潦倒的生活状态。纸被在使用之初,文人士大夫常不愿提及,他们将夜盖纸被当成是为人所不齿的一种生活状态。据笔者目前所见资料,最先专咏纸被的诗人是五代时期的徐夤。他的《纸被》诗前三联描写了纸被洁白无瑕、御寒保暖的特性以及纸被的材料来源和制作过程,是描写纸制品的常规写法。但尾联笔锋一转,写道:"赤眉豪客见皆笑,却问儒生直几钱。"赤眉豪客对纸被不屑一顾,见之一笑,转头询问儒生,这等寒酸之物到底能价值几钱?前三联虽极尽所能铺陈纸被之精美实用,但全诗最终还是落到纸被贫寒困窘的本质特征。唐五代至两宋时期,文人士大夫在"不得已"时才用纸被避寒。初始阶段,文人对使用纸被颇感羞愧。高翥《同周晋仙睡》有云:"更有诗人穷似我,夜深来共纸衾眠。"②南宋诗人韩淲在钱塘时忽遇天气乍冷,只以纸被御寒,自觉"窘甚"③。宋代诗人虞俦,家境更加窘迫,日常所用不但有纸帐、纸被之物,甚

---

① 徐畛《杀狗记》,上海古籍出版社1992年版,第127页。
② 张端义《贵耳集》,《全宋笔记》第六编,大象出版社2013年版,第304页。
③ 韩淲《谢黄子耕惠纸被时在钱塘乍冷无衾窘甚》,《影印文渊阁四库全书》第1180册,第646页。

至还有纸帐。虞俦虽将室内打扫干净，不染纤尘，却仍怕有"笑贫"①之人。元代诗人邓雅在赞美纸被"如雪绝纤尘"的同时，尚存有"只恐梅花亦笑贫"②的忧虑。

其实，文人士大夫内心深处都是想摆脱纸被给他们带来的寒酸之感的。他们希望"不在芦球纸被旁"，但又"自渐无力消贫病"③。在贫穷的现实条件和经济基础上，文人只有将纸被雅化，直到与自身的人格修养相符合为止。诗人认为纸被"也胜白氎尚欺贫"④，是清贫之人穷途末路的知音和良友。纸被能够"御寒偏济世间贫"⑤，是清苦之人的福音和良药。于是，纸被"不欺贫"的形象逐渐转化成"恤孤念寡"的仁义之品，被文人士大夫所歌颂。文人在长期的熏陶过程中，接受了"楮衾莦席不忧贫"⑥的心理安慰，常表现出知足常乐，随缘自适的精神取向，故谢宗可咏叹纸被时说"鸳鸯无分乐清贫"⑦。文人在使用纸被时，内心也逐渐由贫寒困窘的无奈变成文人清贫自守的淡然。

（二）高僧苦行

纸被也属禅林之物，是高僧用以修行的重要器物之一。与纸帐、

---

① 虞俦《新糊小室明帘戏书》，《尊白堂集》，《影印文渊阁四库全书》第1154册，第44页。
② 邓雅《楮衾用贯酸斋芦花被韵》，《玉笥集》，《影印文渊阁四库全书》第1222册，第715页。
③ 金堡《公绚兄致卧褥答此》，《徧行堂集》诗集卷五。
④ 管时敏《纸被》，《蚓窍集》，《影印文渊阁四库全书》第1231册，第701页。
⑤ 朱彦昌《楮被》，曹学佺《石仓历代诗选》，《影印文渊阁四库全书》第1391册，第890页。
⑥ 郑潜《建南九曲棹歌》其八，《樗庵类稿》，《影印文渊阁四库全书》第1232册，第118页。
⑦ 谢宗可《纸衾》，《咏物诗》，《影印文渊阁四库全书》第1216册，第621页。

纸衣相类，佛家规定"不衣蚕口衣"，将纸制品称为"素茧衣"。文献记载中，纸被常被用来描述高僧苦行节俭的生活环境和悟禅状态。《禅林宝训》卷二所载佛鉴慧勤对五祖法演的一段回忆：

> 先师节俭，一钵囊鞋袋。百缀千补犹不忍弃置。尝曰："此二物相从出关仅五十年矣，讵肯中道弃之？"有泉南悟上座送褐布襕。自言得之海外，冬服则温，夏服则凉。先师曰："老僧寒有柴炭纸衾，热有松风水石，蓄此奚为？"终却之。①

佛教推崇清心寡欲，《遗教经》云："行少欲者，心则坦然，无所忧畏，触事有余，常无不足。有少欲者，则有涅槃。"后世高僧以三衣一钵、日中一食为苦行之法。高僧不思物欲，周身之物常唯纸被，用以苦行。宋义青禅师，"平生不畜长物。弊衲、楮衾而已"②，最终"泊然而化"。宋杨岐方会禅师"安乐勤"，"挟楮衾入典金谷"③也身无长物。宋明智韶法师法嗣慧辩，从容淡泊，晚年倦于人际酬酢，以"衣、钵、坐具、纸被、拂子、手炉"④六事随身，归隐草堂。明桐江大公法师，品性孤洁，不染尘世，"生平不畜长物。所服布袍。或十余年不易……唯纸衾一具而已"⑤。后人称赞他的勤勉刻苦，"盖人之所不能堪"。明时，跟随商船抵达中土的日本高僧德始，也是"薄于奉己，厚于待人，

---

① 释净善《禅林宝训》，《大正藏》卷四八，第1025页。
② 释惠洪《投子青禅师》，《僧宝传》卷一七。
③ 释念常《佛祖通载》卷一八。
④ 释志盘《明智韶法师法嗣》，《佛祖统纪》卷一一。
⑤ 释明河《桐江大公传》，《补续高僧传》卷十三习禅篇。

以故四坐道场。囊无余蓄，楮衾、瓦钵，聊以自随"①。德始在东归日本后受国人景仰，尊之为禅祖。人们在室内使用纸被"便觉室庐增道气，不忧风雨搅闲眠"②，躺于纸被中，亦能"一觉安眠到五更"③。高僧追求清净离欲的生活状态，静卧纸被中才是他们"身清不受人间辱"，不为物欲所累的生活追求。

元明清时期，高僧传记内很少提及纸被的使用情况，诗词中反倒主动将其归为禅林中物。元张昱《纸被》诗形容纸被曰："象床绣枕知难称，道馆僧房或可当。"象床与绣枕，是无法与纸被相称的，唯有道馆僧房才是纸被的落脚之处。明田艺蘅《纸被二首》"道人楮被元非诈，雪压风吹也耐寒"，直接将纸被归为道人之物。明清文人客居道观僧舍时也常发现纸被踪迹。明徐𤊹多次拜访僧舍，喜用纸被意象描述寺宇环境及自身感受。他在兴庆寺夜宿时写道"木榻孤眠拥楮衾"④，在三宝寺休憩时写道"宵眠借楮衾""能谐清净心"⑤，在露松庵下榻时写道"一点禅灯照楮衾"⑥。故而，徐𤊹笔下的纸被意象与道观僧舍彼此映衬，相得益彰，颇具禅意。

三、友人收赠与社会救济

纸被是三大纸制品中最具人情味的一种。寻常之人可以把纸被当作礼物于亲朋好友间相互赠送。以纸被为意象的赠答之作数量可观，有缺乏纸被，以诗相求者；有送出纸被，以诗相记者；有收到纸被，

---

① 释明河《日本德始传》，《补续高僧传》卷十五习禅篇。
② 释惠洪《玉池禅师以纸衾见遗作此谢之》，《石门文字禅》卷一三。
③ 释普济《天童交禅师法嗣》，《五灯会元》五灯会元卷第一八。
④ 徐𤊹《鳌峰集》，《续修四库全书》，第1381册，第407页。
⑤ 徐𤊹《憩三宝寺苇航上人房》，《鳌峰集》，第197页。
⑥ 徐𤊹《宿露松庵同何舅悌》，《鳌峰集》，第347页。

以诗相谢者，其中不乏名人佳作。纸被的廉价易得还让它成为个人善行和社会救济的重要物料。

（一）友人收赠

两宋时期，文人常以纸被作礼物相互赠送。纸被虽为贫寒之物，但经过友人之手，以礼相送，颇具温情。一则友人送来的纸被有抗寒保暖的功效，使自己摆脱了穷愁窘困的景况；二则诗人也为获得了朋友的体谅和关心而备感温暖。纸被已然成为文人之间美好情谊的一种见证。文人之间以纸被为意象的赠答之作有以下几种记录方式：

缺乏纸被，以诗相求。南宋末年著名爱国诗人谢枋得在无可奈何之时创作了《求纸衾》一诗。谢枋得屡次抗元，但均以失败告终。他在精神受到严重打击，又迫于元军追捕情况下，隐姓埋名，隐遁山林。1279年宋亡，谢枋得流寓福建建阳，以卖卜教书度日，穷困不堪，母死无力下葬。1285年，谢枋得六十岁时在"避世知无地，危身只信天"（谢枋得《求纸衾》）情况下苦求纸被，希望有志同道合，腹心相照之人能够以纸被相送，用来修养身心，涵养天性。在得到友人赠送的纸被后，谢枋得连作《谢惠楮衾》《谢张四居士惠纸衾》《谢人惠纸衾启》三篇诗文表达"寝兴知感，寤寐难忘"的感激之情。其中《谢人惠纸衾启》描写纸被最为全面深刻。在文中，谢枋得称赞赠送纸被之人"雅志孤高"，睡卧纸被之中有"敷竹床而莹洁，无异瑶台"之感，安睡其中还能起到"精神愈爽，思虑无邪"的果效。他大力称赞纸被是"琪圃琼林之物""玉壶冰壑之怀"，将纸被拔高到"观骚人之清修，乃志士之法则"的地步。不得不说，谢枋得在极力拔高纸被品性地位的同时，也在为自己贫寒的生活状态寻找开脱。因是答谢之作，故他笔下的纸被高端精美，虽有夸饰，但也流露出他对友人的感激之情。

送出纸被,以诗相记。文人在送出纸被时,也常作诗对友人进行叮咛和嘱托。宋萧立之《送陈广文西山楮衾》曰:"道人家风此受用,赠君也作清净供。"宋张孝祥《送纸衾韩中父》曰:"韩郎香尽诸缘绝,坏衲篝灯供佛熏。"①诗人在送出纸被时都希望所得之人能够拥有一份难能可贵的清净之心。清戴名世《老子论上》曰:"神仙之事……大抵为其术者,屏繁嚣,守清净。"修道之人远离凡尘俗世,应清静无为,方得神仙之道。萧立之送友人纸被,希冀友人得道家风范,自此清心寡欲。宋李正民《建昌寄纸被》写出设有纸被的居室是"雅称维摩室,增辉杜老堂"②,心平气和"高卧"其中,美梦连连。宋王洋写《以纸衾寄叔飞代简》诗安慰亲人,收到纸被之后,"隆冬必可独不死"③。萧立之、张孝祥、李正民诗作中出现"道人""佛熏""维摩"等字眼,均借佛道隐逸思想做消化人心的工作,在逆境中宽慰亲朋好友。宋吕本中《去岁尝以纸被竹简遗刘致中,后为大水所漂,致中有诗,以二绝句答之》诗,表现出诗人在面对一室翛然的友人时,送出纸被希望他能够"五更睡足天昏黑,也似他人锦绣堆"④。诗人安慰友人即便是只能卧于纸被之中,也当如躺在锦帐绣被中一样安睡五更。希冀友人无论世事如何变化,当心无所碍,平常心对待。

收到纸被,以诗相谢。文人收到纸被后所作的答谢诗,更是佳作迭出。宋李新《谢王司户惠纸被》、宋周紫芝《次韵德庄惠南城纸衾

---

① 张孝祥《送纸衾韩中父》,《于湖集》卷一〇,《影印文渊阁四库全书》第1140册,第589页。
② 李正民《大隐集》卷七,《影印文渊阁四库全书》第1133册,第84页。
③ 王洋《以纸衾寄叔飞代简》,《东牟集》卷六,《影印文渊阁四库全书》第1132册,第401页。
④ 吕本中《东莱诗集》卷二〇,《影印文渊阁四库全书》第1136册,第830页。

且示妙句》、宋吕本中《去冬以纸衾遗刘彦冲，刘有诗来谢，以二绝句答之》、宋刘子翚《吕居仁惠建昌纸被》、宋陆游《谢朱元晦寄纸被》、宋韩淲《谢黄子耕惠纸被，时在钱塘乍冷无衾窘甚》、宋陈起《次黄伯厚惠纸衾韵》、宋方岳《答惠楮衾》、元艾性夫《谢惠楮衾》、元刘诜《彭琦初用坡翁纸帐韵，惠建昌纸衾，次韵二首为谢》、元胡助《谢饶士悦惠楮衾二首》、明童冀《谢王雪舟惠楮衾》等均是代表性作品。文人之间以纸被相赠，已然成为一种文学现象见诸诗词。这些诗歌在主题和内容上都具有一定的相似性。在主题上，都表达了贫寒之时，友人以纸被相赠，救己于水火之中的不胜感激之情，是对真挚友情的歌颂和赞扬。在内容上，一般先描写纸被的材料来源、制作方法及特性特征，再将纸被拔高到"清净""清趣""雅物"的高度，最终落脚到对使用纸被之人清心寡欲、安贫乐素精神的希冀。除此之外，诗人或言及自身的仙风道骨、或点明自己有归隐之意、或指出自己不慕荣华的品性、或表达静卧纸被的闲适幽逸。诗人表面上看似是在安慰友人，实则自己也获得了一种解脱和释怀。值得注意的是，以纸被意象相互赠答、唱和的诗文多见于两宋，元代零星出现，明清几乎不见，应与纸被的实际使用状况有关。

（二）社会救济

纸被物美价廉，取材方便，常常成为社会救济的重要物资。宋谢维新《古今合璧事类备要》"风雪加抚"条有载，南宋余崇龟守江州时恰遇寒冬大雪，贫民无以御寒。官府在救济之时"州兵给以布襦，丐者给以楮衾"，按身份地位加以分别。纸被被分予丐者使用，由此可知纸被的低下地位。

乐善好施之人常将纸被施赠给困苦之人使用，并被载于墓志铭、地方志或史学文献中。宋代诗人苏过卜居山林，过着"掘地为炉土作床"①的艰苦日子。但当他目睹草堂之东南，有八十余岁的老妪饥寒交迫、衣不蔽体时，便将自家纸被欣然奉上，以"慰老臞"，并为自己未能及时将纸被送到而暗自罪责，内心不安。宋陈文蔚有《傅县丞墓志铭》记载傅瑾为人倜傥，好为义事，"乡邻……有困病而贫者，捐金医疗，务在存活，不幸而死，则给周身之具，隆寒无覆，施以楮衾"②。元吴澄为金陵王进德居士作墓志铭，称赞他虽创立艰辛，但振恤不吝，"寒卧无以盖覆者，施楮衾"③。吴澄也为王进德之妻于氏作墓志铭，借其子之口，提及王进德乐善好施一事曰："吾父好施，死而无棺者，畀棺；病而无药者，畀药；寒而无衾者，畀楮衾。"④济民之举，充分得到其妻于氏的首肯与帮助。元李存《三老材甫桂君墓志铭》刻画了饶州安仁县（今江西余江）桂梓为"有贫死不能棺者，棺之；寒不能寝者，楮衾之"的善人形象。出生于安徽黟县的汪作砺，乃湖北提点刑狱，辞官归家后，"必时制良药以施病者，市纸衾以施寒者"⑤。宋浙江平阳人陈大有"冬寒施楮衾"，救济人事，"靡不力行"，被记载于《（万历）温州府志》与《（雍正）浙江通志》中，流芳百世。以纸被施之寒者，已成仁人志士乐善好施的榜样范例，纸被也借此成为"不欺贫"的象征和符号，逐渐被人们所喜爱。

---

① 苏过《山居苦寒》，《斜川集》卷三。
② 陈文蔚《傅县丞墓志铭》，《陈克斋集》卷一二，《影印文渊阁四库全书》第1171册，第91页。
③ 吴澄《金陵王居士墓志铭》，《吴文正集》卷八五，《影印文渊阁四库全书》第1197册，第799页。
④ 吴澄《故王夫人于氏墓志铭》，《吴文正集》卷七八，《影印文渊阁四库全书》第1197册，第751页。
⑤ 程敏政《新安文献志》，《影印文渊阁四库全书》，第1376册，第339页。

第三节 小 结

　　两宋积贫积弱已久，为适应粗布劣服的生活状况，文人在心理上要适应并进行文化转化，因此简陋的纸被经过文人一系列的雅化反成"不欺贫"的美物。

　　首先，文人将纸被"白"的视觉特征转化成"清"的内涵品性，将佛道的清净演化成文人的清趣。诗人以"霜""雪""云""月""秋水"等明澈清高之物烘托纸被之白，全力营造主人公高雅别致，不染纤尘的品性。元王冕认为纸被至"清如此"[①]，"吴绫""蜀锦"尚不可比。元艾性夫赞咏纸被"清似荷衣伴屈原"[②]。文人笔下的纸被甚至已经成为"御冬气清神煜煜"[③]的意象了。诗人心清，眼见之物便为清净；反过来，物清也易使人心清。受佛道思想影响，纸被不染纤尘，纯洁清雅的视觉感官更易使人得清净之心。宋萧立之《送陈广文西山楮衾》曰："道人家风此受用，赠君也作清净供。"宋徐集孙认为纸被洁白素净，而"金帐绣衾皆业境"[④]，不如纸被少思寡欲。纸被的清净与清趣还表现在独眠之中。明龚诩《咏纸被》曰："纸衾方幅六七尺，厚软轻温腻而白。霜天雪夜最相宜，不使寒侵独眠客。"清曹庭栋《老老恒言》介绍纸被的养生之妙时，评价此诗曰："可谓曲尽纸被之妙。龚诗云'独眠'，纸被正以独眠为宜。"[⑤]君子慎独，心灵的休憩更多是通过独自修养而成，"独眠"方有机会清净自守，静思默想。宋林洪描述梅

---

① 王冕《竹斋集》卷中，西泠印社出版社 2011 年版，第 124 页。
② 艾性夫《剩语》卷下，《影印文渊阁四库全书》第 1194 册，第 414 页。
③ 韩淲《涧泉集》卷六，《影印文渊阁四库全书》第 1180 册，第 646 页。
④ 徐集孙《遗僧楮衾》，《影印文渊阁四库全书》第 1357 册，第 122 页。
⑤ 曹庭栋《老老恒言》，《丛书集成续编》第 81 册，第 432 页。

花纸帐内"只用布单、楮衾、菊枕、蒲褥",提倡"独宿",颐养身心,戒欲绝情。元王冕《纸衾》亦曰:"楮衾能洁白,孤卧得平安。"①据王冕所言,独眠纸被中,即使作客他乡,也能心如止水,宠辱不惊,吴绫蜀锦反倒不若纸被能使人清心寡欲。文人将纸被由"白"转向"清",并进一步衍生出清净、清趣、清心寡欲的意味,将纸被逐渐雅化。

其次,高僧借纸被以苦行,离欲出尘,超脱物累,诗人由此引申为节俭与朴素。宋杜旃有"吴宫凤花锦"或可"伐命",安眠纸被却可明哲保身之说,认为纸被虽形制轻微,但用处并不单薄,乃"物微用匪薄"②之物。宋代诗人陈宓《和泉州施通判》诗认为纸被不输给"锦段与绵屯",认为器物的"粗丽"并不重要,重要在于是否实用,纸被才是"睡里真滋味"。元艾性夫认为美物作恶"常须臾",纸被之属,"观美不足安有余"。宋真德秀作《楮衾铭》歌咏纸被道德品性,写道:"我尝评君,盖具四德。盎兮春温,皓兮雪白,廉于自鬻,乐于燠贫,谁其似之,君子之仁。"③真德秀指出纸被"不欺贫",常用以救济,有君子之仁,并告诫子孙:"咨尔小子,惟素可宝,敝缊是惭,岂曰志道?奢不可纵,欲不可穷,去华务实,前哲所同。"他以纸被教诲子孙后代要立志行道,艰苦朴素,自奉俭约,不可奢华多欲。官吏常以纸被标举廉俭,清代有官吏名侯玉,"至正中蒲圻簿,守己俭约,居常惟纸衾"④,介然绝俗,自甘淡素。但也有官吏借纸被佯装清廉、沽名

---

① 王冕《竹斋集》,西泠印社出版社2011年版,第124页。
② 杜旃《纸被一首》,《江湖小集》卷一九,《影印文渊阁四库全书》第1357册,第153页。
③ 真德秀《楮衾铭·示子志道》,《西山文集》卷三三,《影印文渊阁四库全书》第1174册,第528页。
④ 穆彰阿《(嘉庆)大清一统志》卷三三六《侯玉》。

钓誉的，如五代李观象为节度副使，行逢为正节度使，因畏惧行逢严酷，恐怕祸及自身，于是"乃寝纸帐，卧纸被"以示其廉。金刘祁在《归潜志》中指出南渡后，"河南为令者，有夜盖纸被，朝服弊衣以示廉"者。他认为官吏既不可攫取民脂民膏，奢纵害公，但也不必钓名要誉，自苦俭陋。

再者，文人将使用纸被之人归为"雅士""处士"。高睡纸被中是文人闲适与幽逸生活的体现。陆游云："布衾纸被元相似，只欠高人为作铭。"① 宋刘子翚描述纸被是"高人拥楮眠，裔卷意自适"②，两位诗人都将使用纸被之人推向"高人"的境地。宋华岳言及楮衾乃是"十幅晓云藏处士"③，也将眠于纸被之人归向"处士"群体。道教全真南宗祖师葛长庚，才华横溢，著作甚丰，常寓居小斋中，看书、抚琴、把剑、喝酒，生活翛然洒脱。他也常卧纸被中，认为这是"逸士幽居"④和文人"养浩"才能有的体验与享受。明许次纾将纸帐、楮衾并称为喝茶品茗的"良友"⑤，颇具诗情雅意。眠于纸被中的"高人"与"处士"是十分闲适幽逸的。元好问能"梦裹纸衾三丈日"，睡至日高三丈，尚不想醒来。明胡奎更胜一筹，能够"独拥八天溪藤霜"⑥，在纸被内醉卧八天。"楮被宜高卧""醉来高卧付诗人"⑦成为文人幽游生

---

① 陆游《谢朱元晦寄纸被》，《剑南诗稿校注》第2350页。
② 刘子翚《吕居仁惠建昌纸被》，《屏山集》卷一三，《影印文渊阁四库全书》第1134册，第462页。
③ 华岳《楮衾》，《翠微南征录》卷七，《宋集珍本丛刊》第78册，第165页。
④ 葛长庚《怡斋》，《武夷集》卷五，《宋集珍本丛刊》第69册，第410页。
⑤ 许次纾《茶疏》，中华书局1985年版，第11页。
⑥ 胡奎《题楮衾歌》，《斗南老人集》卷四，《影印文渊阁四库全书》第1233册，第467页。
⑦ 谢宗可《纸衾》，《咏物诗》，《影印文渊阁四库全书》第1216册，第621页。

活的体现。当文人从生活和心理上接受贫寒的纸被后，便感觉睡卧纸被中亦能闲适悠游。陆游诗《村居日饮酒对梅花醉则拥纸衾熟睡甚自适也》即表达了安睡纸被之闲适。陆游还多次吟咏纸被所带来的平淡悠闲，崇尚"一条纸被平生足""放下元来总无事"①的闲适豁然生活。隐居之人把使用纸被看成是远离红尘、自甘淡泊的体现。元彭致中《鸣鹤余音》卷四收录无名氏《踏莎行》表达的也是这种思想感情，其词曰："一领布袍，一床纸被，葫芦拄杖为行李。三杯两盏乐天真，谁能与你争闲气。"文人在生活不尽如意时常抒消极的感慨，锦绣荣华，转瞬即逝，不如"蒲团纸被，归去来兮"②。纸被成为文人"幽意此相关""长怀采菊人"的消遣之物，是他们淡化物欲追求，表达隐逸思想的外在体现。

总之，僧道文士共同将纸被雅化。文人通过佛道教义赋予纸被"清趣""清净"的含义，将纸被从贫寒困窘的"俗物"升华成高僧文士的"雅物"，使得文人在面对穷愁悲戚、黯然失意的生活时能够平心静气。文人还将纸被作为礼物相互赠送和救济，使得颇多优秀的赠答之作得以存世。在漫长的吟咏过程中，纸被渐成节俭、清趣、闲适、幽逸的代名词。

---

① 陆游《自咏绝句》，《剑南诗稿校注》第 7 册，第 3494 页。
② 张小山《普天乐·道情》，《朝野新声太平乐府》卷四，中华书局 1958 年版，第 161 页。

第六章　纸制品的社会、文学、文化意义

社会层面上，纸制品作为日常用品，在我国古代纤维资源紧缺时起到过渡作用，解决了人口剧增时人们衣不得暖的社会问题。而在现代社会，国内和国际上的许多设计灵感正是来源于已经消退的纸制品。设计师们对纸制品加以改造，一度让其成为实用与时髦的代名词。但因环保因素影响，纸制品终是未能流行开来。文学层面上，作为文学意象，进入文学书写的纸制品既丰富了咏物诗词的题材，又具有特殊的文学符号功能。文化层面上，纸制品不仅揭示出古代文人清贫、幽逸的文化内涵，还融入并深化了佛道两家隐逸与禁欲的文化思想。故而，在社会、文学、文化三个层面上解读纸制品更具现实意义。

第一节　纸制品的社会意义

纸制品的社会意义可分为传统影响和非传统影响两部分。其中，传统影响即针对唐至明清时期，纸制品作为替代性社会资源的影响而论。非传统影响则指中华民国至今，纸制品（包括国外的一些变体）的创新性社会影响而言的。

一、传统影响

纸帐、纸衣、纸被改变了古人的日常生活方式和生活理念，在社

会层面上，具有帮助纤维资源过渡的重要意义。唐以前，人们使用传统的麻、丝、葛等材料制作衣被、帐幕。元以后，棉花大面积种植，棉制品大量盛行。唯唐宋几百年间，人口剧增，纤维资源愈益拘窘。而此时棉花尚未引进，传统的麻、丝、葛之类不敷日用，纸制品遂替代麻、葛制品成为御寒之物，在一定时期内满足了人们的生活需要。这与新中国成立后，人口大爆炸时期，棉制品不能满足人们衣着需要时，化纤制品对人类的重要过渡作用相类。衣食住行是人类的基本需要，纸制品的出现化解了在唐宋人口快速增长时期，自然资源供给不足的社会危机，完成了生活用品由唐以前麻、葛制品到元明时期棉制品的过渡，缓解了布匹的紧缺和断层之急。可以说，纸制品是纤维资源之间过渡的重要纽带和桥梁。

二、非传统影响

中国传统纸制品对现代设计有重大启示，但后来制作的纸制品大体改变了古代纸制品的基本功用，且制作方法也大不相同。中华民国时期广西宾阳的石坎村以制纸被而闻名[1]，全村有40多户懂得制作纸被。但制作出的纸被基本在本县内出售，多由妇女买去做鞋底之用[2]，并非唐宋时的床上用品。现代社会，纸被不再是个人和家庭的御寒之物，转而成为植物过冬的保温设施。东北地区天气寒冷，温室、塑料棚等园艺设施内，增加一层纸被，可以抗寒保暖。这种纸被一般由4至5层牛皮纸粘合或缝合而成，可回收利用。大棚纸被具有保温性能好、防风效果好、防水性能好、面积大、体积轻等方面的优势，一定程度

---

[1] 千家驹《广西省经济概况》，商务印书馆1936年版，第155页。
[2] 宁金《民国时期广西专业村兴起初探》，《广西地方志》2006年第6期，第50页。

上满足了冬季北方种植蔬菜、栽培果树所需的夜间保温要求。辽宁昌图造纸厂生产的"大户牌"保温纸被还申请了专利,于1997年7月初在辽宁通过省级投产鉴定①。纸被转而成为北方植物最理想、最经济的保温设施之一。

图30　《棉花图》扇页。[清]余省绘,扇页有自题:"甲午秋日鲁亭余省。"画幅正中绘一枝连花带叶的棉花。故宫博物院藏。

现代社会,国外的农业、医学、服装设计等领域仍有纸制品投入使用。据考,日本自平安时代,约公元794年起②,就已开始制作纸衣、纸帽。而今,日本公司用14层纸张缝纫而成的纸被,较为适合医院的一次性使用。瑞典医院使用的纸被,是由15层纸张缝制而成,干净卫生,柔软舒适,患者出院后即作废纸处理,有效防止了细菌的交叉感染。医用纸衣的兴起大约来自于"太平洋彼岸"③,20世纪40年代的美国,

---

① 思齐《防水保温纸及纸被通过省级鉴定投产》,《湖北造纸》1997年第4期。
② 王柳庄《日本传统"和纸"现代设计的启示》,《轻工科技》2013年第2期,第105页。
③ 刘仁庆《衣服用纸做》,《上海包装》1999年第1期。

曾有医生为避免病菌传染身着纸衣，术后焚烧灭菌。随之，一些制药厂、食品厂纷纷效仿，将纸衣设定为员工的工作服。德国还制造出纸袜、纸鞋，防止细菌感染。法国为迎合当前人们追求时髦、讲究穿着的心理，甚至还生产出一次性纸裙①，既不用洗涤又可常换常新，颇受女子喜欢。现代意义上的纸衣已经摆脱了贫寒困窘的形象转而成为新颖时髦的代名词。20世纪60年代中期至70年代初期，国际上掀起了一股制作纸衣的浪潮，纸裙、纸裤衩、纸上衣、纸童装、纸婚服等相继问世。技术的改良使得这些"代布纸"质量优良，一次性的穿着方式，免洗卫生的优点，让纸衣获得了更多人的青睐。德国设计师JuleWaibe将纸运用到服装与配件的构思上，还设计出摇曳波动的折纸衣。但需指出的是，有些名为"折纸衣"的衣服并非以纸为之，只是运用了折纸的设计理念而已，如日本川久保玲的折纸"衣"术，就曾流行过一段时间。由此，纸衣已经逐渐包含了价廉、干净、卫生、

图31　折纸衣。2011年秋冬，日本服装品牌"三宅一生"举办的女装秀，即运用了折纸艺术。图为模特身着纸质服装走秀。图片由中国服装网内容部整合，来自网络。

---

① 启怀《千姿百态的纸制品》，《科技信息》1997年第3期。

方便①的现代意义了。然而，随着环境问题的日益突出，节能、绿色、环保等观念也逐渐深入人心。人们几乎放弃了对"一次性"纸衣的生产和使用，纸衣的研制也渐趋没落，穿着纸衣的人员也不外乎是极少数的专业人士了。

总体而言，国外纸制生活用品投入使用起点较晚，其中有些用途甚至可以"溯源至千百年前的中国"②，可能是我国古代纸制生活用品的国际影响之一。

第二节 纸制品的文学意义

明清阶段，纸制品处于消退期，日常使用很少，但文学吟咏并未断绝。文人或模仿制造，或引用典故，使得纸制品的文学符号意义影响至今。现当代著名的掌故家"补白大王"郑逸梅先生，偏爱梅花与纸帐。他把自己的书斋命名为"纸帐铜瓶室"，在写作中常常自署"纸帐铜瓶室主"。他还著有《纸帐铜瓶》一书，字里行间无不体现着他的淡逸风骨与雅致情怀。当然，这也可见纸帐与梅花符号意义对他的影响之深。

首先，纸制品本为清寒之人所用，最基本的符号意义即为"清贫朴素"。明清文人也常用纸制品来形容自身饥寒交迫的生活状态。明刘储秀《冬夜闻钟》曰："纸帐梅花冷未眠，钟声何处落灯前。"诗人寓居萧寺中，无依无靠，便觉梅花纸帐寒冷。文人在卜居不定，忧愁

---

① 刘仁庆《衣服用纸做》，《上海包装》1999年第1期。
② 钱存训著，郑如斯编订《中国纸和印刷文化史》，广西师范大学出版社2004年版，第82页。

烦恼时,也有"地炉纸帐觉萧森"①之感。明蒋主忠在《白雪吟寄礼斋公子》即将纸制品与富贵之人的生活状况作对比曰:"西园公子多高致,醉拥貂裘晓犹睡。谁知中有苦吟人,纸帐寒清不成寐。"以纸帐之清寒对比貂裘之奢华,反衬西园公子不知苦吟人的生计劳苦,大有杜甫"朱门酒肉臭,路有冻死骨"的强烈反差之感。诗人常用纸制品对所处室内环境以及自身穿着条件进行描述,表现出自己低下的生活质量,使得纸帐、纸被、纸衣带有贫寒困窘的符号意义。

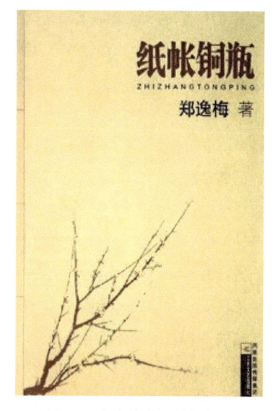

图32 郑逸梅著《纸帐铜瓶》,江苏文艺出版社2006年9月版书影。图片来自网络。

相比运用纸制品来揭示自己的清贫之苦,更多文人倾向于用它来表达安贫乐素的豁达精神。明人陈汝锜在《甘露园短书》中评价朱敦儒"纸帐梅花醉梦间"词有"贫乐"之旨。他认为朱敦儒面对风雪酷寒尚能泰然自若,梅花纸帐中亦能酣然入睡,"便过一生不恶"。陆游在艰难困苦时自觉"一条纸被平生足",从此"更无一事累天君"②。

---

① 陈廷敬《卜居不定题家书后二首》,《午亭文编》卷一四,《影印文渊阁四库全书》第1316册,第198页。
② 陆游《庵中杂书》,《剑南诗稿校注》第6册,第3232页。

他甚至还能"拥纸衾熟睡甚自适也"（陆游《村居日饮酒对梅花醉则拥纸衾熟睡甚自适也》），过着不为物累的恬淡生活。明陆深《青杏儿·寒夜斋居》有"万事转头供一笑，萧萧纸帐，圆圆灯晕，短短藤床"之句，也能看透世事，拥有大彻大悟的乐观豁达精神。清毕沅静卧纸帐之中酣醉高歌，显"怡然"之情。纸制品已经成为文人简单生活、诗意人生的外在体现。

纸制品还常被用来表达主人公高风亮节的隐逸意向。纸制品的隐逸情怀，是庄禅文化一脉相承的产物，与纸制品在唐宋时流行于寺宇道观有直接的关系。直至消退后，文人仍认为纸制品是山家之物。元张昱形容纸被是"象床绣枕知难称，道馆僧房或可当"，明田艺蘅描述纸被为"道人楮被元非诈，雪压风吹也耐寒"。足见，在人们的潜意识里，纸制品仍属禅林之物。由道入隐，是文人的重要创作思路。从宋张孝祥《和如庵》"我已澹然忘世味，蒲团纸帐只依僧"，到元尹廷高"竹篱茅舍山林志，纸帐梅花道义心"，再到明支立《十处士传》将"纸帐"归为处士之一，文人在一步步深化纸制品的隐逸意味，不断拔高纸制品的名物地位。锦绣荣华，转瞬即逝，悔之晚矣，不如"蒲团纸被，归去来兮"[①]。睡卧在清净温暖的纸被、纸帐中，物质生活固然缺乏，但内心却是"醉里长怀采菊人"的。纸制品的隐逸情怀，也与梅花的介入有着千丝万缕的关系。林逋不仕不娶，"梅妻鹤子"，隐居西湖，已将梅花推至花之隐者的角色。宋人爱梅、赏梅、品梅，与梅为友，使得与梅相关的"纸帐梅"这一生活用品也打上了隐逸文化的烙印。纸制品渐成一些文人淡化物欲追求，表达隐逸思想的外在体现。

[①] 张小山《普天乐·道情》，《朝野新声太平乐府》卷四，中华书局1958年版，第161页。

第三节　纸制品的文化意义

纸制品作为纺织物的阶段性替代品,是人们低下生活质量的反映,也是当时社会状况的真实再现。然对上层闲逸之士而言,经过美化的纸制品反成他们风雅意趣、诗意生活的形式表现。文人使用纸制品时所折射出来的文化意义大体可以分为两点:一为清贫,一为幽逸。前者是针对中下层文士而言,后者则主要指向闲逸之流。除此之外,作为僧道修行的常用之物,纸制品也具有佛家苦行与道家修仙的宗教文化内涵。

一、文人文化

因纸制品使用阶层较广,贫寒之人、士大夫、文人兼有,故使纸制品具有清贫与幽逸双层文化内涵。

(一)清贫

纸帐、纸衣、纸被均是贫寒之人所用的简朴生活用品。最初,纸制品或是战乱中穷人的救济物料,或是深山里僧隐的修行工具,是市井孤寒非"常态"所用之物。唐末烽烟四起,王审知家族割据福建,建立闽国。五代十国后仍是征战连年,民不聊生,王审知治下的福建居然是"残民自奉,人多衣纸"。王禹偁在《建溪处士赠大理评事柳府君墓碣铭并序》一文中也以"衣纸"来表示对当时百姓贫寒生活的重度刻画,足见纸制品本就是生活质量极其低下的体现。两宋至元,文人士大夫迫于经济条件限制,"不得已"才用纸制品避寒。故在诗词中,诗人常用纸制品表现自己微贱之时的生活状态,多牢骚之语。北宋苏辙《和柳子玉纸帐》有云:"夫子清贫不耐冬,书斋还费纸重重。"

南宋高翥《同周晋仙睡》有云："更有诗人穷似我，夜深来共纸衾眠。"皆是文人自嘲生活的体现。《张协状元》《杀狗记》等戏曲还用纸制品来刻画主人公贫困潦倒的生活景况。纸制品已然成为烘托主人公清贫悲惨生活的背景道具。元黄溍为董秉彝作墓碣，描述他当年家境极其恶劣，但他却能仍好学不止，"不以贫辍其学，故衣败絮无以御寒，拥纸被挟策坐竟日，人莫见有不堪之色"。作者在言语中流露出虽董秉彝对使用纸被淡然释怀，但寻常人见到此情此景仍觉得他会有不堪之色。正因纸制品属清贫之物，后人常在墓志铭上褒扬亡人生前在家居、服饰上的俭约之德，上至天子，下至百姓，均为美谈。更有官吏以清贫的纸制品当作为官清廉俭素的证明，沽名钓誉。至于君子，则以纸制品训诫宗族子弟，慕简朴之风，修廉洁之行。真德秀《楮衾铭·示子志道》有"咨尔小子，惟素可宝"之语，便是一例。在文学吟咏过程中，纸制品的文化内涵由清贫困窘转向清俭朴素，逐渐雅化和丰富。

（二）幽逸

宋元时期人们的生活状况大多简陋，社会人口增加后，人民更加贫困。整体社会环境使得他们对于草寺山庙、粗布劣服、粗茶淡饭的生活状况逐渐被迫适应并进行文化转化。因此，这些本无太高生活质量的纸制生活用品反成了富有情趣、风雅的代名词。这种转化大体有两种方法：一种是以他物衬彼物，将纸制品与云、霜、雪、月等明净澄澈之物相对比，形成高雅的视觉感观；另一种是借佛理道学泯灭欲望，有冻饿自守之乐，形成淡泊的情感基调。纸帐借助插梅、画梅、题诗咏梅等形式逐渐雅化，以梅来增加室内环境的清雅，突出主人的文人雅趣，使纸帐成为"梅友"当之无愧。纸衣、纸被既得佛道两家清修苦行观念熏染，又得文人之间友谊加彩，也渐成雅物。积贫积弱的忧患状态使得文人的终极心理期待是追究永恒的闲适，使得他们即便是生活在纸制品的世界中也能安贫乐道、知足常乐。

上层文人使用纸制品幽逸生活时有两个方面的表现，其一便是在使用纸制品时伴有闲暇幽逸的行为。文人静卧纸帐、纸被中能进入"惯眠纸帐三竿日"[①]"觉来日升东""日高覆帱拥衾眠"的"高睡"状态，足显主人公慵懒闲适之态。梅花纸帐中赏梅，蒲团纸帐里修禅，更是将宋人幽逸生活推向极致。"高卧""赏梅""修身"均是文人在使用纸制品时幽逸生活的三种闲暇方式。其二便是出现了一些闲人形象。纸帐、纸衣、纸被的使用者常被戴上"高人""隐士"的"高帽"。他们将佛道两家用纸制品修身苦行的意念引申到自身的淡泊与避世中，使得自己与隐者的精神气质相吻合。故而即便过着竹篱茅舍、粗布劣服的简陋生活，也要寄情山水，幽游生活，享受独有的安宁与闲适。他们身着纸衣、夜盖纸被、张设纸帐的生活方式及生活环境，一定程度上是庄禅文化闲适模式的延续。所以说，文人在修身养性的同时，也蕴含着幽游生活的意味。

二、宗教文化

纸帐、纸衣、纸被乃禅林中物，使得这三种纸制品带有浓浓的佛道兴味。僧道常衣纸衣，山寺草庙中常设纸帐、纸被，可以说，从僧道衣着到室内陈设，都离不开纸制品的身影。

（一）佛教

佛教用纸帐、纸衣、纸被苦行。佛教"戒杀生"，以慈悲为怀，主张"不衣蚕口衣"。唐宋至明清历代高僧中均有以纸制品苦行者。"纸

---

① 杨公远《隐居杂兴》，《野趣有声画》卷上，《影印文渊阁四库全书》第1193册，第731页。

衣道者""纸衣禅师"堪为佛教楷模。纸帐与蒲团更是成为一个意象组合在文学作品中屡被运用。佛教典籍传记中常用清贫的纸制品标榜得道高僧超越物欲的苦行状态。禅宗不为物累的观念迫使这三种纸制品都带有超脱世俗、清俭淡泊的出世情怀。纸帐、纸被、纸衣已被打上了禅林之物的烙印。

（二）道教

道教用纸帐、纸衣、纸被修仙。苏易简《文房四谱》载，纸衣密不透风，有"绝嗜欲之虑"，故道人常穿。修道之人独卧纸帐、纸被中可节欲养精，得长生之术。林洪《山家清事》梅花纸帐条曰："古语云：'服药千朝，不如独宿一宵。'"认为梅花纸帐中最好独眠，不思云雨之事。清曹庭栋《老老恒言》也认为："纸被正以独眠为宜。"纸帐、纸被乃清寒之物，独卧其中，方可少思寡欲，得养生之术。受道教文化影响，这三种纸制品甚至成为古代高寿养生的生活方式之一。

征引文献目录

说明：

一、凡本文征引的各类专著、文集、资料汇编及学位论文、期刊论文均在此列，其他一般参考阅读文献见当页注释。

二、征引书目按书名首字汉语拼音排序，征引论文按作者姓名首字汉语拼音排序。

三、部分丛书版本单列如下：《宋集珍本丛刊》，四川大学古籍整理研究所编，北京：线装书局，2004年；《元史研究资料汇编》，杨讷编，北京：中华书局，2014年；《四库禁毁书丛刊》，四库禁毁书丛刊编纂委员会编，北京：北京出版社，1998年；《四库未收书辑刊》，四库未收书辑刊编纂委员会编，北京：北京出版社，2000年；《清代诗文集汇编》，上海，上海古籍出版社，2010年；《续修四库全书》，顾廷龙主编，上海：上海古籍出版社，2002年；《影印文渊阁四库全书》，上海：上海古籍出版社，1987年。

一、书籍类

1. 《鳌峰集》，[明]徐𤊹著，《续修四库全书》本。

2. 《本堂集》，[宋]陈著撰，《影印文渊阁四库全书》本。

3. 《北山集》，[宋]郑刚中撰，《影印文渊阁四库全书》本。

4.《白谷集》，[明]孙传庭撰，《影印文渊阁四库全书》本。

5.《柴氏四隐集》，[宋]柴元彪等撰，《影印文渊阁四库全书》本。

6.《翠微南征录》，[宋]华岳撰，《宋集珍本丛刊》本。

7.《翠微南征录》，[宋]华岳撰，《影印文渊阁四库全书》本。

8.《翠渠摘稿》，[明]周瑛撰，《影印文渊阁四库全书》本。

9.《陈氏香谱》，[宋]陈敬撰，《影印文渊阁四库全书》本。

10.《陈克斋集》，[宋]陈文蔚撰，《影印文渊阁四库全书》本。

11.《参寥子诗集》，[宋]释道潜撰，《影印文渊阁四库全书》本。

12.《郴江百咏》，[宋]阮阅撰，《影印文渊阁四库全书》本。

13.《禅林宝训》，[宋]释净善编，《续修四库全书》本。

14.《朝野新声太平乐府》，[元]杨朝英辑，北京：中华书局，1958年。

15.《纯白斋类稿》，[元]胡助撰，《影印文渊阁四库全书》本。

16.《茶疏》，[明]许次纾撰，北京：中华书局，1985年。

17.《樗庵类稿》，[明]郑潜撰，《影印文渊阁四库全书》本。

18.《重修昭觉寺志》，[清]罗用霖撰，《四库未收书辑刊》本。

19.《操斋集》，[清]蔡衍鎤撰，《清代诗文集汇编》本。

20.《禅宗与中国古代诗歌艺术》，李淼著，长春：长春出版社，1990年。

21.《禅诗三百首赏析》，蒋述卓著，桂林：广西师范大学出版社，2003年。

22.《东牟集》，[宋]王洋撰，《影印文渊阁四库全书》本。

23.《东莱诗集》，[宋]吕本中撰，《影印文渊阁四库全书》本。

24.《大隐集》，[宋]李正民撰，《影印文渊阁四库全书》本。

25.《斗南老人集》，[明]胡奎撰，《影印文渊阁四库全书》本。

26.《慎斋集》，[明]蒋主忠撰，台北：台湾商务印书馆，1981年。

27.《读通鉴论》，[清]王夫之撰，北京：中华书局，2013年。

28.《读礼通考》，[清]徐乾学撰辑，《影印文渊阁四库全书》本。

29.《范太史集》，[宋]范祖禹撰，《影印文渊阁四库全书》本。

30.《复斋先生龙图陈公文集》，[宋]陈宓撰，《续修四库全书》本。

31.《古今合璧事类备要》，[宋]谢维新撰，《影印文渊阁四库全书》本。

32.《古梅遗稿》，[宋]吴龙翰撰，《宋集珍本丛刊》本。

33.《古欢堂集》，[清]田雯撰，《清代诗文集汇编》本。

34.《归潜志》，[金]刘祁撰，上海：上海古籍出版社，2012年。

35.《桂留山房诗集》，[清]沈学渊撰，《清代诗文集汇编》本。

36.《广东新语》，[清]屈大均撰，北京：中华书局，1985年。

37.《广西省经济概况》，千家驹著，上海：商务印书馆，1936年。

38.《龚自珍全集》，[清]龚自珍著，王佩诤校，上海：上海古籍出版社，1975年。

39.《韩诗外传集释》，[汉]韩婴撰，许维遹校释，北京：中华书局，1980年。

40.《汉书》，[汉]班固撰，北京：中华书局，2007年。

41.《后汉书》，[南朝]范晔撰，北京：中华书局，2007年。

42.《花外集》，[宋]王沂孙撰，上海：上海古籍出版社，1988年。

43.《鹤山集》，[宋]魏了翁撰，《影印文渊阁四库全书》本。

44.《（弘治）八闽通志》，[明]黄仲昭编纂，《北京图书馆古籍珍本丛刊》本。

45.《红叶村稿》，[清]梁逸撰，《四库未收书辑刊》本。

46.《浣花纸里水墨词：唐诗宋词的细节之美》，倾蓝紫著，天津：天津教育出版社，2010年。

47.《剑南诗稿校注》，［宋］陆游著，钱仲联校注，上海：上海古籍出版社，1985年。

48.《缙云文集》，［宋］冯时行撰，《影印文渊阁四库全书》本。

49.《涧泉集》，［宋］韩淲撰，《影印文渊阁四库全书》本。

50.《江湖小集》，［宋］陈起编，《影印文渊阁四库全书》本。

51.《甲秀园集》，［明］费元禄撰，《四库禁毁书丛刊》本。

52.《珂雪斋近集》，［明］袁中道撰，《四库未收书辑刊》本。

53.《李长吉文集》，［唐］李贺撰，上海：上海古籍出版社，1994年。

54.《栾城集》，［宋］苏辙撰，上海：上海古籍出版社，1987年。

55.《芦川归来集》，［宋］张元干撰，上海：上海古籍出版社，1978年。

56.《礼部志稿》，［明］俞汝楫编撰，《影印文渊阁四库全书》本。

57.《老老恒言》，［清］曹庭栋撰，上海书店《丛书集成续编》本。

58.《岭南杂记》，［清］吴震方著，北京：中华书局，1985年。

59.《林则徐选集》，［清］林则徐著，杨国桢选注，北京：人民文学出版社，2004年。

60.《毛诗草木鸟兽虫鱼疏》，［三国］陆玑撰，北京：中华书局，1985年。

61.《梅谱》，［宋］范成大等著，程杰校注，郑州：中州古籍出版社，2016年。

62.《梅花百咏》，［元］韦珪撰，台北：台湾商务印书馆，1981年。

63.《明善堂诗集》，［清］爱新觉罗·弘晓撰，《续修四库全书》本。

64.《明清安徽妇女文学著述辑考》，傅瑛主编，合肥：黄山书社，2010年。

65.《农史研究文集》，游修龄编著，北京：中国农业出版社，1999年。

66.《屏山集》，[宋]刘子翚撰，《影印文渊阁四库全书》本。

67.《琴堂谕俗编》，[宋]应俊撰，《影印文渊阁四库全书》本。

68.《樵云独唱》，[元]叶颙撰，《影印文渊阁四库全书》本。

69.《裘文达公诗集》，[清]裘曰修撰，《清代诗文集汇编》本。

70.《青芝山馆诗集》，[清]乐钧撰，《清代诗文集汇编》本。

71.《钦定续通志》，[清]嵇璜、曹仁虎等撰，《影印文渊阁四库全书》本。

72.《全五代诗》，[清]李调元编，成都：巴蜀书社。

73.《全宋文》，曾枣庄、刘琳主编，成都：巴蜀书社。

74.《全宋诗》，傅璇琮等主编，北京：北京大学出版社。

75.《全宋笔记》，朱易安主编，郑州：大象出版社，2013年。

76.《容斋随笔》，[宋]洪迈撰，上海：上海古籍出版社，1978年。

77.《说文解字注》，[汉]许慎撰，段玉裁注，上海：上海古籍出版社，1981年。

78.《苏轼文集》，[宋]苏轼撰，孔凡礼点校，北京：中华书局，1986年。

79.《苏东坡民俗诗解》，程伯安编，北京：中国书籍出版社，1994年。

80.《苏魏公文集》，[宋]苏颂撰，北京：中华书局，1988年。

81.《山家清事》，[宋]林洪撰，北京：中华书局，1991年。

82.《宋高僧传》，[宋]释赞宁撰，北京：中华书局，1987年。

83.《宋史》，[元]脱脱等撰，北京：中华书局，1977年。

84.《宋会要辑稿》,[清]徐松辑,北京:中华书局,1957年。

85.《石门文字禅》,[宋]释惠洪撰,《影印文渊阁四库全书》本。

86.《石仓历代诗选》,[明]曹学佺编,《影印文渊阁四库全书》本。

87.《剩语》,[元]艾性夫撰,《影印文渊阁四库全书》本。

88.《杀狗记》,[明]徐畛著,上海:上海古籍出版社,1992年。

89.《输寥馆集》,[明]范允临撰,《四库禁毁书丛刊》本。

90.《树经堂诗初集》,[清]谢启昆撰,《清代诗文集汇编》本。

91.《尚䌷堂集》,[清]刘嗣绾撰,《续修四库全书》本。

92.《太平广记》,[宋]李昉等编,北京:中华书局,1961年。

93.《太平御览》,[宋]李昉等撰,北京:中华书局,1985年。

94.《蜕庵诗》,[元]张翥撰,《元史研究资料汇编》本。

95.《蜕岩词》,[元]张翥撰,《影印文渊阁四库全书》本。

96.《天香阁随笔》,[明]李介撰,北京:中华书局,1985年。

97.《唐伯虎先生集》,[明]唐寅撰,《续修四库全书》本。

98.《唐宋道教文学思想史》,蒋振华著,湖南:岳麓出版社,2009年。

99.《汤显祖小品》,刘德清、刘宗彬编,上海:上海三联书店,2008年。

100.《文房四谱》,[宋]苏易简撰,北京:中华书局,2011年。

101.《文端集》,[清]张英撰,《影印文渊阁四库全书》本。

102.《五灯会元》,[宋]释普济著,北京:中华书局,1984年。

103.《五代史记注》,[清]彭元端、刘凤诰撰,《续修四库全书》本。

104.《苇航漫游稿》,[宋]胡仲弓撰,《影印文渊阁四库全书》本。

105.《吴文正集》,[元]吴澄撰,《影印文渊阁四库全书》本。

106.《武夷集》,[宋]葛长庚撰,《宋集珍本丛刊》本。

107.《午亭文编》，［清］陈廷敬撰，《影印文渊阁四库全书》本。

108.《协律钩玄》，［唐］李贺撰，［清］陈本礼笺注，《续修四库全书》本。

109.《雪山集》，［宋］王质撰，《宋集珍本丛刊》本。

110.《雪杖山人诗集》，［清］郑炎撰，《清代诗文集汇编》本。

111.《镡津集》，［宋］释契嵩撰，《影印文渊阁四库全书》本。

112.《西山文集》，［宋］真德秀撰，《影印文渊阁四库全书》本。

113.《萧冰崖诗集拾遗》，［宋］萧立之撰，《续修四库全书》本。

114.《香宇集》，［明］田艺蘅撰，《续修四库全书》本。

115.《新安文献志》，［明］程敏政编，《影印文渊阁四库全书》本。

116.《新增格古要论》，［明］曹昭撰，北京：中华书局，1985年。

117.《新五代史》，［宋］欧阳修撰，徐无党注，北京：中华书局，2015年。

118.《醒世恒言》，［明］冯梦龙编著，北京：中华书局，2009年。

119.《肖岩诗钞》，［清］赵良澍撰，《续修四库全书》本。

120.《舆地纪胜》，［宋］王象之编著，杭州：浙江古籍出版社，2012年。

121.《倚松诗集》，［宋］饶节撰，《影印文渊阁四库全书》本。

122.《于湖集》，［宋］张孝祥撰，《影印文渊阁四库全书》本。

123.《义丰集》，［宋］王阮撰，《影印文渊阁四库全书》本。

124.《羽庭集》，［元］刘仁本撰，《元史研究资料汇编》本。

125.《月屋漫稿》，［元］黄庚撰，《影印文渊阁四库全书》本。

126.《野趣有声画》，［元］杨公远撰，《影印文渊阁四库全书》本。

127.《玉井樵唱》，［元］尹廷高撰，《影印文渊阁四库全书》本。

128.《玉笥集》，［元］邓雅撰，《影印文渊阁四库全书》本。

129.《咏物诗》，［元］谢宗可撰，《影印文渊阁四库全书》本。

130.《瀛奎律髓》，［元］方回编，《影印文渊阁四库全书》本。

131.《元曲选》，［明］臧晋叔编，北京：中华书局，1958年。

132.《元史》，［明］宋濂等撰，北京：中华书局，1976年。

133.《燕子笺》，［明］阮大铖撰，哈尔滨：黑龙江人民出版社，1987年。

134.《寓林集》，［明］黄汝亨撰，《四库禁毁书丛刊》本。

135.《蚓窍集》，［明］管时敏撰，《影印文渊阁四库全书》本。

136.《野古集》，［明］龚诩撰，《影印文渊阁四库全书》本。

137.《俨山集》，［明］陆深撰，《影印文渊阁四库全书》本。

138.《玉照亭诗钞》，［清］陈大章撰，《清代诗文集汇编》本。

139.《亦有生斋集》，［清］赵怀玉撰，《续修四库全书》本。

140.《（雍正）浙江通志》，［清］嵇曾筠等监修，《影印文渊阁四库全书》本。

141.《尊白堂集》，［宋］虞俦撰，《影印文渊阁四库全书》本。

142.《自堂存稿》，［宋］陈杰撰，《影印文渊阁四库全书》本。

143.《朱子语类》，［宋］黎靖德类编，北京：中华书局，1986年。

144.《注石门文字禅》，［宋］释惠洪著，释廓门贯彻注，北京：中华书局，2012年。

145.《庄靖集》，［金］李俊民撰，《影印文渊阁四库全书》本。

146.《竹斋集》，［元］王冕著，杭州：西泠印社出版社，2011年。

147.《遵生八笺》，［明］高濂著，《影印文渊阁四库全书》本。

148.《竹啸余音》，［清］王特选撰，《四库未收书辑刊》本。

149.《中国梅花审美文化研究》,程杰著,成都:巴蜀书社,2008年。

150.《中国纸和印刷文化史》,钱存训著,桂林:广西师范大学出版社,2004年。

151.《中国化学史论文集》,袁翰青著,北京:三联书店,1956年。

152.《中国科学技术史》,李约瑟著,北京:科学出版社,2011年。

153.《中国造纸技术史稿》,潘吉星著,北京:文物出版社,1979年。

154.《中国造纸史》,潘吉星著,上海:上海人民出版社,2009年。

155.《造纸史话》,张大伟、曹江红著,北京:社会科学文献出版社,2011年。

156.《中国床榻艺术史》,尹文著,南京:东南大学出版社,2010年。

157.《造纸史话》,《造纸史话》编写组编,上海:上海科学技术出版社,1983年。

158.《中国古代房内考》,高罗佩著,李零等译,北京:商务印书馆,2007年。

159.《中国古代造纸工程技术史》,王菊花主编,太原:山西教育出版社,2005年。

160.《中国手工业经济通史·宋元卷》,魏明孔编,胡小鹏著,福州:福建人民出版社,2004年。

二、论文类

1. 曹小欣《此花不与群花比——试论李清照的咏梅词》,《安徽文学》,2010年第3期。

2. 蔡鸿生《宋代名产"纸被"》,《文史知识》,2002年第10期。

3. 楚戈《万事的由来(五)》,《今日科苑》,2007年第9期。

4. 丁春梅《宋至明清福建纸的生产、销售及其用途的演迁》,《莆田学院学报》，2006年第1期。

5. 汲军《初论稼轩饮酒词》，《上饶师专学报》，1991年第1期。

6. 柳敏《唐宋时期的纸衣》，《文史杂志》，2002年第1期。

7. 李露露《海南黎族的树皮布》，《文物天地》，1997年第1期。

8. 刘建虎、王志敏《徐夤文学成就概论》，《殷都学刊》，2013年第3期。

9. 刘仁庆《纸制品知多少》，《天津造纸》，2011年第4期。

10. 刘仁庆《衣服用纸做》，《上海包装》，1999年第1期。

11. 廖媛雨《史话江西纸张文化》，《美术大观》，2013年第4期。

12. 孟晖《梅花纸帐》，《缤纷家居》，2008年第2期。

13. 孟晖《梅花纸帐里的冬天》，《中华手工》，2011年第11期。

14. 宁金《民国时期广西专业村兴起初探》，《广西地方志》，2006年第6期。

15. 欧贻宏《〈遵生八笺〉与〈考槃馀事〉》，《图书馆论坛》，1998年第1期。

16. 欧贻宏《挂瓶插花考略》，《广东园林》，1994年第3期。

17. 启怀《千姿百态的纸制品》，《科技信息》，1997年第3期。

18. 思齐《防水保温纸及纸被通过省级鉴定投产》，《湖北造纸》，1997年第4期。

19. 王柳庄《日本传统"和纸"现代设计的启示》，《轻工科技》，2013年第2期。

20. 吴学栋《古代纸衣的文献研究》，《黑龙江造纸》，2012年第1期。

21. 游修龄《纸衣和纸被》，《古今农业》，1996年第1期。

22. 扬之水《也说纸被兼及纸衣》，《文史知识》，2003年第1期。

23. 扬之水《宋人居室的冬和夏》,《文物天地》,2002 年第 11 期。

24. 朱广宇《古代明器使用制度中的设计艺术思想》,《设计艺术》,2007 年第 3 期。

25. 赵习晴《浅谈丧葬中纸的艺术》,《大众文艺》,2009 年第 13 期。